Hans Hermann Rump

Laborhandbuch
für die Untersuchung
von Wasser, Abwasser
und Boden

 WILEY-VCH

Wichtige Titel für das Labor

R. Klinkner (Hrsg.)
Labormanager/in Analytik
Loseblattwerk, ISBN 3-527-19060-0

Fachgruppe Wasserchemie in der Gesellschaft Deutscher Chemiker
in Gemeinschaft mit dem Normenausschuß Wasserwesen im DIN
Deutsches Institut für Normung e.V. (Hrsg.)
**Deutsche Einheitsverfahren zur Wasser-, Abwasser- und
Schlammuntersuchung**
Loseblattwerk, ISBN 3-527-19010-4

H. H. Rump, B. Scholz
Untersuchung von Abfällen, Reststoffen und Altlasten
1995. ISBN 3-527-28754-X

Hans Hermann Rump

Laborhandbuch für die Untersuchung von Wasser, Abwasser und Boden

Dritte, völlig überarbeitete Auflage

WILEY-VCH

Weinheim · New York · Chichester · Brisbane · Singapore · Toronto

Prof. Dr. Hans Hermann Rump
Kreditanstalt für Wiederaufbau
Hauptabteilung Technik
Palmengartenstr. 5-9
60325 Frankfurt

Die Deutsche Bibliothek – CIP-Einheitsaufnahme

Rump, Hans H.:
Laborhandbuch für die Untersuchung von Wasser, Abwasser und Boden / Hans Hermann Rump. - 3., völlig überarb. Aufl. – Weinheim ; Chichester ; New York ; Toronto ; Brisbane ; Singapore : Wiley-VCH, 1998
  ISBN 3-527-28888-0

© WILEY-VCH Verlag GmbH, D-69469 Weinheim (Federal Republic of Germany), 1998

Gedruckt auf säurefreiem und chlorfrei gebleichtem Papier.

Druck: Betzdruck GmbH, D-64291 Darmstadt
Bindung: Wilhelm Osswald & Co., D-67933 Neustadt

Vorwort zur dritten Auflage

Das Laborhandbuch wurde vor 14 Jahren auf Initiative der Deutschen Gesellschaft für Technische Zusammenarbeit (GTZ) konzipiert, um einfacheren Ausbildungs- und Betriebslaboratorien zuverlässige Labormethoden zur Verfügung zu stellen. Auf gerätetechnisch anspruchsvolle Verfahren wurde damals bewusst verzichtet. Bodenkundliche Arbeitsvorschriften wurden nur in Bezug auf den Gewässerschutz und die landwirtschaftliche Bewässerung aufgenommen. Diesem Grundsatz folgt im wesentlichen auch die dritte Auflage, obwohl wegen der besseren Ausstattung vieler Laboratorien nun auch einige komplexe Methoden übernommen wurden.

Alle Textteile wurden neu verfasst und die technischen Angaben auf den neuesten Stand gebracht. Dagegen blieb die Gliederungsstruktur erhalten. Die Darstellung der Arbeit im Vorfeld der Analyse wurde erweitert und verbessert, da Rückmeldungen zeigten, dass neben der praxisnahen Beschreibung analytischer Verfahren eine detaillierte Darstellung der Probennahme und der Bewertung von Messergebnissen erwartet wird. Die Ergebnisse werden durch Einbeziehung der genannten Arbeitsbereiche in die gesamte analytische Qualitätssicherung positiv beeinflusst, lassen sich doch Fehler bei Arbeitsplanung und Probennahme auch durch eine einwandfreie Analytik nicht mehr korrigieren. Das Kapitel *Sicherheit im Labor* wird wieder vorangestellt, um die Bedeutung des Arbeits- und Umweltschutzes zu unterstreichen. Neu aufgenommen wurden dabei Behandlung und Entsorgung von Abwasser, Abluft und Abfall, Öko-Audits für Laboratorien sowie arbeitsmedizinische Aspekte. Neu ist das Kapitel *Qualitätssicherung*. Gründlich überarbeitet wurden die Kapitel *Anforderungen an die Untersuchungsverfahren* und *Organisation von Probennahmeprogrammen und Technik der Probennahme*. In bewährter Form werden *Örtliche Messungen* und *Labormessungen* dargestellt, erweitert um eine Vielzahl wichtiger, z.T. neuerer Methoden. Das Kapitel *Beurteilung von Untersuchungsergebnissen* umfasst die zum Zeitpunkt der Fertigstellung des Manuskripts gültigen Grenz- und Richtwerte. Die stark erweiterte *Literaturliste* ermöglicht das Vertiefen spezieller Themen und stellt zudem die wichtigsten gesetzlichen und technischen Regelungen zusammen. Um das Nachschlagen zu erleichtern, wurde das *Sachwortverzeichnis* gleichfalls erweitert.

Das Laborhandbuch wendet sich vor allem an Fachkräfte der Wasserchemie, der Wasser- und Abwassertechnik und des Umweltschutzes. Erfreulich war bei den bisherigen Auflagen die Resonanz beim Lehrpersonal sowie bei Studenten und Schülern naturwissenschaftlicher und technischer Fachrichtungen von Hochschulen und Fachschulen.

Für diese Auflage hat es viele Anregungen und Verbesserungsvorschläge gegeben. Besonders danken möchte ich den Herren Dr. V. Neitzel und Dr. B. Scholz sowie den früheren Kollegen des Instituts Fresenius, die mir wesentliche Hinweise zur Qualitätssicherung und zu neueren Messverfahren gegeben haben. Für die Hilfe bei der Erstellung des Manuskripts danke ich meiner Frau Lisa und meinem Sohn Sebastian. Dem Verlag danke ich für die konstruktive und vertrauensvolle Zusammenarbeit, der GTZ für die langjährige Unterstützung der Arbeiten.

Frankfurt, im Februar 1998   Hans Hermann Rump

Inhalt

Liste der Abkürzungen

AAS   Atomabsorptionsspektrometrie
AOX   adsorbierbare organische Halogenverbindungen
AQS   analytische Qualitätssicherung
ASTM   American Society for Testing and Materials
ATV   Abwassertechnische Vereinigung
BSB_5 biochemischer Sauerstoffbedarf in 5 Tagen
cm   Zentimeter
CSB   chemischer Sauerstoffbedarf
d   Tag
DB   4-(2,4 Dichlorphenoxy)buttersäure
DDT   Dichlordiphenyltrichlorethan
DIN   Deutsche Industrienorm
DN   Nenndurchmesser
DOC   *dissolved organic carbon*
DVGW   Deutscher Verein des Gas- und Wasserfachs
DVWK   Deutscher Verband für Wasserwirtschaft und Kulturbau
EG   Europäische Gemeinschaft
EN   Europäische Norm
FAO   Food and Agricultural Organisation
FNU   *formazine nephelometric units*
FTU   *formazine turbidity units*
g   Gramm
GLP   *Good Laboratory Practice*
h   Stunde
hPa   Hektopascal
i. D.   innerer Durchmesser
IR   Infrarot
ISO   International Standards Organisation
KBE   koloniebildende Einheiten
kg   Kilogramm
L   Liter
LAWA   Länderarbeitsgemeinschaft Wasser
LC   *letal concentration*
LD_{50} letale Dosis für 50 % der Versuchsorganismen
MAK   maximale Arbeitsplatzkonzentration
MBAS   methylenblauaktive Substanz
MCPA   common name für 4-Chlor-o-tolyoxyessigsäure
m   Meter
min   Minute
µg   Mikrogramm
mL   Milliliter
µm   Mikrometer
mV   Millivolt

nm	Nanometer
NTU	*nephelometric turbidity units*
PBSM	Pflanzenschutz- und -behandlungsmittel
PCB	polychlorierte Biphenyle
s	Sekunde
S	Siemens (= Ω^{-1})
SAK	spektraler Absorptionskoeffizient
SAR	*sodium adsorption ratio*
TIC	*total inorganic carbon*
TOC	*total organic carbon*
TRGS	technische Richtkonzentration gefährliche Stoffe
TS	Trockensubstanz
UV	Ultraviolett
TTC	Triphenyltetrazoliumchlorid
VBG	Verband der Berufsgenossenschaften
WHG	Wasserhaushaltsgesetz
WHO	World Health Organisation
Ω	Ohm

1   Sicherheit im Labor

Solide Kenntnisse der Laborgerätschaften und Untersuchungsmethoden sowie die Beherrschung von Massnahmen des Gesundheits-, Arbeits- und Brandschutzes können Unfallgefahren in chemischen Laboratorien deutlich verringern. Die folgenden Hinweise erleichtern das verantwortungsvolle Arbeiten im Labor und sollten deshalb besonders von Anfängern und weniger erfahrenen Fachkräften intensiv durchgearbeitet werden.

Charakteristische Gefahren im chemischen Labor liegen in der

- Verwendung gesundheitsschädlicher, brennbarer und explosiver Stoffe;
- Anwendung hoher Drücke und Temperaturen;
- Nutzung elektrischer Energie.

Spezifische Unfälle in Laboratorien sind demzufolge:
Vergiftungen; Brände und Explosionen durch den Umgang mit brennbaren Gasen, Dämpfen oder festen Stoffen; Verbrennungen und Verätzungen durch Berühren glühender Stoffe, heisser Flüssigkeiten, Säuren und Alkalien; Explosion von unter Druck stehenden Behältern; Einwirkung des elektrischen Stromes auf den menschlichen Körper.

Generell gilt:

> **Laborarbeiten müssen stets mit Überlegung und grösster Vorsicht durchgeführt werden.**

1.1   Grundregeln der Laborsicherheit

Der Umgang mit Laborchemikalien und -gerätschaften wird gefahrloser bei Einhaltung folgender Regeln:

- Bei der Handhabung gefährlicher Arbeitsstoffe und Geräte nur qualifiziertes Personal einsetzen;
- Bei allen Arbeiten Schutzbrille und gegebenenfalls Schutzhandschuhe und weitere Schutzkleidung tragen;
- Alle Arbeiten in gut belüfteten Räumen durchführen; beim Auftreten gefährlicher gas- oder dampfförmiger Stoffe einen gut ziehenden Abzug benutzen;
- Kontakt von Chemikalien mit Augen, Schleimhäuten und Haut vermeiden;
- Verätzte Augen sofort im Liegen mit viel Wasser oder besser mit speziellen Lösungen spülen;
- Spritzer von flüssigen, gefährlichen Stoffen auf der Haut zunächst mit einem trockenen Lappen entfernen und dann längere Zeit mit kaltem Wasser abspülen; danach die Hautstelle mit warmem Wasser und Seife reinigen;
- Mit ätzenden Stoffen benetzte Kleidung sofort ablegen.

1.2   Handhabung von Chemikalien und Proben

Viele Chemikalien und Proben können für Laborpersonal und die Umwelt eine Gefahr darstellen: Sie können giftig, gesundheitsschädlich, ätzend, reizend, brandfördernd, leichtentzündlich oder infektiös sein. Die Substitution gefährlicher Chemikalien durch ungefährliche oder weniger gefährliche Substanzen ist der sicherste Weg, Gefährdungen durch toxische Stoffe auszuschliessen. Ist dies nicht möglich, sollten gesundheitsgefährdende Stoffe nach Möglichkeit in geschlossenen Apparaturen zum Einsatz kommen. Wird dennoch ein offener Umgang mit solchen Chemikalien unvermeidbar, sind Absaugeinrichtungen nötig (s. Kap. 1.8).

Chemikalien müssen in dafür vorgesehenen Behältern aufbewahrt und diese je nach Inhaltsstoff und Gefahrengruppe mit Gefahrenhinweisen gekennzeichnet werden. Eine unnötige Vorratshaltung von Chemikalien ist zu vermeiden.

Bei den in diesem Laborhandbuch angesprochenen analytischen Untersuchungsmethoden sind an den entsprechenden Stellen Hinweise auf besondere Gefahren angebracht (Abb. 1).

Verwendung

Gefährliche Chemikalien und Lösemittel dürfen nicht in leicht zerbrechlichen Gefässen von mehr als 5 Liter Inhalt gehandhabt werden. Ausnahmen sind nur zulässig bei besonderen Schutzmassnahmen wie Auffangwannen in Kombination mit Lösch- und Absorptionsmitteln. Bei der Aufarbeitung von Proben, die pathogene Keime enthalten können (Abwässer, Klärschlämme, bebrü-

 Sehr giftige Stoffe

 Leichtentzündliche Stoffe

 Explosionsgefährliche Stoffe

 Ätzende Stoffe

 Umweltgefährliche Stoffe

Abb.1: Gefahrensymbole nach der Gefahrstoffverordnung

tete Nährböden), sind besondere Schutzmassnahmen (Verwendung von Digestorien, Handschuhe, Mundschutz) erforderlich. Impfungen gegen Wundstarrkrampf und Hepatitis sind anzuraten.

Transport

Zerbrechliche Gefässe dürfen nicht allein am Gefässhals getragen, sondern müssen am Boden unterstützt werden. Beim Transport über längere Strecken muss ein sicheres Halten und Tragen möglich sein, z. B. in Eimern oder Kästen. Aus Kühlräumen entnommene Gefässe sind wegen der Kondensation von Wasser meist rutschig.

Lagerung

Generell sind Laborchemikalien und Proben kühl und trocken aufzubewahren. Grössere Mengen gefährlicher Chemikalien sollten niemals in den Labors selbst, sondern in einem vorschriftsmässig angelegten Chemikalienlager aufbewahrt werden. Chemikalienlager müssen als begehbare Wannen (Schwelle und seitliche Abdichtung mindestens 10 cm hoch) angelegt werden und dürfen keinen Anschluss an die Kanalisation besitzen. Notduschen, evtl. Sprinkleranlagen, Feuerlöscher sowie persönliche Schutzeinrichtungen wie Handschuhe, Sicherheitsstiefel, chemikalienfeste Kleidung, Schutzbrillen und Atemschutzmasken sollten verfügbar sein. Bei der Einrichtung von Chemikalien- und Probenlagern sind die einschlägigen Vorschriften zu beachten.

Explosive und brandfördernde Stoffe müssen unbedingt getrennt voneinander gelagert werden. Besonders kühle Lagerung empfiehlt sich für folgende Stoffe:

- brennbare Gase in Druckdosen;
- Flüssigkeiten, deren Siedetemperaturen bei ungünstigen Lagerbedingungen erreicht werden, z. B. Aceton, Diethylether, Pentan, Hexan, Petrolether, Schwefelkohlenstoff, Dichlormethan.

Die folgenden Stoffe mit besonderen Gefahrensymbolen auf den Gefässen sollten möglichst in einem abschliessbaren Raum oder Schrank gelagert werden:

- Cyanide;
- Quecksilber und seine Verbindungen;
- Arsen und seine Verbindungen;
- Alkalimetalle;
- Thalliumverbindungen;
- Uranverbindungen;
- Phosphor;
- Pestizide.

Chemikalien, die ätzende Dämpfe abgeben, müssen in gut belüfteten Räumen gelagert werden, z. B.:

- Flusssäure;
- Salpetersäure;
- Salzsäure;
- Ammoniakwasser.
- Brom.

Die folgenden Stoffe sind getrennt von anderen Stoffen zu lagern (Tab. 1):

Tab. 1: Chemische Stoffe, die getrennt von anderen Stoffen zu lagern sind

Stoff	zu trennen von
Aktivkohle	Oxidationsmittel, Calciumhypochlorit
Alkalimetalle	Wasser, Kohlendioxid, Chlorkohlenwasserstoffe, Halogene
Ammoniakgas	Quecksilber, Halogene
Ammoniumnitrat	Säuren, Metallpulver, brennbare Flüssigkeiten, Schwefel, fein verteilte organische Stoffe
Brennbare Flüssigkeiten	Oxidationsmitteln wie Ammoniumnitrat, Chrom(VI)-oxid, Salpetersäure, Natriumperoxid, Halogene
Chlorate	Ammoniumsalze, Säuren, Metallpulver, Schwefel, fein verteilte organische Stoffe
Chrom(VI)-oxid	brennbare Flüssigkeiten
Cyanide	Säuren
Flusssäure	Ammoniak
Kaliumpermanganat	Glycerin, Ethylenglycol, konzentrierte Schwefelsäure
Kupfer	Acetylen, Wasserstoffperoxid
Natriumperoxid	brennbare Flüssigkeiten
Oxalsäure	Silber, Quecksilber
Perchlorsäure	Alkohole, Papier, Holz, Essigsäureanhydrid, Bismut und seine Legierungen
Phosphor	Schwefel, Chlorate
Quecksilber	Acetylen, Ammoniak
Salpetersäure konz.	Essigsäure, Chrom(VI)-oxid, Schwefelwasserstoff, brennbare Flüssigkeiten und Gase
Schwefelsäure konz.	Kaliumchlorat, Kaliumperchlorat, Kaliumpermanganat
Silber	Acetylen, Oxalsäure, Weinsäure, Ammoniumverbindungen
Wasserstoffperoxid	Metalle und Metallsalze, organische Substanzen

1.3   Brandgefahr und Brandverhütung

Brände benötigen folgende Voraussetzungen:

- Brennbare Stoffe (Feststoffe, Gase, Dämpfe);
- Sauerstoff, Luft oder andere oxidierende Stoffe;
- Wärme (Flamme, Funke, Heizdraht, Heizplatte).

Für die Entzündung von Flüssigkeiten sind 2 Voraussetzungen erforderlich: (a) die Temperatur muss oberhalb des Flammpunktes liegen und (b) die Zündtemperatur muss zumindest punktuell erreicht werden, um den entstehenden Dampf mit Sauerstoff reagieren zu lassen. Flammpunkt und Zündtemperatur sind stoffspezifische Kenngrössen: Der Flammpunkt einer brennbaren Flüssigkeit ist die niedrigste Temperatur, bei der sich aus der Flüssigkeit unter festgelegten Bedingungen ein Dampf/Luft-Gemisch bildet, das durch Fremdzündung entflammbar ist. Die Zündtemperatur ist die niedrigste Temperatur in einer vorgegebenen Versuchsanordnung, bei der sich der brennbare Stoff bei Normaldruck selbst entzündet. Die Kennwerte für Flammpunkt und Zündpunkt müssen Tabellenwerken (s. Literatur) entnommen werden.

- Stoffe mit einem *Flammpunkt < 21 °C* und daher besonderer Entzündungsgefahr sind z. B.:
  *Nicht mit Wasser mischba*r:
  Benzin, Benzol, Diethylether, Schwefelkohlenstoff, Ethylacetat, Toluol.
  *Mit Wasser mischba*r:
  Methanol, Ethanol, Propanol, Isopropanol, Pyridin, Aceton, Tetrahydrofuran.
- Stoffe mit einem *Flammpunkt von 21 bis 55 °C*:
  Butanol, Butylacetat, Chlorbenzol, Amylalkohol, Essigsäureanhydrid, Xylole.
- Stoffe mit einem *Flammpunkt zwischen 55 und 100 °C*:
  Dichlorbenzol, Kresole, Heizöl, Nitrobenzol, Phenol, Paraffinöl.

Zur Aufbewahrung dieser Stoffe siehe Kap. 1.2.

Gemische von brennbaren Stoffen mit Luft sind nicht in jedem Mischungsverhältnis zündbar. Zündfähige Gemische werden durch die untere und obere Explosionsgrenze, angegeben in Volumenanteilen (%) oder g/m³ charakterisiert (s. Literatur).

Regeln für die Verhütung von Bränden
- Grösste Vorsicht beim Erhitzen von mehr als 50 mL brennbarer Flüssigkeit in Apparaturen.
- Die Ausbreitung von brennbaren Dämpfen ist unbedingt zu vermeiden. Dämpfe sind oft schwerer als Luft und können sich über mehrere Meter ausbreiten. Zündquellen, auch entferntere und versteckte (Brenner, Heizhauben), sind zu entfernen.
- Elektrostatische Aufladungen können Brände durch Funkenentladung hervorrufen. Aufladungen können beim Befüllen von Glas- oder Kunststoffgefässen mit nichtleitenden Flüssigkeiten (z. B. Aceton, Ether, Schwefelkohlenstoff, Toluol) entstehen. Daher sollen Flüssigkeiten langsam ausgegossen werden (nicht im freien Fall). Hierbei ist möglichst ein Trichter zu verwenden, der bis auf den Gefässboden reicht. Leitfähige Gefässe sind untereinander leitend zu verbinden, gleichfalls Gefässe und Gerätschaften, die entweder nur leitfähig oder nur nichtleitfähig sind.
- Keine leichtentzündbaren Flüssigkeiten im Kühlschrank aufbewahren, da eine Zündung von Dämpfen durch Funken (Beleuchtung, Thermostat) möglich ist.
- Bei Destillationen unter Normaldruck werden Siedeverzüge durch die Verwendung von Siedesteinen, bei Vakuumdestillationen durch Kapillaren, verhindert.

Schutzeinrichtungen und Löschgerät
- Fluchtwege einrichten, markieren und offenhalten; ein zweiter Laborausgang muss vorhanden sein;
- Feuermelder installieren, Notruf am Telefon anbringen;

- mindestens eine Sicherheitsdusche pro Laborraum vorsehen;
- Löschdecke bereithalten;
- Löschsand im Eimer bereithalten;
- fahrbare Kohlendioxid-Löscheinrichtung und Handfeuerlöscher (CO_2-Löscher oder Pulverlöscher) bereithalten;
- regelmässig Brandübungen durchführen;
- alle Einrichtungen und Gegenstände, die auf Brandbekämpfung, Brandgefahr und Brandmeldung hinweisen, sind rot zu kennzeichnen.

Massnahmen bei Brandausbruch
- Verletzte aus der Gefahrenzone bringen;
- brennende Personen zu Boden reissen, in Löschdecke wickeln oder mit Kohlendioxidlöscher abspritzen (nicht das Gesicht !) oder unter Labordusche ziehen;
- Alarm auslösen;
- feuergefährliche Stoffe und Druckgasflaschen entfernen;
- Gashaupthahn schliessen;
- bei einem Brand in elektrischen Anlagen den Strom ausschalten und erst dann mit der Brandbekämpfung beginnen;
- Feuer bekämpfen oder sich bei ergebnisloser Bekämpfung aus dem Gebäude entfernen.

Hinweise zur Brandbekämpfung im Labor
Bei den meisten Laborbränden reichen Labor-Kohlensäurelöscher aus. Sie hinterlassen keine Rückstände und verursachen daher keine Verschmutzung des Raumes oder Schäden an empfindlichen Geräten. Zudem ist CO_2 chemisch wenig reaktiv und auch bei elektrischen Anlagen verwendbar. Nach dem Löschen ist sofort intensiv zu lüften, da andernfalls Erstickungsgefahr besteht. Brände von Alkalimetallen oder Lithiumaluminiumhydrid dürfen unter keinen Umständen mit Wasser bekämpft werden. Geeignete Löschmittel sind hier Sand oder Zement. Für brennbare Flüssigkeiten ist ein Kohlensäurelöscher oder Pulverlöscher einzusetzen. Auf den Einsatz nicht mehr zugelassener Halonlöscher ist zu verzichten.

1.4   Elektrische Spannung

Fliesst ein elektrischer Strom bei Berühren stromführender Einrichtungen durch den menschlichen Körper, kann es zu schweren Verbrennungen kommen. Ausserdem kann Herzflimmern oder gar Herzstillstand eintreten. Entscheidend ist dabei die durch den Körper fliessende Stromstärke: Der Strom ist umso grösser, je grösser die Berührungsspannung und je kleiner der Widerstand an den Berührungsstellen ist. Bei nassen Händen und leitendem Untergrund kann bereits von einer 50-V-Spannung eine Gefahr ausgehen, da die Stromstärke gegenüber den günstigeren Bedingungen bei Trockenheit und Isolation ansteigt. Neben der Stromstärke ist die Dauer des Stromflusses von Bedeutung. Ein Beispiel:

Der mittlere Widerstand des menschlichen Körpers betrage 1.300 Ω. Bei einem gut leitenden Kontakt an Händen oder Füssen fliesst bei einer Spannung von 220 V ein Strom von ca. 170 mA durch den Körper. Bei diesen Bedingungen kann der Tod bei Wechselspannung schon nach wenigen Sekunden eintreten. Bei Gleichspannung ist besondere Vorsicht geboten, weil durch elektrolytische Prozesse im menschlichen Körper selbst bei niedrigeren Spannungen bereits Lebensgefahr besteht.

Hinweise beim Umgang mit elektrischer Energie
- Alle Anlagen von mehr als 50 V Spannung sind Starkstromanlagen; ihre Installation muss den VDE-Vorschriften entsprechen und ebenso wie ihre Reparatur von Fachleuten vorgenommen werden;
- Steckdosen, Stecker, Kabel und Geräte sollten vor dem Einsatz auf ihren Zustand geprüft werden (Isolation); defekte Teile wie auch nasse Gerätschaften bedeuten Gefahr beim Körperkontakt;
- Die Spannung sollte in jedem Raum an leicht zugänglicher Stelle abschaltbar sein;
- Alle verwendeten Geräte sollten Schutzkontakte besitzen; diese müssen periodisch überprüft werden.

1.5   Erste Hilfe bei Unfällen

An dieser Stelle können nur die wichtigsten Hinweise aufgenommen werden. Erste Hilfe durch Laien ist kein Ersatz für Hilfe durch den Arzt, sondern nur eine Notmassnahme. Praktische Unterweisungen in Erster Hilfe sind obligatorisch für jeden Labormitarbeiter.

Ausstattung
- Anschriften und Telefonnummern von Notarzt, Krankenhaus und Spezialkliniken für die Behandlung von Verbrennungen;
- Wandtafeln mit Instruktionen für Erste Hilfe;
- Verbandskästen;
- getrennte Augenspülflaschen für Augenverätzungen mit Säuren bzw. Alkalien.

Massnahmen
  Verätzungen:
- Verätzungen der Haut: die betroffenen Stellen mit viel Wasser abspülen;
- Brom-Verätzungen: mit Petroleum oder Ethanol spülen;
- Verätzungen mit Flusssäure: mit 2%iger Ammoniak-Lösung oder verdünnter Soda-Lösung spülen;
- Iod-Verätzung: mit 1% iger Natriumthiosulfat-Lösung spülen;
- Augen-Verätzungen: das Auge mit beiden Händen weit offenhalten und ca. 10 Minuten mit Wasser spülen. Dabei das Auge nach allen Richtungen bewegen.
  Schnittwunden:
- Die Wunde nicht berühren und nicht auswaschen, sondern keimfrei bedecken (Pflaster, Verband).
  Verbrennungen:
- Gliedmassen sofort bis zu 15 Minuten in kaltes Wasser tauchen; Brandwunden keimfrei halten und mit einem Brandwundverband abdecken (nicht bei Gesichtsverletzungen). Bei Phosphorverbrennungen die Wunde mit Natriumhydrogencarbonat-Lösung baden.

Vergiftungen:
- Liegt keine Bewusstlosigkeit vor, sollte man die Person zum Erbrechen bringen; eventuell Kohlekompretten geben; Giftreste und Erbrochenes unbedingt aufbewahren; Seitenlagerung empfehlenswert.

Verhalten bei Bewusstlosigkeit:
- Seitenlagerung;
- Kopf in den Nacken legen, Gesicht Richtung Fussboden;
- Puls- und Atemkontrolle durchführen;
- Bei Atemstillstand Atemspende vornehmen: zunächst 20 mal käftig Luft in Mund oder Nase einblasen, dann ca. 30 Sekunden Pause und im normalen Rhythmus weiter Luft spenden; erfahrene Helfer können eine Herzdruckmassage durchführen; diese Massnahmen sind fortzusetzen, bis der Notarzt eintrifft.

1.6   Beseitigung gefährlicher Laborabfälle

Abfallmengen aus Laboratorien sind insgesamt relativ gering, jedoch sind zeitliche Schwankungen in Menge und Zusammensetzung typisch. Hinsichtlich der Entsorgung gelten für Industrie-, Lehr- und Forschungslabors gleiche oder ähnliche gesetzliche Regelungen:

- Abfallgesetz/Kreislaufwirtschaftsgesetz;
- Abfallbestimmungsverordnung;
- Abfall- und Reststoffüberwachungsverordnung;
- Richtlinie für Laboratorien der Berufsgenossenschaft Chemie;
- TRGS 201: Kennzeichnung von Abfällen.

Die Zuordnung von Laborabfällen zu Anlagen innerhalb der Entsorgungseinrichtung erfolgt nach der Technischen Anleitung Abfall (TA Abfall). Der Entsorgungsnachweis wird wie bei Abfällen anderer Herkunft nach Bearbeitung durch den Entsorger und Erstellung der Annahmeerklärung der zuständigen Behörde zugesandt.

Bei einigen Abfällen genügt nicht die einmalige Klassifizierung nach Abfall-, Gefahrstoff- und Gefahrgutrecht. Vielmehr sind wiederholt Stichproben erforderlich, um zu überprüfen, ob der Abfall in Art und Zusammensetzung noch den Kriterien des genehmigten Entsorgungsnachweises und der Klassifizierung nach Gefahrgutrecht genügt.

Sollten Abfälle aufgrund ihrer chemischen Eigenschaften ausnahmsweise nicht durch Dritte entsorgt werden können, sind sie im Labor gefahrlos zu vernichten oder in eine entsorgungsfähige Form umzuwandeln. Dafür sind spezielle Betriebsanweisungen zu erstellen. Bei Verwendung von Abluftfiltern ist zur Abfallvermeidung darauf zu achten, dass Gerätelieferanten eine Rücknahme und fachgerechte Reaktivierung oder Entsorgung der Filtermedien garantieren.

Die innerbetriebliche Sammlung von Abfällen mit gleichzeitiger Lagerung dieser Stoffe ist gemäss § 19 g, Abs. 1, WHG, ein „Lagern und Abfüllen wassergefährdender Stoffe" mit den daraus entstehenden Konsequenzen. Die einzelnen Abfallarten sind in Labors getrennt zu sammeln, damit gefährliche Reaktionen und eine Gefährdung des Personals ausgeschlossen sind. Die verwendeten Behälter müssen nach Grösse, Bauart und Material für die Sammlung der jeweili-

gen Abfallarten geeignet und sicher transportierbar sein. Eine Kennzeichnung erfolgt nach
TRGS 201.

Folgende Hinweise sollten beachtet werden:

- Cyanide sind auch in kleinen Mengen nicht in den Abfluss zu giessen, sondern getrennt zu
  sammeln; ggf. erfolgt eine Umsetzung mit löslichen Eisensalzen;
- Abfälle, die giftige und leicht entzündliche Gase und Dämpfe entwickeln können oder die mit
  Wasser reagieren (Natrium, Kalium, Carbide, Phosphide), sind in feuerfesten Behältern zu
  sammeln und müssen getrennt von anderen Abfällen entsorgt werden;
- Brennbare Flüssigkeiten nicht in den Abfluss geben, sondern getrennt sammeln
  (Chlorkohlenwasserstoffe getrennt von anderen Lösemitteln);
- Schwermetallhaltige Lösungen nicht in den Abfluss geben; im Ausnahmefall einfache
  Vorbehandlung für Kleinmengen: Entgiftung durch „Filtration" durch ein Granulat aus
  Magnesiumoxid/Marmor (1 : 2); man füllt das Gemisch in eine breite, kurze Säule (z. B.
  aufgeschnittene PE-Flasche) und befestigt das Gerät über dem Abfluss. Das Filter wird nach
  Beladung als Sonderabfall entsorgt.

1.7 Abwasser im Labor

Für die Einleitung von Laborabwässern sind folgende rechtliche Vorschriften sind zu beachten:

- Wasserhaushaltsgesetz (WHG): Anlagen zu § 7a bei Direkteinleitern;
- Indirekteinleiterverordnungen der Bundesländer;
- Abwassersatzungen der Gemeinden sowie Arbeitsblatt ATV 115.

Laborabwasser gehört nach der bis 1997 gültigen Abwasserherkunftsverordnung zu den Abwässern, in denen gefährliche Stoffe auftreten können. Die Abwasserreinigung einschliesslich
Vorbehandlung erfolgt für Schadstoffe nach dem Stand der Technik. Ab 1.4.97 sind *alle* Inhaltsstoffe der Abwässer nach dem Stand der Technik zu reinigen. Die Einleitungsgrenzwerte
werden für Direkteinleiter (d. h. nur wenige grosse Betriebe incl. deren Laborabwässer) im Ein-
leitungsbescheid festgeschrieben. Indirekteinleiter unterliegen den Vorgaben der Indirekteinlei-
terverordnung bzw. der jeweiligen kommunalen Abwassersatzung.

Laborabwasser wird in grösseren Unternehmen in der Regel der hauseigenen Abwasserbe-
handlungsanlage zugeführt. Kleinere Labors können ihr Abwasser zur Reinigung an Dritte abgeben oder selbst eine Neutralisation betreiben. Die Entsorgung durch Fremdfirmen ist kostenin-
tensiv und hat den Nachteil, dass das Abwasser über einen längeren Zeitraum sicher gesammelt
und aufbewahrt werden muss. Die Neutralisation des Abwassers am Entstehungsort vermindert
hingegen Umweltrisiken und ist in den meisten Fällen für eine Einleitung in die öffentliche Kanalisation ausreichend.

Kleine Labor-Neutralisationsanlagen mit Lauge bzw. Säuredosierung können über 200 Liter
Abwasser pro Stunde behandeln und in Abzüge oder Labortische eingebaut werden. Sie sind
vollautomatisch arbeitende, in sich geschlossene Systeme und garantieren einen Ablaufwert zwischen pH 6,5 und 9,0. Die bei einer Neutralisation schwermetallhaltiger Abwässer gültigen pH-

Bereiche für die Fällung als Hydroxid bzw. Fällung als Sulfid unter Zusatz handelsüblicher Organoschwefelverbindungen (z. B. TMT 15 von Degussa, Nalmet A1 von Nalco) zeigt Abb. 2.

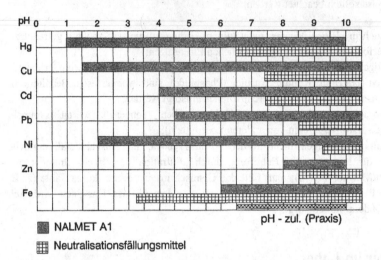

Abb. 2: pH-Bereiche der Fällung von Schwermetallen im Laborabwasser

1.8   Abluft im Labor

Trotz Bemühungen, die Chemikalienmengen im Labor zu vermindern, gibt es Arbeitsabläufe, bei denen ein Umgang mit Gefahrstoffen unvermeidlich ist. Beispiele sind Umfüllarbeiten, Trenn- und Lösevorgänge.

In Labors, in denen mit immissionsverursachenden Chemikalien wie Säuren, Laugen und Lösemitteln gearbeitet wird, müssen die freigesetzten Schadstoffe mit einer geeigneten Technik erfasst und ggf. entfernt werden. In § 19(1) der Schadstoffverordnung heisst es: *„Das Arbeitsverfahren ist so zu gestalten, dass gefährliche Gase, Dämpfe oder Schwebstoffe nicht auftreten"* und weiter in (2) *„kann durch Massnahmen nach Absatz (1) nicht unterbunden werden, dass gefährliche Gase, Dämpfe oder Schwebstoffe frei werden, sind diese an ihrer Austritts- oder Entstehungsstelle vollständig zu erfassen und anschliessend ohne Gefahr für Mensch und Umwelt zu entsorgen, soweit dies nach dem Stand der Technik möglich ist."*

Weiterhin sind folgende gesetzliche Regelungen zu beachten:

- Bundes-Immissionsschutzgesetz (BImmSchG);
- 4. Verordnung zum Bundes-Immissionsschutzgesetz;
- Technische Anleitung zur Reinhaltung der Luft (TA Luft);
- DIN 12924, Teil 2: Laboreinrichtungen;
- DIN 194, Teil 7: Raumlufttechnik;
- Richtlinie für Laboratorien der Berufsgenossenschaft Chemie;
- MAK-, BAT- und TRK-Werte.

Zur Reinigung schädlicher Abluftströme können Laborluftwäscher eingesetzt werden. Hierzu gibt es zwei unterschiedliche Varianten: zentral arbeitende und dezentrale Wäscher. Zentrale Wäscher reinigen meist mittels Füllkörperkolonnen die von mehreren Abzügen zusammengeführte Abluft ausserhalb des Laborbereiches an einer einzigen Stelle. Dezentrale Wäscher, vorwiegend Sprühnebelwäscher, werden direkt am Abzug installiert. Vergleiche zwischen beiden Gruppen ergaben, dass dezentrale Abluftwäscher wegen ihrer inzwischen erreichten hohen Betriebssicherheit und geringer Betriebskosten vorteilhaft sind. Ihr Einsatz erfüllt gleichzeitig die in den Richtlinien für Laboratorien der BG Chemie erhobene Forderung, die freigesetzten Schadstoffe möglichst schon an ihrer Austritts- oder Entstehungsstelle zu beseitigen.

Während Abluftwäscher vorwiegend zur Absorption von Säuren und Laugen eingesetzt werden, entfernt man die in der Laborluft enthaltenen Lösemittel, Geruchsbildner und Pyrolyseprodukte unvollständiger Verbrennungen bevorzugt durch Adsorption an Aktivkohle. Verschiedene Anlagensysteme speziell für die Laboranwendung entsprechen dem Stand der Ablufttechnik.

Die Arbeitsplätze beim Umgang mit Gefahrstoffen verlagern sich immer mehr vom Labortisch zu Digestorien oder speziellen abgesaugten Einrichtungen wie Chemikalienumfüllplätzen. Dort können unterschiedliche Stoffe freigesetzt werden, wobei es nicht möglich ist, ein universelles Reinigungssystem einzusetzen. Manche Stoffe werden mit Wasser gut ausgewaschen, andere lassen sich besser an Feststofffiltern zurückhalten.

Abluftfilter lassen sich heute in handelsübliche Labormöbel integrieren. Der Einbau von Filtermodulen erfolgt im Oberteil der Digestorien oder in beigestellten Filterschränken. Um eine effektive Abluftreinigung zu erzielen, ist das Filter an die Stoffeigenschaften anzupassen. Besonders in Labors mit Schichtbetrieb und deshalb häufig wechselndem Personal ist eine automatische Kontrolle vorteilhaft. Die Kapazität der Filtermodule ist ausreichend zu bemessen, um zu häufigen Filterwechsel zu vermeiden. Standzeiten von ca. 6 Monaten sind anzustreben.

1.9 Öko-Audits für Laboratorien

Seit April 1995 können sich gewerbliche Unternehmen, z. B. auch Laboratorien, in den Staaten der EU einer freiwilligen Öko-Auditierung unterziehen. Grundlage ist die Öko-Audit-Verordnung vom Juli 1993. Elemente der Verordnung sind:

- Aufbau eines Umweltmanagementsystems;
- Selbstkontrolle durch regelmässige Audits;
- Externe Kommunikation durch Umwelterklärung;
- Externe Kontrolle durch Umweltgutachter.

Die Auditierung erfolgt in den Schritten

- Umweltprüfung;
- Aufbau des Umweltschutzinstrumentariums;
- Umweltbetriebsprüfung;
- Umwelterklärung;
- Zertifizierung.

Die erste Umweltprüfung ist eine Aufnahme des Ist-Standes und hat zum Ziel, eine gesicherte Datenbasis für alle umweltrelevanten Vorgänge im Labor zu schaffen. Gegliedert nach den Schutzgütern Wasser, Boden, Luft werden technische Anlagen, Stoffbilanzen (z. B. Abfallströme) und vorhandene Genehmigungen aufgenommen und als Bestandsdokumentation aufbereitet. Auch die Funktion der bestehenden Aufbau- und Ablauforganisation wird erhoben und analysiert.

Auf dieser Basis wird ein Umweltschutzinstrumentarium entwickelt. Dabei ist neben technischen und produktbezogenen Aspekten auch die Organisation einzubeziehen. Das gesamte Instrumentarium wird in Form eines Umwelthandbuches dokumentiert.

In der Umweltbetriebsprüfung, dem eigentliche Audit, erfolgt die regelmässige, systematische Überprüfung und Bewertung des Umweltschutzinstrumentariums. Umweltziele und Umweltprogramm des Unternehmens werden aktualisiert, Massnahmen zur Weiterentwicklung des Umweltmanagementsystems vorgeschlagen.

In einer Umwelterklärung wird dann u. U. die Öffentlichkeit über den betrieblichen Umweltschutz informiert. Dabei werden die Ziele des Unternehmens vorgestellt und die vorhandene Umweltschutzsituation beschrieben. Eine Zusammenfassung über die Verbräuche an Einsatzstoffen, Energie und Wasser sowie über Schadstoffemissionen und Abfallaufkommen ergänzen die Angaben.

Die Zertifizierung des Unternehmens erfolgt durch einen zugelassenen unabhängigen Umweltgutachter. Er überprüft die Aussagen in der Umwelterklärung und die Einhaltung der Vorschriften der EU-Verordnung. Nach erfolgreicher Zertifizierung erhält das Unternehmen das Öko-Audit-Zeichen und wird in die Liste der auditierten Unternehmen aufgenommen. Diese wird einmal jährlich im Amtsblatt der EU publiziert.

1.10   Arbeitsmedizinische Aspekte

Nach der Gefahrstoffverordnung hat der Betreiber eines Laboratoriums die Pflicht, beim Umgang mit Gefahrstoffen eine Betriebsanweisung zu erstellen, die mögliche Gefahren für Mensch und Umwelt sowie erforderliche Schutzmassnahmen beschreibt. Bei der Erstellung einer Betriebsanweisung sind TRGS 555 und § 20 GefStoffV zu berücksichtigen.

Arbeitssicherheitsplan
Alle Anweisungen zum Schutz vor gefährlichen Stoffen oder Mikroorganismen werden in einem Arbeitssicherheitsplan zusammengefasst und den mit diesen Stoffen in Berührung kommenden Personen mündlich und schriftlich bekannt gemacht. Der Sicherheitsplan umfasst die nach § 20 GefStoffV obligatorische Betriebsanweisung und ist daher teilweise gesetzlich vorgegeben. Der Arbeitssicherheitsplan sollte zumindest umfassen:

- Namen der verantwortlichen Personen (Laborleiter, Sicherheitsfachkräfte);
- Qualifikationsnachweise der Beschäftigten (ärztliche Bescheinigung, Bescheinigung über Lehrgänge zum Atemschutz und zur Ersten Hilfe);
- Pläne der Anlage (Labor, Chemikalien-, Lösemittel- und Abfallläger);
- Festlegung besonders gefährdeter Bereiche;
- Art der Arbeitsplatzmessungen;

- Durchführung der Probennahmen;
- Notfallplanung und Erste Hilfe.

Messungen am Arbeitsplatz

Messungen der maximalen Arbeitsplatzkonzentration (MAK) bzw. der technischen Richtkonzentration (TRK) von gefährlichen Stoffen sind an exponierten Arbeitsplätzen grösserer Labors im Rahmen einer Arbeitsbereichsanalyse durchzuführen. Sie umfasst die Auflistung der Gefahrstoffe und spezifischen Grenzwerte, die Lokalisierung der Gefahrenbereiche, mögliche Expositionen und die Festlegung der Messverfahren für die Kontrollmessungen. Die maximale Arbeitsplatzkonzentration ist die höchstzulässige Konzentration eines Stoffes am Arbeitsplatz (Gas, Dampf oder Schwebstoff), die auch bei wiederholter und langfristiger, in der Regel 8-stündiger Exposition, während einer durchschnittlichen Wochenarbeitszeit von 40 Stunden im allgemeinen die Gesundheit der Beschäftigten nicht beeinträchtigt und diese nicht unangemessen belästigt (TRGS 900). Die Ermittlung von MAK-Werten erfolgt in Deutschland nach TRGS 402 (Einzelstoffe) und TRGS 403 (Stoffgemische). Gasmessungen unmittelbar am Arbeitsplatz können für viele Einzelstoffe mit Prüfröhrchen durchgeführt werden. Gemische unbekannter Stoffe können zunächst summarisch mit „Polytest-Röhrchen" oder tragbaren Geräten mit Photoionisationsdetektor (PID) oder Flammenionisationsdetektor (FID) gemessen werden. Eine Einzelstoffanalytik kann diese summarische Analyse ergänzen.

Arbeitsmedizinische Untersuchungen

Nach der VBG 100 hat ein Unternehmer dafür zu sorgen, dass Arbeitnehmer bei gefährdenden Tätigkeiten und/oder Einwirkungen durch arbeitsmedizinische Vorsorgeuntersuchungen überwacht werden. Diese erfolgen bei Arbeitsaufnahme im Rahmen von Erstuntersuchungen sowie durch Nachuntersuchungen, deren Fristen stoffspezifisch sind. Die Untersuchungen müssen über die einschlägigen „berufsgenossenschaftlichen Grundsätze für arbeitsmedizinische Vorsorgeuntersuchungen" (G4, G8, G15, G16, G29, G33, G36, G38, G40) hinaus auf das jeweilige Gefahrenpotential abgestimmt sein.

Besondere arbeitsmedizinische Untersuchungen sind beim Umgang mit krebserregenden Stoffen vorzusehen. Folgende Vorschriften sind hier zu beachten: VGB 100; GefStoffV, Anhang II und V; TRGS 102; TRGS 900, Anhang IIIA; TRGS 905, Arbeitsmedizinische Grundsätze; TRGA/TRGS - Auslöseschwellen krebserregender Stoffe. Besonders die in den technischen Regeln gefährlicher Stoffe (TRGS, TRGA) genannten Auslöseschwellen sind zu beachten, die zu arbeitsmedizinischen Untersuchungen verpflichten.

2 Qualitätssicherung

2.1 Allgemeines

Massnahmen der Qualitätssicherung waren seit jeher Bestandteil analytischen Arbeitens; neu ist lediglich ihre Systematisierung. Grundsätzlich sollen Messergebnisse von Untersuchungen nachvollziehbar, plausibel und weitestgehend „richtig" oder zumindest interpretierbar sein.

Grundsätzlich gilt:

> **Nur Analysenergebnisse, die eine überprüfbare Richtigkeit und Präzision (Genauigkeit) aufweisen, sind vergleichbar.**

Messergebnisse von „identischen" Proben differieren häufig voneinander. Deshalb müssen alle äusseren Einflüsse auf Ergebnisse berücksichtigt werden, um signifikante Fehler bei den einzelnen Schritten von Untersuchungsverfahren zu vermeiden.

Abb. 3 verdeutlicht die Probleme bei Erfassung und Kontrolle von Messfehlern. Dabei sind systematische Fehler und zufällige Fehler zu unterscheiden:

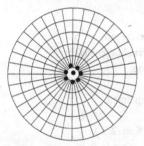

kleiner systematischer Fehler
kleiner zufälliger Fehler

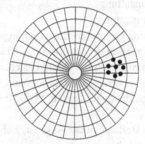

großer systematischer Fehler
kleiner zufälliger Fehler

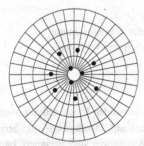

kleiner systematischer Fehler
großer zufälliger Fehler

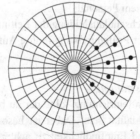

großer systematischer Fehler
großer zufälliger Fehler

Abb. 3: Fehlerarten bei Messverfahren

Ein wesentliches Instrument zur Gewinnung nachvollziehbarer und weitgehend „richtiger" Untersuchungsergebnisse ist die analytische Qualitätssicherung (AQS). Man versteht darunter die Summe aller Massnahmen des Qualitätsmanagements, der Qualitätsplanung, der Qualitätslenkung und der Qualitätsprüfungen. Dies bedeutet, dass alle nachfolgend aufgeführten Teilschritte eines Untersuchungsverfahrens zur AQS gehören:

- Probennahme;
- Probenkonservierung;
- Probentransport;
- Probenlagerung;
- Probenvorbereitung/Probenaufbereitung;
- Messung;
- Auswertung der Messdaten;
- Untersuchungsbericht.

2.2   Instrumente der Analytischen Qualitätssicherung

Zu den Instrumenten der AQS gehören (Landesamt für Wasser und Abfall, 1990):

- Optimierung der personellen Austattung;
- Optimierung der technischen Austattung;
- Auswahl der für die Fragestellung geeigneten Untersuchungsverfahren;
- Ermittlung der Verfahrenskenngrössen der angewandten Untersuchungsverfahren;
- Durchführung von internen Massnahmen zur Qualitätssicherung;
- Teilnahme an externen Massnahmen zur Qualitätssicherung;
- Auswertung und Dokumentation der angewandten AQS-Massnahmen

(Zur Akkreditierung, die ebenfalls Bestandteil der AQS ist, siehe Kap. 2.3.)

Optimierung der personellen Ausstattung
Bei der Prüfeinrichtung sollen folgende Voraussetzungen erfüllt sein:

- Einsatz von fachlich qualifiziertem Personal;
- Erfolgreich abgeschlossene Hochschulausbildung der Leitung der Prüfeinrichtung;
- Einweisung aller Mitarbeiter der Prüfeinrichtung in ihre Aufgaben und Pflichten;
- Möglichkeiten zur Fortbildung.

Optimierung der technischen Ausstattung
Die technische Ausstattung der Prüfeinrichtung sollte der zu bearbeitenden Fragestellung angemessen und von ausreichender Qualität sein. Dabei ist besonders auf Handhabbarkeit, Störanfälligkeit, Anwendungsbreite und Empfindlichkeit zu achten. Ausserdem sind geeignete bauliche Voraussetzungen zu schaffen und eine ordnungsgemässe Abfallentsorgung sicherzustellen.

Auswahl der für die Fragestellung geeigneten Untersuchungsverfahren
Es ist zu prüfen, ob das ausgewählte Untersuchungsverfahren der Fragestellung angemessen und genügend empfindlich ist. Der „maximal tolerierbare Gesamtfehler" des Verfahrens ist dabei abzuschätzen. Dieser setzt sich aus dem zufälligen Fehler (beeinflusst die Präzision des Verfahrens) und dem systematischen Fehler (beeinflusst die Richtigkeit des Verfahrens) zusammen (s. Abb. 3). Erfahrungen mit den angewandten Untersuchungsverfahren sollten möglichst vorliegen; andernfalls ist eine Erprobungsphase vorzusehen.

Ermittlung der Verfahrenskenngrössen der angewandten Untersuchungsverfahren
Während Erprobungs- und Routinephasen sollten die Verfahrenskenndaten sowohl für synthetische Proben mit bekanntem Gehalt als auch für reale Proben mit unbekanntem Gehalt ermittelt werden. Die hierfür benutzten Verfahren einschliesslich möglicher Modifikationen sollten gemeinsam mit den berechneten Verfahrenskenngrössen, d. h. *Wiederfindungsrate, Vergleichsstandardabweichung, Vergleichsvariationskoeffizient, Wiederholstandardabweichung* und *Wiederholvariationskoeffizient*, dokumentiert werden. Die Definition dieser Kenngrössen findet sich in DIN 38402, Teil 42.

Viele Analysenmethoden der analytischen Chemie sind kalibrierbedürftig, d. h., sie benötigen eine Kalibrierfunktion zur Bestimmung von Konzentrationen aus den erhaltenen Messwerten. Im einfachsten Falle können die Werte für die Konzentrationen von Kalibrierlösungen und die zugehörigen Messwerte in einem *x-y*-Diagramm dargestellt und eine ausgleichende Gerade durch die Messpunkte gelegt werden (*fitting by eye*). Dieses Verfahren ist meist nicht exakt genug, so dass die Berechnung der Kalibrierkurven besser mit Hilfe der linearen Regression vorgenommen wird. Die Kalibrierfunktion:

$$y = a + b \cdot x$$

mit a als berechnetem Blindwert und b als Steigung der Kalibrierfunktion (Empfindlichkeit des Messverfahrens) zeigt die geringstmögliche Abweichung aller Messwerte zur Ausgleichsgeraden. Das Modell der linearen Regression erfordert:

- Linearität innerhalb eines grösseren Messbereichs;
- Gleichheit der Messwertstreuung im gesamten Arbeitsbereich;
- Normalverteilung der Messwerte.

Die tatsächliche Kalibrierfunktion liegt innerhalb eines Vertrauensbereichs (Konfidenzintervall) VB (Abb. 4).
Dieser eingegrenzte Vertrauensbereich hängt ab von der Streuung der Kalibrierpunkte um die Kalibrierkurve (Reststandardabweichung s_y) und der Steigung b der Kalibrierfunktion. Eine Kenngrösse, die eindeutig die Güte einer Kalibrierfunktion beschreibt, ist die Verfahrensstandardabweichung s_{x0}. Sie berechnet sich nach

$$s_{x0} = s_y / b$$

Bei gleichem Arbeitsbereich, gleicher Anzahl und gleicher Lage der Kalibrierpunkte lassen sich mit der Verfahrensstandardabweichung verschiedene Analysenverfahren miteinander vergleichen. Abb. 5 zeigt als Beispiel zwei Möglichkeiten der Bestimmung von Nitrit.

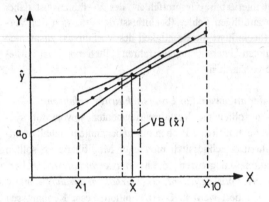

Abb. 4: Vertrauensbereich einer Kalibrierkurve

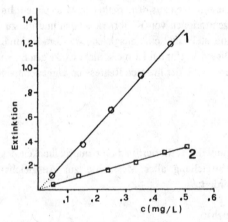

(1) Sulfanilamid +
    N-(1-Naphtyl)-ethylendiamin
(2) 4-Aminosalicylsäure +
    1-Naphthol

Abb. 5: Photometrische Bestimmung von Nitrit

Es wird deutlich, dass die Reststandardabweichungen s_y ähnlich, die Empfindlichkeiten jedoch verschieden sind. Ein rechnerischer Vergleich beider s_y mit Hilfe des F-Tests (s. statistische Literatur) zeigt, dass sich beide Verfahren signifikant unterscheiden.

Es ist darauf zu achten, dass jede Kalibrierlösung den gleichen Analysenweg (inklusive eventuellem Aufschluss) durchläuft wie die untersuchte Probe. Als Minimalkonzept zur vorbereitenden Qualitätskontrolle wird die Durchführung von Einzel- bzw. Doppelbestimmungen an mehreren aufeinanderfolgenden Tagen vorgeschlagen, und zwar von:

- Blindprobe;
- Kalibrierlösungen mit niedrigen und hohen Konzentrationen innerhalb des Arbeitsbereichs;
- realen Proben;
- aufgestockten reale Proben.

Die Beobachtungszeit sollte 10 bis 20 Tage betragen. Anschliessend überprüft man die Stabilibilität des Verfahrens. Hierzu berechnet man:

- s_w Standardabweichung in einer Analysenserie (*within batch*);
- s_b Standardabweichung zwischen den Analysenserien (*between batch*).

Danach überprüft man die Werte für s_w und s_b mit dem F-Test auf einer vorgegebenen Signifikanzschwelle (z. B. 95 %-Niveau). Erst wenn dieses Prüfverfahren einen signifikanten Unterschied zwischen s_w und s_b zeigt, muss jeder Analysenserie eine eigene Kalibrierung vorangehen.

Durchführung von internen Massnahmen zur Qualitätssicherung

Unter interner Qualitätssicherung versteht man das Durchführen von Massnahmen (täglich oder serienbezogen), die der Erkennung, Beseitigung und Verhinderung von Fehlern bei der Anwendung eines bestimmten Untersuchungsverfahrens bzw. bestimmter Messtechniken dienen.

Als mögliche Instrumente sind Kontrollkarten geeignet:

- Mittelwertkontrollkarte zur Überprüfung von Präzision und Richtigkeit;
- Wiederfindungskontrollkarte zur Überprüfung von Matrixeinflüssen;
- Spannweitenkontrollkarte (*range card*) zur Überprüfung der Messwertstreuung;
- Differenzenkarte zur Ermittlung der Streuung von Messwerten um den Mittelwert;
- Standardabweichungskarte zur Überwachung der Streuung der Grundgesamtheit der Messwerte

Die Erstellung der unterschiedlichen Kontrollkartensysteme sollte mit eigenen und zertifizierten Standards (sog. Matrixstandards oder synthetisch hergestellten Standards) erfolgen.

Die Verwendung von Kontrollkarten beruht auf der Annahme, dass die Fehler der Messdaten einer Fehler-Normalverteilung folgen. Für die jeweilige Kontrollprobe (Blindprobe, Standardlösung oder reale Probe) werden bei der Mittelwertkontrollkarte der Gesamtmittelwert $\bar{x}$ und die Standardabweichung s berechnet. Mit dem Gesamt-Mittelwert als Mittellinie wird dann die Kontrollkarte vorbereitet. Im Abstand von $\pm 2\,s$ wird der Warnbereich und von $\pm 3\,s$ der Kontrollbereich eingezeichnet (vgl. Abb. 6a).

Normalerweise führt man die Kontrollkarte je einen Monat lang. Liegen die Einzelwerte alle innerhalb von $\pm 2\,s$, ist das Analysensystem unter Kontrolle. Folgende Fehler sind möglich, wenn das Verfahren ausser Kontrolle ist (Abb. 6b).

1 Ergebnisse ausserhalb der Warngrenze zeigen grobe Analysenfehler an (z. B. Fehler bei der Herstellung der Standards, Verunreinigungen oder falsche Eichungen);
2 Mindestens 7 aufeinanderfolgende Ergebnisse, die einseitig ober- oder unterhalb des Mittelwertes liegen (z. B. Verwendung neuer Standards ungleicher Qualität);
3 Mindestens 7 aufeinanderfolgende ansteigende oder abnehmende Werte (z. B. Verschlechterung der Standards durch Alterung oder Verdunsten des Lösungsmittels);
4 Plötzlich auftretende erhöhte Streuung (z. B. unzureichende Analysentechnik oder mangelnde Übung der Laborkräfte).

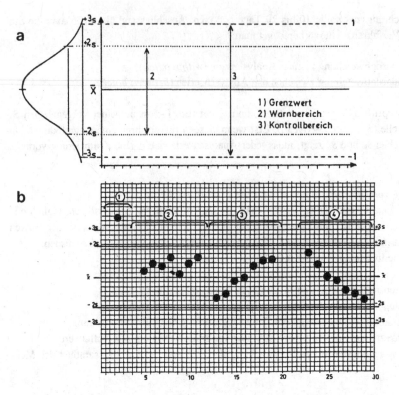

Abb. 6: Kontrollkarten   a) Arbeitsbereiche, b) erkennbare Fehler (s. Text)

Derartige Kontrollkarten lassen sich auch als Wiederfindungs-Kontrollkarten führen (zur eingeschränkten Richtigkeitskontrolle bei Aufstockversuchen).

Eine weitere Möglichkeit ist das Führen einer *range*-Kontrollkarte, in welche die Differenzen von täglich durchgeführten Doppelbestimmungen eingetragen werden. Sie empfiehlt sich zur Präzisionskontrolle realer Proben, wenn starke Matrixeinflüsse das Messergebnis beeinflussen können. Als Kontrollgrenze einer *range*-Kontrollkarte kann beispielsweise der 3,5fache Wert der mittleren Spannweite aus einer Vorperiode gewählt werden.

Teilnahme an externen Qualitätssicherungsmassnahmen

Wichtigstes Instrument ist die regelmässige Teilnahme an nationalen und internationalen Ringversuchen mit synthetischen Proben bekannten Gehalts oder mit realen Proben unbekannten Gehalts. Bei letzteren ist stets mit matrixabhängigen Störungen zu rechnen. Die Ergebnisse der Ringversuche werden in der Regel von der Ringversuchsleitung dokumentiert und den Teilnehmern oft mit entsprechenden Empfehlungen zur Verfügung gestellt.

Auswertung und Dokumentation der angewandten AQS-Massnahmen

Die von der Prüfeinrichtung angewandten AQS-Massnahmen sollten ausführlich dokumentiert werden (z. B. in einem AQS-Handbuch). Diese Unterlagen können auf Wunsch interessierten Stellen (Kunden, staatlichen Überwachungsstellen, anderen Abteilungen bei grossen Unternehmen) zur Verfügung gestellt werden. Nicht ausreichend dokumentierte oder nur sporadisch durchgeführte AQS-Massnahmen haben nur einen geringen Wert.

Probleme von AQS-Systemen

Anwendung und Dokumentation von AQS-Massnahmen sind für Prüfeinrichtungen unerlässlich, damit Untersuchungsergebnisse hochwertig, nachvollziehbar und justitiabel sind.

Die Instrumente der analytischen Qualitätssicherung sollten jedoch realistisch gesehen werden, da auch in akkreditierten oder GLP-konformen Prüfeinrichtungen Fehler oder Unstimmigkeiten auftreten können. Die schriftliche Formulierung von AQS-Kriterien durch ein Labor ist noch keine hinreichende Gewähr für Qualitätsarbeit. In Zweifelsfällen bleibt Auftraggebern nur die Möglichkeit, mehrere Prüfeinrichtungen mit der Untersuchung einer identischen Probe zu beauftragen (Prüfung der Richtigkeit). Zusätzlich können identische Proben von derselben Untersuchungsstelle unter verschiedener Bezeichnung mehrfach untersucht werden (Prüfung der Wiederholstandardabweichung).

Anwendung und Einhaltung von AQS-Massnahmen erhöhen in der Regel die Untersuchungskosten. Ob parallel dazu auch die Qualität der Ergebnisse besser, nachvollziehbarer und vergleichbarer wird, ist vom Einzelfall und von der Seriosität der Prüfeinrichtung abhängig.

2.3   Statistische Prüfungen

Bei Mehrfachmessungen an derselben homogenen Probe findet man keine identischen, sondern verschiedene Messwerte, die sich als diskrete Häufigkeitsverteilung in einem Histogramm darstellen lassen. Liegen sehr viele Messungen vor, lässt sich ein Kurvenzug einzeichnen, der häufig eine Normalverteilung darstellt (Abb. 7).

Diese Kurve stellt das Verhältnis zwischen dem Zahlenwert eines Analysenergebnisses und der statistischen Wahrscheinlichkeit seines Auftretens dar. Die Anordnung der Häufigkeit um das Maximum ist symmetrisch. Als kennzeichnende Parameter einer solchen Verteilung sind besonders der Mittelwert $\bar{x}$ und die Standardabweichung s zu nennen. Beide Grössen haben bei der Auswertung von Messdaten eine besondere Bedeutung: Der Mittelwert $\bar{x}$ ist definiert durch

$$\bar{x} = \frac{x_1 + x_2 + \cdots x_N}{N}$$

wobei x_1, $x_2 \ldots x_N$ die Zahl der Messwerte bezeichnet.

Die Standardabweichung s lautet:

$$s = \pm\sqrt{\sum \frac{\left(f_1^2 + f_2^2 \cdots f_N^2\right)}{N-1}}$$

f Abweichung der Einzelmessung vom Mittelwert
N Anzahl der Einzelmessungen

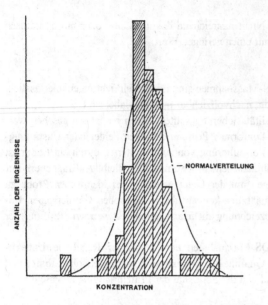

Abb. 7: Mögliche Häufigkeitsverteilung bei Mehrfachmessungen

Die Standardabweichung s ist ein statistisches Mass für den Bereich, in den die Werte der Messreihe fallen. Bei Normalverteilung liegen

- ca. 68 % der Werte innerhalb der Standardabweichung, d. h. im Bereich $\bar{x} + s$;
- ca. 95 % der Werte innerhalb der zweifachen Standardabweichung, d. h. im Bereich $\bar{x} + 2s$;
- ca. 99,7 % der Werte innerhalb der dreifachen Standardabweichung, also im Bereich $\bar{x} + 3s$.

Diese Werte ergeben sich durch Integration der jeweiligen Flächen unter der Kurve der Normalverteilung in Abb. 8.

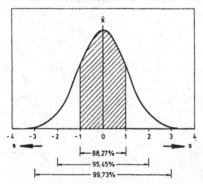

Abb. 8: Flächenanteile bei Standardabweichung 1 bis 3 (Normalverteilung)

Manchmal ist es sinnvoller, die Standardabweichung s in Relation zum Mittelwert x anzugeben. Diese relative Standardabweichung wird auch als relativer Fehler oder als Variationskoeffizient V bezeichnet. Er berechnet sich nach:

$$V = \frac{s}{x} \cdot 100\%$$

Nicht immer sind Daten normalverteilt. Besonders bei der Auswertung zeitabhängiger Wassergütedaten (z. B. Flusswasser-Analysen unter Einschluss von Hochwasser-Ereignissen) oder bei Messungen derselben Probe durch verschiedene Labors bei Ringversuchen können andere Verteilungsformen auftreten (Abb. 9). Ein Variationskoeffizient von $V > 100\%$ deutet auf nichtnormalverteilte Daten hin.

Solche Ergebnisse geben Hinweise auf nichtzusammengehörige statistische Grundgesamtheiten (z. B. verschiedene Wassertypen) oder auf systematische Messfehler. In diesen Fällen sind verschiedene Grundgesamtheiten statistisch getrennt zu untersuchen, da sonst Mittelwerte und Standardabweichungen zu falschen Schlussfolgerungen verleiten. Abb. 10 zeigt einen solchen Fall.

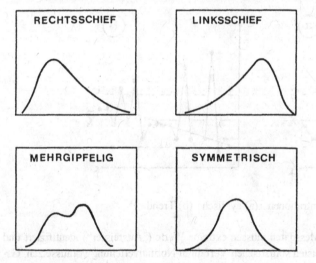

Abb. 9: Verschiedene Kurven der Häufigkeitsverteilung

Die Gesamtzahl der Messungen besteht hier aus zwei Grundgesamtheiten, da etwa ab 1981 signifikant höhere Werte als vorher auftreten. Die durchgezogene Linie ist der gleitende Mittelwert, gebildet aus 5 Einzelmessungen. Eine gemeinsame statistische Behandlung aller Werte wäre nicht korrekt.

Auch Trends führen oft zu Problemen bei der Datenbeurteilung. In Abb. 11 weisen die Darstellungen (a) und (b) die gleichen Mittelwerte und Standardabweichungen auf, obwohl die Messungen bei (a) eine zyklische Schwankung und bei (b) einen Trend zeigen. Dies macht deutlich, dass auf zusätzliche Hilfsmittel wie graphische Darstellungen und andere statistische Auswertemethoden nicht verzichtet werden kann.

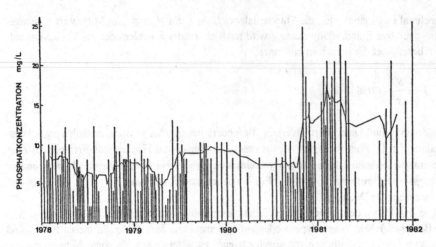

Abb. 10: Zeitreihe der Phospatkonzentration in einem Gewässer

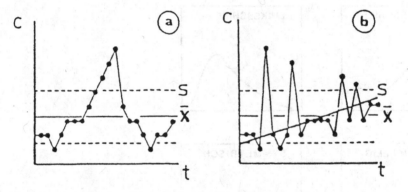

Abb. 11: Zeitreihen von Konzentrationen   (a) zyklisch   (b) Trend

Vor der Verarbeitung von Messdaten müssen extreme Werte („Ausreisser") identifiziert und ggf. entfernt werden, da die meisten statistischen Verfahren Normalverteilung voraussetzen. Geschieht dies nicht, könnte z. B. ein zu hoher Analysenwert eine Grenzwertüberschreitung vortäuschen, die es in Wirklichkeit nicht gibt. Zur objektiven Klärung solcher Fragestellungen dienen statistische Prüfverfahren. In diesen werden nach festgelegten Gleichungen Prüfgrössen berechnet, die mit Tabellenwerten verglichen werden. Wichtige Prüfverfahren wie F-Test, t-Test, Ausreisser-Tests etc. sind der statistischen Fachliteratur zu entnehmen.

Seit einiger Zeit sind leistungsfähige und PC-kompatible Statistikpakete kommerziell erhältlich, die die Verarbeitung von Daten aller Art ermöglichen. Diese können im systemeigenen Format oder in Fremdformaten wie Excel oder dBase gespeichert werden. Fremdformate erlauben den Datenexport in andere Anwendungen. Neben einer Fülle einfacher und multivariater statistischer Verfahren sind meist auch graphische Darstellungen möglich. Solche komplexen Statistikpakete sind z. B. SPSS, STATISTICA, SYSTAT oder UNISTAT.

2.4   Systeme der Qualitätssicherung im Vergleich

Derzeit bestehen in Deutschland drei Qualitätssicherungssysteme weitgehend unabgestimmt nebeneinander. Teilweise sind ihre Inhalte identisch, während andere Teile für das jeweilige System spezifisch sind. Tab. 2 vergleicht die verschiedenen Qualitätssicherungssysteme miteinander.

Die QS im Rahmen der GLP
Im Chemikaliengesetz (ChemG) mit letzter Fassung von 1990 wird definiert:
„Nichtklinische experimentelle Prüfungen von Stoffen oder Zubereitungen, deren Ergebnisse eine Bewertung ihrer möglichen Gefahren für Mensch und Umwelt in einem Zulassungs, Erlaubnis-, Registrierungs-, Anmelde- oder Mitteilungsverfahren ermöglichen sollen, sind unter Einhaltung der Grundsätze der Guten Laborpraxis nach diesem Gesetz durchzuführen."
In Anhang 1 des Gesetzes sind die Anforderungen an die Grundsätze der guten Laborpraxis (GLP) für Laborprüfungen zusammengestellt, während in Anhang 2 festgelegt ist, wie die GLP-Bescheinigung der zuständigen Landesbehörde auszusehen hat.
Laboratorien, die Stoffe hinsichtlich ihrer Unbedenklichkeit für die menschliche Gesundheit und die Umwelt untersuchen, müssen ihre Untersuchungen nach den GLP-Grundsätzen durchführen. Die Daten werden von den zuständigen staatlichen Stellen anerkannt, wodurch Doppelprüfungen in anderen Ländern meist zu vermeiden sind.
Die GLP macht Vorgaben hinsichtlich der Organisation einer Prüfeinrichtung (Leitung, Personal) der Räumlichkeiten und der Ausstattung. Weiterhin schreibt sie ein Qualitätssicherungssystem vor und legt den erforderlichen Personaleinsatz, die durchzuführenden Massnahmen sowie die Dokumentation der Arbeitsschritte fest. Somit ist die GLP für Arbeiten in Laboratorien konzipiert; sie möchte Messungen vergleichbar und vor allem nachvollziehbar machen.

Die QS im Rahmen der EN 45000
Die EN-45000-Normenserie (auch DIN EN 45000) wurden von Fachleuten der Europäischen Gemeinschaft erstellt. Sie stellt für Prüfeinrichtungen wie Laboratorien Kriterien in Form eines Leitfadens bereit, die erfüllt werden müssen, um eine Bestätigung der technischen Kompetenz durch Akkreditierung zu erhalten. Diese Kriterien gelten für den Betrieb der Prüflaboratorien (EN 45001), ihre Begutachtung (EN 45002) sowie die Stellen, welche Prüflaboratorien akkreditieren (EN 45003), Produkte zertifizieren (EN 45011), QS-Systeme zertifizieren (EN 45012), Personal zertifizieren (EN 45013).
Erster Schritt für ein Labor ist der Antrag bei einer zugelassenen Akkreditierungsstelle, um die Kriterien der DIN EN 45001 zu erfüllen. Erst nach erfolgreich abgeschlossener Prüfung durch die Akkreditierungsstelle darf sich das Labor als akkreditiert bezeichnen. Gelegentliche Überprüfungen der richtigen Anwendung der AQS-Massnahmen durch die Akkreditierungsstelle sind Bestandteil einer Akkreditierung.
Gegenüber der GLP sind die angesprochenen Bereiche weiter gefasst, im Mittelpunkt der EN 45001 steht aber das Prüflabor. Angesprochen werden Labororganisation, Personal, Räumlichkeiten, Einrichtungen, Arbeitsweisen und das verwendete QS-System.

	Gute Laborpraxis	Akkreditierung	Zertifizierung
Regelwerk	national: Chemikaliengesetz international: OECD-Guidelines	DIN EN 45001 (1989) Europäische Norm	DIN EN ISO 9001-9003 (1994) Internationale Normen
Anwendungsbereich	vorgeschrieben für Daten zur Sicherheit von Mensch und Umwelt bei Produktzulassungen	freiwillige Maßnahme für Prüflaboratorien aller Art	freiwillige Maßnahme für alle Produktions- und Dienstleistungsunternehmen
Typisches Beispiel	Toxikologisches oder analytisches Labor in forschendem Chemieunternehmen oder Auftragslabor	Umweltanalytisches Auftragslabor, (zunehmend auch alle anderen Typen von Prüflaboratorien)	Analytisches Labor eines Herstellers als Teil des Gesamtunternehmens
Ziele	Nachvollziehbarkeit durch Dokumentation, Vermeidung von Mehrfachuntersuchungen durch internationale behördliche Anerkennung, Gerichtsverwertbarkeit	Abbau von Handelshemmnissen, Vergleichbarkeit von Prüfergebnissen, Vermeidung von Mehrfachprüfungen	Abbau von Handelshemmnissen, Vertrauen in den Lieferanten und seine Produkte schaffen, Qualitätsverbesserung in allen Unternehmensbereichen
Besondere Schwerpunkte	Organisatorische Regelungen und Formalismen, Archivierung, Unabhängigkeit der Qualitätssicherungseinheit	Genauigkeit und Zuverlässigkeit der Ergebnisse, Kalibrierung und Validierung der Verfahren, interne und externe QS-Maßnahmen	interne und externe Schnittstellen, Kunde-Lieferantenverhältnis, Produkt-„Design", Korrekturmaßnahmen
Interne Gründe für die Einführung	unumgänglich zur Zulassung von Produkten, Wettbewerb (Auftragslabors)	Wettbewerb, Qualitätsverbesserung, Produkthaftung, Management-Instrument	Wettbewerb, Qualitätsverbesserung, Produkthaftung, Management-Instrument
Beteiligte Gruppen	Labor und Überwachungsbehörde	Prüflabor und Auftraggeber	Lieferant und Kunde
Begutachtende Stellen	jeweilige Landesbehörde (Inspektoren)	Akkreditierungsstellen, z.B. DACH, DAP, DASMIN, GAZ (Gutachter)	Zertifizierungsstellen, z.B. DQS, TÜV, DEKRA, LGA (Auditoren)
Wofür gilt die Zulassung?	Prüfeinrichtung (Labor) + Prüfkategorien (inges. 9 Stück)	Prüflabor + Prüfarten/ Prüfverfahren/Produkte (je nach Akkreditierungsstelle)	Unternehmen oder Unternehmensbereich
Wie lange gilt die Zulassung?	2 Jahre (Deutschland)	jährlich eine Überwachungsmaßnahme (EU-Standard), nach spätestens 5 Jahren Review	jährlich eine Überwachungsmaßnahme, nach 3 Jahren Review
Ursprung des Systems	USA, Toxikologie	EU, angelehnt an ISO Guide 25, wichtig für europäischen Binnenmarkt	International, wichtig für europäischen Binnenmarkt
Charakter des Systems	Dokumentationssystem und teilweise QM-System	Prüfkompetenznachweis und QM-System	Nachweis der Qualitätsfähigkeit und QM-System
Motto	Was nicht dokumentiert wurde, ist nicht getan worden!	Würde ich diesem Labor einen Prüfauftrag erteilen?	Kann ich auf die Qualitätsfähigkeit des Lieferanten vertrauen?

Tab. 2: Qualitätssicherungssysteme (n. Oliveira, Praxishandbuch Laborleiter, 1996)

Die QS im Rahmen der ISO 9000

'Firmen, Unternehmen, Organisationen und nicht zuletzt Behörden produzieren materielle und immaterielle Produkte. Um diese wirtschaftlich und qualitativ hochwertig herzustellen, bedarf es eines QS-Systems. Die ISO-9000-Serie gibt einen Rahmen vor, fasst ihn aber so allgemein, dass er in ein möglichst breites Spektrum von Organisationen passt. Im Mittelpunkt dieser Norm, die das Qualitäts-Management, Elemente eines QS-Systems und die QS-Nachweisstufen behandelt, steht das Unternehmen und nicht das Laboratorium.

Um wettbewerbsfähig zu bleiben, streben Firmen eine Zertifizierung an, die ihnen bescheinigt, dass Entwicklung und Produktion gemäss den Qualitätsanforderungen der ISO 9000 erfolgen. Eine unabhängige Stelle prüft dies und bezieht je nach vorgesehenem Umfang des Zertifikats das Laboratorium eines Betriebes mit ein. In diesem Fall sind vom Labor zusätzlich die in der Norm vorgeschriebenen QS-Anforderungen zu erfüllen.

Will das Laboratorium auch für externe Auftraggeber arbeiten, muss es den Kriterien der EN 45001 genügen.

3 Anforderungen an die Untersuchungsverfahren

Vor Beginn von Messprogrammen müssen die Untersuchungsziele festgelegt werden, um den Arbeitsablauf einschliesslich Probennahme, Probenaufbereitung und Analytik planen zu können. Untersuchungsziele sind z. B.:

- Kontrolle von Richtwerten und Grenzwerten;
- Ermittlung des Umfangs stofflicher Belastungen in Wasser und Boden;
- Definition und Festlegung von Belastungsgrenzen für Umweltmedien;
- Ausarbeitung von Vorschriften zur Beseitigung bestehender und zur Verhinderung neuer Belastungen;
- Dokumentation von Verbesserungen im Umweltschutz;
- Erkunden und Sanieren von Altlasten.

Mit Hilfe moderner Untersuchungsverfahren kann man fast jede Substanz in nahezu jeder Matrix messen. In den methodischen Darstellungen zur Untersuchung von Stoffen, Stoffgemischen oder Einzelverbindungen in Wasser und Boden werden Probenaufbereitung und analytische Bestimmung meist als Einheit verstanden und zusammen beschrieben. Ein Fragenkatalog erleichtert in der Regel die Arbeitsvorbereitung und Durchführung der Messungen:

- Wie sind die Proben beschaffen?
- Welche Probennahme- und Messprogramme sind unbedingt erforderlich?
- Reichen Übersichtsuntersuchungen (*screening*) oder In-situ-Untersuchungen aus?
- Geben Summenparameter ausreichende Informationen oder sind Einzelstoffe zu analysieren?
- Welcher Stoffanteil ist relevant (Gesamtanteil, löslicher Anteil)?
- In welchem Konzentrationsbereich liegt der zu bestimmende Stoff vor?
- Soll nur die Überschreitung von Grenzwerten geprüft werden?
- Welcher Vertrauensbereich wird beim Messverfahren angestrebt?
- Welche Untersuchungsmethoden liegen veröffentlicht vor?
- Wie werden die erhaltenen Daten dokumentiert?

Für die zu untersuchenden Medien lassen sich folgende Ziele formulieren:

Wasser
- Ermittlung der aktuellen Wasserqualität (z. B. Wassergüte-Kataster);
- Ermittlung von räumlichen und zeitlichen Tendenzen (Monitoring-Programme, Prognosemodelle);
- Ermittlung von Verunreinigungsquellen;
- Prüfung der Eignung des Wassers für einen definierten Zweck;
- Planung wassertechnologischer Massnahmen.

Abwasser
- Abschätzung von Schäden in Kanälen und Kläranlagen;
- Ermittlung ökologischer Schäden beim Einleiten in Gewässer;
- Planung und Betrieb von Kläranlagen;

- Messung schädlicher Parameter für die Gebührenerhebung nach Abwasserabgabengesetz;
- Vorbereitung der Umstellung von Produktionsprozessen.

Boden
- Abschätzung der Bodenqualität je nach Art der Nutzung;
- Optimierung von Düngeplänen;
- Prognose von Bodenveränderungen (z. B. Versalzung, Versauerung);
- Einfluss des Bodens auf die Grundwasserqualität.

Tab. 3 stellt die für eine Beurteilung von Wasser und Boden meist verwendeten Untersuchungsgruppen zusammen:

Tab. 3: Untersuchungsgruppen bei Wasser- und Bodenuntersuchungen

Messgruppe	Anmerkungen
1. Organoleptische Prüfungen	notwendig bei allen Proben; einfach durchführbar (bei Probennahme und im Labor);
2. Physikalisch-chemische Messungen	notwendig bei allen Proben; einfach durchführbar (bei Probennahme und im Labor);
3. Gruppenbestimmungen	werden häufig durchgeführt; geben Hinweise auf die Art der Kontamination (Labor);
4. Kationen, Anionen und undissoziierte Stoffe (Hauptbestandteile)	werden häufig durchgeführt, charakterisieren die chemische Zusammensetzung; Schnelltests möglich (z. T. bei Probennahme, meist im Labor);
5. Anorganische Spuren-bestimmungen	werden weniger häufig durchgeführt; geben z. B. Auskunft über Kontaminationen; einige Schnelltests verfügbar (Labor);
6. Organische Spuren-bestimmungen	werden weniger häufig durchgeführt; geben z. B. Auskunft über organische Kontaminationen; nur wenige Schnelltests verfügbar (Labor);
7. Biologische Prüfungen	Auskunft über Biozönose und hygienische Verhältnisse (z. T. bei Probennahme, meist im Labor.

3.1   Grundwasser

Als Grundwasser bezeichnet man Wasser, das unterirdische Porenräume zusammenhängend ausfüllt. Abb. 12 stellt die Grundwasser-Neubildung durch Niederschläge dar, einschliesslich Kontaktzone des versickernden Wassers mit der Bodenmatrix, ungesättigte Zone und Grundwasser (ungespannter und gespannter Aquifer).

Die obere Bodenschicht ist die Zone von intensiven pflanzlichen und mikrobiellen Umsätzen sowie intensiver Stoffeinträge durch atmosphärische Deposition und Bodennutzung. In dieser Zone wird organisch gebundener Stickstoff in Nitrat überführt. Das Sickerwasser hat oft einen niedrigen pH-Wert sowie eine höhere Konzentration an organischen Stoffen (Huminstoffe) und Aluminium. In der darunterliegenden oberflächennahen Schicht können organische Stoffe abgebaut oder an Tonmineralen adsorbiert werden. Die Aluminiumkonzentration sinkt und der pH-Wert steigt. Dadurch nimmt das Wasser CO_2 auf und die Löslichkeit der Minerale nimmt meist zu. In der eigentlichen ungesättigten Zone strebt das Wasser dem Drei-Phasen-Gleichgewicht zwischen CO_2, Sickerwasser und Calcit zu, wobei die CO_2-Konzentration bis 10 Vol-% betragen kann. Im Kapillarsaum findet vor allem eine Vermischung in horizontaler und vertikaler Richtung statt, bedingt durch wechselnde Grundwasserstände. Im Aquifer, der mehrere hydraulich getrennte Zonen aufweisen kann, stellt sich durch Kontakt mit der Feststoffmatrix die endgültige Wasserzusammensetzung ein. Das Wasser bewegt sich vorwiegend horizontal und kommt dabei mit anderen Bereichen der festen Matrix in Kontakt. Anaerobe Zonen können sich bilden („reduziertes Grundwasser"), in denen z. B. Nitrat zu elementarem Stickstoff oder Sulfat zu Sulfid reduziert werden. Die allgemeine Chemie des Grundwassers wird bestimmt durch die Anreicherung leicht löslicher Bestandteile, während schwerlösliche Bestandteile des Gesteins ihre Sättigungskonzentration erreichen.

Die Sickergeschwindigkeit in der ungesättigten Zone ist je nach Bodenart sehr unterschiedlich. Im Grundwasser beträgt die Fliessgeschwindigkeit bei Sanden 1 bis 5 m/d, bei Kiesen 6 bis 10 m/d, bei Schluffen und Tonen als Grundwasserstauer oft nur wenige Zentimeter oder Millimeter pro Tag.

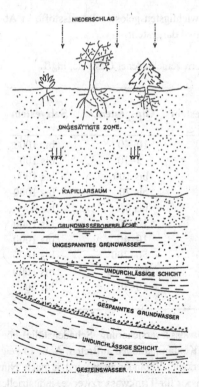

Abb.12: Schema der Grundwasser-Neubildung und verschiedene Grundwasserzonen

Die divergierende Beschaffenheit des Gesteinsuntergrundes und die zum Teil daraus resultierende unterschiedliche Beschaffenheit der Grundwässer lassen es zu, einige wichtige Wassertypen mit Hilfe von Diagrammen zu charakterisieren (Abb. 13).

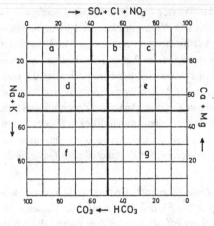

Normal erdalkalische Wässer:
a) überwiegend hydrogencarbonatisch
b) hydrogencarbonatisch-sulfatisch
c) überwiegend sulfatisch

Erdalkalische Wässer mit höherem Alkaligehalt:
d) überwiegend hydrogencarbonatisch
e) überwiegend sulfatisch·

Alkalische Wässer:
f) überwiegend (hydrogen)carbonatisch
g) überwiegend sulfatisch-chloridisch

Abb. 13: Abgrenzung einiger Grundwassertypen

Die unterschiedlichen Konzentrationsbereiche der wichtigsten gelösten Inhaltsstoffe in Abhängigkeit vom Typ des Grundwasserleiters sind in Tab. 4 dargestellt.

Tab. 4: Konzentrationen gelöster Stoffe in Grundwässern verschiedener Gesteine, mg/L

Stoff	Kristallin	Sandstein	Carbonatgestein	Gipsgestein	Salzgestein
Na	5–15	3–30	2–100	10–40	bis 1000
K	0,2–1,5	0,2–5	bis 1	5–10	bis 100
Ca	4–30	5–40	40–90	bis 100	bis 1000
Mg	2–6	bis 30	10–50	bis 70	bis 1000
Fe	bis 3	0,1–5	bis 0,1	bis 0,1	bis 2
Cl	3–30	5–20	5–15	10–50	bis 1000
NO$_3$	0,5–5	0,5–10	1–20	10–40	bis 1000
HCO$_3$	10–60	2–25	150–300	50–200	bis 1000
SO$_4$	1–20	10–30	5–50	bis 1000	bis 1000
SiO$_2$	bis 40	10–20	3–8	10–30	bis 30

Durch anthropogene Einflüsse (Abfalldeponien, Abwasserversickerung, Schadensfälle) können vor allem in den oberen Grundwasserstockwerken Kontaminationen auftreten. Abb. 14 zeigt als Beispiel die Grundwasserbelastung durch den Verkehr. Veränderungen sind je nach Nutzungsanforderung unterschiedlich zu bewerten: Rohwasser für Trinkwasserzwecke, industrielles Brauchwasser, Kesselspeisewasser oder Beregnungswasser für die Landwirtschaft. Der Bewertungsmassstab für die Qualität des Grundwassers hat sich im Laufe der Zeit geändert: lange waren es die Grenzwerte der Trinkwasserverordnung; seit 1994 bieten die von der Länderarbeitsgemeinschaft Wasser (LAWA) bearbeiteten „Empfehlungen für die Erkundung, Bewertung und Behandlung von Grundwasserschäden" eine bessere Bewertungsgrundlage.

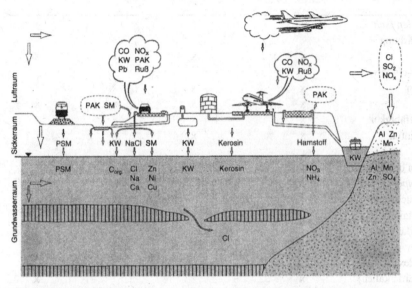

Abb. 14: Einfluss des Verkehrs auf die Grundwasserqualität (Golwer, 1995)

In Tab. 5 sind spezifische Parameter für die Grundwasseruntersuchung zusammengestellt.

3.2 Oberflächenwasser

Der ökologische Gesamtzustand eines Gewässers ergibt sich aus dem Zusammenwirken aller biotischen und abiotischen Wirkgrössen. Die Gewässergüte beruht auf vielen Einflussfaktoren; deshalb greift man in der Limnologie oft auf eine Kombination gemessener Grössen und pflanzlich-tierischer Indikatoren zurück. Für eine bewertende Skalierung erscheint es vernünftig, den „natürlichen" Zustand als Basis zu verwenden, von dem aus Stadien zunehmender Ent-fremdung beschrieben werden können. Dies stösst aber manchmal auf Schwierigkeiten, weil der natürliche Zustand in vielen Fällen kaum noch zu rekonstruieren ist oder ein Zustand nur geringer menschlicher Beeinflussung ebenfalls schutzbedürftig ist.

Dies bedeutet: Gewässergüte ist relativ, existiert nicht an sich, sondern beschreibt die Eignung eines Gewässers für den jeweils festgelegten Zweck. Mögliche Definition: Geht man davon aus, dass der Zustand eines Oberflächengewässers wertfrei durch Konzentrationen oder Intensitäten physikalischer, chemischer und biologischer Merkmale charakterisiert werden kann und dass sich darüber hinaus der für eine Gewässernutzung wesentliche Gewässerzustand durch geeignete Messgrössen festlegen lässt, dann ist die „Gewässergüte" der an den Nutzungsanforderungen beurteilte und durch Indikatoren beschriebene Gewässerzustand.

Tab. 5: Liste spezifischer Parameter für die Untersuchung von Grundwässern (GW)

Messungen	Allgemeine GW-Untersuchung	GW-Kontamination a) Übersicht	b) umfassend	Prüfung auf Betonangriff
1. Organoleptisch				
Geruch, Färbung,				
Trübung	x	x	x	x
2. Physiko-chemisch				
Temperatur	x	x	x	
pH-Wert	x	x	x	x
elektr. Leitfähigkeit	x	x	x	
Redoxpotential	x	x	x	
Feststoffe			x	
Absorption bei 254 nm	x			
3. Summenparameter				
Abdampfrückstand			x	
Glührückstand			x	
Oxidierbarkeit	x	x	x	x
DOC			x	
Phenol-Index			x	
Härte (Σ Erdalkalien)	x			x
Toxizität			x	
4. Kationen, Anionen,				
undiss. Stoffe				
Na	x		x	
K	x		x	
NH_4	x	x	x	x
Ca	x	x	x	x
Mg	x	x	x	x
Fe (gesamt)	x		x	
Fe(II)	x		x	
Mn	x		x	
HCO_3	x	x	x	x
Cl	x	x	x	x
NO_3	x	x	x	x
NO_2			x	
F	x		x	
CN			x	
SO_4	x	x	x	x
S (Sulfid)			x	x
PO_4	x		x	
SiO_2	x		x	

Fortsetzung **Tab. 5**:

Messungen	Allgemeine GW-Untersuchung	GW-Kontamination a) Übersicht	GW-Kontamination b) umfassend	Prüfung auf Betonangriff
O_2	x	x	x	
CO_2	x		x	
aggressives CO_2	x			x
5. Anorg. Spurenstoffe				
As			x	
B			x	
Cd			x	
Cr			x	
Cu			x	
Hg			x	
Ni			x	
Pb			x	
Zn			x	
6. Org. Spurenstoffe				
Kohlenwasserstoffe (KW)			x	
HKW, flüchtig	x		x	
HKW, schwerflüchtig			x	
Polycycl. KW			x	
Pflanzenschutzmittel			x	
7. Biologische Parameter				
Koloniezahl	x		x	
Fäkal-Indikatoren	x		x	
mehrzellige Organismen			x	

In einem Gewässer stehen Organismen verschiedener Nährstoffansprüche in Wechselbeziehungen sowohl untereinander als auch mit den Stoffen ihrer Umgebung. Eine Umweltchemikalie kann prinzipiell auf zweierlei Weise das Gewässer beeinflussen: durch Bereitstellung von Nährstoffen für Organismen oder durch direkte toxische Wirkung (Primärwirkung). Je nach Stellung des Organismus im Gewässer treten infolge der Interaktion mit Artgenossen, Futterquellen, Konkurrenten und Fressfeinden Folgewirkungen auf (Sekundärwirkung). Diese führen schliesslich zu strukturellen Veränderungen in der Lebensgemeinschaft (z. B. Änderungen der relativen Häufigkeit von Organismen, Verschiebungen im Artenspektrum).

Bei der Wahl konventioneller Messgrössen zur Bewertung der Gewässergüte kommt man z.B. zu einer Einteilung wie der nach PRATI (Tab. 6).

Die Einteilung der Gewässergüte der Länderarbeitsgemeinschaft Wasser (LAWA) verwendet chemische und biologische Beurteilungskriterien:

Tab. 6: Einteilung der Gewässergüte nach PRATI

Messgrösse	Zustand			
	sehr gut	gut	schwach verunreinigt	stark verunreinigt
pH-Wert	6,5–8,5	6,0–8,4	5,0–9,0	3,9–10,1
Sauerstoff, %	88–112	75–125	50–150	20–200
Trübe, mg/L	bis 20	20–40	40–100	100–275
Ammonium, mg/L	bis 0,1	0,1–0,3	0,3–0,9	0,9–2,7

- *Güteklasse I*: sehr gering bis gering belastet.
  Gewässerabschnitte mit reinem, stets annähernd sauerstoffgesättigten und nährstoffarmen Wasser; geringer Bakteriengehalt; mässig dicht besiedelt vorwiegend von Algen, Moosen, Strudelwürmern und Insektenlarven; Laichgewässer für Edelfische; BSB_5: < 1 mg/L; NH_4-N: Spuren; O_2: > 8 mg/L.
- *Güteklasse I–II*: gering belastet.
  Gewässerabschnitte mit geringer anorganischer oder organischer Nährstoffzufuhr ohne nennenswerte Sauerstoffzehrung; dicht und meist in grosser Artenvielfalt besiedelt; Edelfischgewässer; BSB_5: < 1–2 mg/L; NH_4-N: ca. 0,1 mg/L; O_2: > 8 mg/L.
- *Güteklasse II*: mässig belastet.
  Gewässerabschnitte mit mässiger Verunreinigung und guter Sauerstoffversorgung; sehr grosse Artenvielfalt und Individuendichte von Algen, Schnecken, Kleinkrebsen, Insektenlarven; Wasserpflanzenbestände decken grössere Flächen; ertragreiche Fischgewässer; BSB_5: < 2–6 mg/L; NH_4-N: < 0,3 mg/L; O_2: > 6 mg/L.
- *Güteklasse II–III*: kritisch belastet.
  Gewässerabschnitte, deren Belastung mit organischen, sauerstoffzehrenden Stoffen einen kritischen Zustand erreichen; Fischsterben infolge Sauerstoffmangel möglich; Rückgang der Artenzahl bei Makroorganismen; gewisse Arten neigen zur Massenentwicklung; Algen bilden häufig grössere Bestände; meist noch ertragreiche Gewässer; BSB_5: < 5–10 mg/L; NH_4-N: < 1 mg/L; O_2: > 4 mg/L.
- *Güteklasse III*: stark verschmutzt.
  Gewässerabschnitte mit starker organischer, sauerstoffzehrender Verschmutzung und meist niedrigem Sauerstoffgehalt; örtlich Faulschlammablagerungen; flächendeckende Kolonien von fadenförmigen Abwasserbakterien und festsitzenden Wimperntierchen übertreffen das Vorkommen von Algen und höheren Pflanzen; nur wenige, gegen Sauerstoffmangel unempfindliche tierische Organismen wie Schwämme, Egel, Wasserasseln kommen bisweilen massenhaft vor; geringe Fischerträge; mit periodischen Fischsterben ist zu rechnen; BSB_5: < 7–13 mg/L; NH_4-N: 0,5 bis mehrere mg/L; O_2: > 2 mg/L.
- *Güteklasse III–IV*: sehr stark verschmutzt.
  Nur noch Bakterien, Pilze, Flagellaten; keine höheren Organismen auf Dauer anzutreffen; BSB_5: < 10–20 mg/L; NH_4-N: mehrere mg/L; O_2: > 2 mg/L.

- *Güteklasse IV*: übermässig verschmutzt.
Fäulnisprozesse; nur noch Bakterien, Pilze, Flagellaten; keine höheren Organismen; BSB_5: >15 mg/L; NH_4-N: mehrere mg/L; O_2: > 2 mg/L.

Bei der biologischen Beurteilung der Gewässer zeigt sich ein signifikanter Zusammenhang zwischen typischen Leitorganismen und der jeweiligen Gewässergüte. Es ist allerdings zu beachten, dass diese Leitorganismen nicht nur auf eine Gewässergüteklasse beschränkt sind, sondern Übergänge zwischen den einzelnen Klassen bestehen.

Die Produzenten (Bakterien, Blaualgen, Algen und höhere Wasserpflanzen) haben normalerweise Licht, Kohlendioxid und Wasser in ausreichender Menge zur Verfügung. Ihr Wachstum wird vor allem durch die Konzentrationen von Stickstoff- und Phosphorverbindungen und Spurenelementen beeinflusst. Das Vorkommen von Tieren hängt u. a. von einem ausreichenden Sauerstoff- und Nahrungsangebot und der chemischen Wasserbeschaffenheit ab, richtet sich aber auch in starkem Masse nach der Morphologie des Ufers und des Gewässerbettes und den jeweiligen Strömungsverhältnissen. Heterotrophe Mikroorganismen (= solche Organismen, die komplexere Nährstoffe benötigen) kommen überall dort vor, wo abbaubares Material vorhanden ist.

Schotterstrecken in Fliessgewässern sind fast immer quantitativ und qualitativ reicher besiedelt als schlammige Bezirke. Dies liegt daran, dass Steine gleichzeitig Träger von abgestorbenem Material (Detritus), Moosen oder höheren Pflanzen sein können.

Der Porenraum sandiger Bachsedimente beträgt im allgemeinen 45 % des Gesamtvolumens. Das Porensystem wird vom Fliessgewässer mit Wasser und Detritus versorgt. Detritus ist die Nahrungsbasis der in Porenräumen lebenden Fauna, eine Primärproduktion findet infolge der Dunkelheit nicht statt. Die Detritusablagerungen sind reich an Bakterien und Pilzen. Die Poren dürfen nicht zu klein sein, damit sie noch Detritus aufnehmen können. Feinstkornanteile verstopfen die Poren und führen so zu einer Verarmung an Lebewesen.

Bakterien finden sich vor allem, in Sedimenten. Die Keimzahlen liegen meist 3 bis 4 Zehnerpotenzen über denen des Freiwassers und sind neben dem Gehalt an organischen Stoffen von der Korngrösse der Sedimente abhängig, wobei abnehmende Korngrösse mit steigender Keimzahl korreliert.

50 % der Partikel müssen eine Grösse von mindestens 0,25–0,50 mm haben, damit es zu einer Zirkulation des Wassers im Interstitialwasser der oberen Sandschicht kommt. Solche Sande sind z. B. von Ciliaten, Turbellarien und Rotatorien besiedelt. Steigt der Feinsandanteil (< 0,25 mm) über 30 %, entstehen nahezu anaerobe Verhältnisse, wodurch es zu einer starken Verminderung der Tierarten kommt. Nur noch einige Ciliaten, Nematoden, Rotatorien und Tubificiden sind dann lebensfähig.

Der Ausgangspunkt für eine Schädigung der Struktur und Funktion eines Ökosystems ist die Beeinträchtigung von Organismen. Akute Toxizität ist gegeben, wenn ein nennenswerter Teil der Population abstirbt. Sie ist für eine gegebene Art stoffabhängig, für einen gegebenen Stoff artspezifisch.

Bei einer subletalen Toxizität sind Lebensparameter eines Organismus signifikant beeinträchtigt; z. B. ist die Entwicklungszeit verlängert und/oder die Geschlechtsreife tritt später ein.

Bei starker stossartiger Belastung eines Gewässers tötet die Schadstoffkonzentration zu Beginn empfindliche Organismen entweder völlig oder teilweise ab. Pflanzen reagieren meist toleranter als Tiere. Die Zahl der Pflanzenfresser geht zurück und daraufhin auch die Zahl der Räuber dieser Organismengruppe, da deren Nahrungsgrundlage kleiner wird.

Krankheitserreger in Oberflächengewässern sind vor allem bei Nutzung für die Trinkwassergewinnung und als Badegewässer zu beachten. Folgende Mikroorganismen sind Indikatoren für ungünstige hygienische Verhältnisse:

- gesamt-coliforme Bakterien;
- fäkal-coliforme Bakterien;
- Fäkalstreptococcen;
- Salmonellen;
- Darmviren.

Diese Keime sind humanpathogen und können mit häuslichen Abwässern, aber auch mit Abwässern von Krankenhäusern oder Schlachthöfen in Oberflächenwässer gelangen. Sie haben ihre Temperaturoptima bei ca. 37 °C und vermehren sich deshalb im Gewässer in der Regel nicht. Ihre infektiöse Wirkung kann aber durch bestimmte Überlebensformen erhalten bleiben. In normalen biologischen Kläranlagen werden Krankheitserreger nicht vollständig eliminiert, so dass immer die Gefahr einer mikrobiellen Kontamination von Oberflächengewässern durch Abwässer besteht.

3.3   Trinkwasser

Trinkwasser als das wichtigste Lebensmittel muss frei von Krankheitserregern sein und darf keine gesundheitsschädlichen Eigenschaften besitzen. Durch anthropogene Verunreinigungen können Infektionskrankheiten wie Cholera, Hepatitis, Wurmkrankheiten oder Typhus übertragen werden. Daher ist die kontinuierliche mikrobiologische Überwachung des Trinkwassers erforderlich und gesetzlich vorgeschrieben. Darüber hinaus sind gesundheitsschädliche Stoffe wie Schwermetalle, Cyanid, Nitrat, Phenole oder Pflanzenschutzmittel in die hygienischen Untersuchungen einzubeziehen. Trinkwasser wird in Deutschland meist aus Grundwasser und Oberflächenwasser gewonnen. Grundwässer enthalten meist relativ hohe Konzentrationen an Erdalkaliionen und weisen damit eine grössere „Härte" auf als Oberflächenwässer. In diesen sind dagegen die anthropogenen Einflüsse deutlicher, während Uferfiltrat und angereicherte Grundwässer eine Zwischenstellung einnehmen.

Als Rohwässer für die Trinkwasseraufbereitung werden verwendet:

- Grundwasser;
- Uferfiltrat von oberirdischen Gewässern;
- Quellwasser;
- Grundwasser, angereichert mit Oberflächenwasser oder nachgereinigtem Abwasser;
- Flusswasser;
- natürliche Seen;
- Talsperren;
- Meerwasser (nach Entsalzung);
- Regenwasser.

Der Umfang von Voruntersuchungen sollte sich am Rohwassertyp orientieren, während die Untersuchung aufbereiteter Trinkwässer nach Art und Umfang vorgeschrieben ist. Die Überwachung beginnt in der Regel beim Gewässer, setzt sich fort über den Rohwasserspeicher, die verschiedenen Schritte der Aufbereitung und Verteilung und endet beim Verbraucher. Abb. 15 macht diesen Ablauf deutlich.

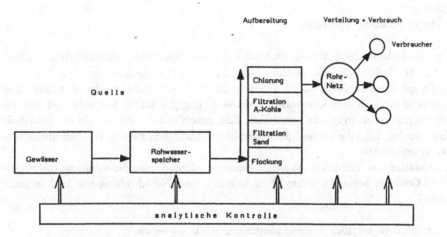

Abb. 15: Kontrollen bei Aufbereitung und Verteilung von Trinkwasser

Die Mindestanforderungen an die Qualität von Trinkwasser und an Oberflächenwasser für die Trinkwassergewinnung sind im Kap. 7 aufgelistet. Der Untersuchungsumfang hat sich an diesen Mindestvorgaben zu orientieren. Die betriebliche Steuerung der Wasseraufbereitung erfolgt jedoch meist aufgrund innerbetrieblicher Vorschriften. So können im Routinebetrieb Gruppenparameter die Einzelstoffuntersuchung dort ersetzen, wo dies ohne grösseren Informationsverlust möglich ist.

Wichtig ist die rasche Bereitstellung der Analysenergebnisse, damit bei Bedarf ohne Verzug Aufbereitungsmassnahmen zur Verbesserung der Wasserqualität ergriffen werden können (z. B. Entkeimung in Abhängigkeit von der Rohwasserqualität; Entsäuerung beim Mischen mehrerer Rohwässer). Dies erfordert vor allem:

- Eine gut funktionierende Laororganisation einschliesslich Probenmanagementsystem;
- „Schnelle" und sichere Probennahme- und Untersuchungsverfahren;
- Eine eingespielte analytische Qualitätssicherung, Datendokumentation und -auswertung;
- Eine reibungslose Zusammenarbeit mit der Wasserwerkstechnik.

3.4 Abwasser

Als Abwässer bezeichnet man Wässer, die durch intensive menschliche Nutzung in Art und Zusammensetzung verändert werden. Durch ihre Verschiedenartigkeit ist eine einheitliche Charakterisierung kaum möglich, ebensowenig ein einheitliches Vorgehen bei ihrer Untersuchung.

Gewässerbelastungen durch Abwässer werden verursacht durch:

- biologisch leicht abbaubare Stoffe;
- biologisch schwer abbaubare Stoffe;
- Pflanzennährstoffe;
- Schwermetalle;
- Salze;
- Abwärme;
- pathogen wirkende Organismen.

Die Verminderung der Belastung mit biologisch leicht abbaubaren, sauerstoffzehrenden Stoffen ist flächendeckend nur mit mechanisch-biologischen Kläranlagen zu erreichen. Die Nährstoffe Phosphor und Stickstoff werden üblicherweise durch weitergehende Abwasserreinigung in entsprechend ausgerüsteten Kläranlagen vermindert. Dagegen sollten Störstoffe und toxische Stoffe wie persistente organische Substanzen, Schwermetalle und Salze am Ort des Entstehens entfernt werden. Einzelheiten sind den Verwaltungsvorschriften nach § 7a Wasserhaushalts- gesetz zu entnehmen.

Gewerbliche und industrielle Abwässer enthalten oft Stoffe, die die natürliche Selbstreinigung im Gewässer behindern. Diese Stoffe können je nach Schadwirkung wie folgt eingeteilt werden:

- *Toxische Stoffe* vergiften Wasserorganismen akut oder chronisch;
- *Störstoffe* verursachen unerwünschten Geruch, Geschmack, Färbung, Trübung oder technische Störungen bei Aufbereitung, Fortleitung und Verwendung von Wasser;
- *Zehrstoffe* belasten den Sauerstoffhaushalt von Gewässern;
- *Nährstoffe* verursachen die Eutrophierung stehender oder langsam fliessender Gewässer.

Abwässer können Gewässer schädigen und weitreichende negative Folgen für die Trinkwasserversorgung, Fischerei, Land- und Viehwirtschaft haben. Vor Abwassereinleitung in den Vorfluter sollte deshalb die Schädlichkeit durch Vorbehandlung vermindert werden, um die Gewässernutzung sicherzustellen. Die kontinuierliche Eigen- bzw. Fremdkontrolle der Abwässer unterstützt diesen Vorgang.

Die EU vertritt bei der Einleitung und Kontrolle von Abwasser in Gewässer das „Immissionsprinzip". Dies bedeutet, dass die Anforderungen an die Abwasserbehandlung allein von der Nutzung und dem Zustand des Gewässers abhängig gemacht werden. Der Zusammenhang zwischen Immissionen und Emissionen ist aus gewässerökologischer Sicht fliessend, hängt von den jeweiligen natürlichen Verhältnissen ab und ist damit nicht eindeutig prognostizierbar. Da zudem die künftige Entwicklung von Art und Menge der Abwassereinleitungen nicht ausreichend genau abgeschätzt werden kann und der Grad der Abwasserreinigung von den verfügbaren Behandlungstechniken abhängt, gilt z. B. in der Bundesrepublik Deutschland vorrangig das „Emissionsprinzip": Abwasser darf nur eingeleitet werden, wenn Menge und Schädlichkeit so gering sind, wie dies nach den allgemein anerkannten Regeln der Technik bzw. dem Stand der Technik möglich ist. Es wurden deshalb in der Vergangenheit in den Verwaltungsvorschriften nach § 7a WHG Mindestanforderungen an das Einleiten von Abwasser nach vorgegebenen Emissionsgrenzwerten festgelegt. Vor einigen Jahren wurden diese Verwaltungsvorschriften mit folgender Zielsetzung neu gefasst:

- Die Minimierung von Wassermenge und Schadstofffracht wird angestrebt;
- Es gelten die Mindestanforderungen nach dem Stand der Technik für Abwasser aus Herkunftsbereichen mit gefährlichen Stoffen;
- Begrenzungen der Konzentration und der produktionsspezifischen Frachten sind auch im Teilstrom möglich;
- Die bisherigen Mindestanforderungen nach den allgemein anerkannten Regeln der Technik werden fortgeschrieben und wesentlich verschärft.

Ab 1997 gilt nur noch der Stand der Technik für alle Einleiter (Übergangsfristen werden eingeräumt).

Die Verwaltungsvorschriften in Deutschland sprechen ausdrücklich von Mindestanforderungen, d. h., die wasserrechtlichen Auflagen können und müssen Immissionsgesichtspunkte mit berücksichtigen. Ausschlaggebend hierfür sind beispielsweise Art und Nutzung der Gewässer, das Verhältnis Abwasser zu Niedrigwasserabfluss, die Gewässergüte und gegebenenfalls das Schutzziel des Einzugsgebietes.

Nicht alle Vorfluter werden gleich genutzt und müssen daher nicht die gleiche Qualität erreichen, sondern bei verschiedenen Nutzungen werden verschiedene Güteeigenschaften des Vorfluters erreicht und sichergestellt. Für die meisten Nutzungsarten sollten deshalb Wasserqualitätsnormen definiert werden. Derzeit stehen solche Festlegungen aber noch aus.

Eine einheitliche Abwassercharakterisierung ist nur bei kommunalem Abwasser möglich. Tab. 7 zeigt ausgewählte Parameter für die Indikation einer hohen, mittleren und schwachen Verunreinigung.

Tab. 7: Mittlere Konzentrationen unterschiedlich verschmutzter kommunaler Abwässer, mg/L

Parameter	Verschmutzungsgrad		
	hoch	mittel	schwach
Gesamt-Feststoffe	1000	500	200
absetzbare Stoffe (mL/L)	12	8	4
BSB_5	300	200	100
CSB	800	600	400
Gesamt-N	85	50	25
NH_4-N	30	30	15
Cl	175	100	50
Alkalität (als $CaCO_3$)	200	100	50
Öle und Fette	40	20	0

Bei der Einleitung von Abwasserinhaltsstoffen in Kläranlagen kann eine Hemmung des biologischen Abbaus auftreten. Schadwirkungen sind bei folgenden Stoffkonzentrationen zu erwarten (Tab. 8):

Tab. 8: Toxische Konzentrationen von Stoffen in Kläranlagen

Toxischer Stoff	Konzentration (mg/L)
Cu	1–3
Cr(III)	10–20
Cr(VI)	2–10
Cd	3–10
Zn	3–20
Ni	2–10
Co	2–15
CN	0,3–2
H_2S	5–30

Tab. 9 hilft bei der Festlegung des Umfangs von Abwasseruntersuchungen.

Tab. 9: Stoffliste zur Untersuchung von Abwässern

Messgrösse	Übersichts-analyse	Analyse zur O_2-Zehrung	Umfangreiche Analyse
Farbe, Geruch	x	x	x
pH-Wert	x	x	x
Elektr. Leitfähigkeit	x		x
O_2	x	x	x
$KMnO_4$-Verbrauch	x	x	
CSB			x
BSB_5	x	x	x
TOC, DOC			x
Na, K			x
Ca, Mg			x
Fe, Mn			x
Schwermetalle			x
Gesamt-N		x	x
NH_4, NO_2, NO_3	x	x	x
Gesamt-P	x		x
SO_4	x		x
S (Sulfid)		x	x
CN			x
Cl	x		x
HCO_3	x		x
Phenol-Index			x

Fortsetzung **Tab. 9**:

Messgrösse	Übersichts-analyse	Analyse zur O$_2$-Zehrung	Umfangreiche Analyse
AOX			x
Tenside			x
Fäulnisfähigkeit	x	x	x
Fischtoxizität			x
Bakterientoxizität			x

3.5 Boden

Als Boden bezeichnet man den obersten Bereich der Erdoberfläche, der unter dem Einfluss von Verwitterungsprozessen entstanden ist. Der Boden besteht aus mineralischen und organischen Stoffen (Humus) und ist in der Regel von Wasser, Luft und Lebewesen erfüllt.

Böden sind Standorte höherer Pflanzen und bilden mit ihnen ein Ökosystem. Dabei wird die Bodenfruchtbarkeit durch Faktoren wie Wasser-, Wärme- und Nährstoffhaushalt, ausserdem durch die Tiefe des Wurzelraums bestimmt. Der Wurzelraum wird im allgemeinen durch die Tiefe des Solums (Gesamtheit der Bodenhorizonte) begrenzt, bei Lockergesteinen können Wurzeln auch tiefer reichen. (Tab. 10). Die Durchwurzelbarkeit hängt ab von Bodenkonsistenz, Verdichtung, Porengehalt, Grundwasser- bzw. Stauwasserstand, pH-Wert und Redoxspannung.

Tab. 10: Durchwurzelbarkeit des Bodens

Tiefe (cm)	Durchwurzelbarkeit
< 10	sehr flachgründig
10–25	flachgründig
25–50	mittelgründig
50–100	tiefgründig
> 100	sehr tiefgründig.

Mit der Bodenuntersuchung werden folgende Ziele verfolgt:

- Beurteilung des Nährstoffhaushaltes;
- Ermittlung des Anteils potentiell grundwasserschädlicher Stoffe;
- Feststellung aktueller oder potentieller Versalzung;
- Abschätzung der Filterwirkung.

Ein wichtiges Ziel der chemischen Bodenanalyse ist die Ermittlung der pflanzenverfügbaren Mineralstoffmenge. Ihre Beurteilung sollte neben der Tiefgründigkeit des Standortes (bei der Probennahme wird meist nur der Bearbeitungshorizont berücksichtigt) auch die aktuellen und vergangenen Witterungsbedingungen berücksichtigen. Aus dem verfügbaren Gehalt lässt sich dann die erforderliche Menge an Düngemitteln abschätzen.

Die Verfügbarkeit einzelner Nährstoffe (Tab. 11) ist vor allem abhängig von Tonmineralgehalt, Humusgehalt, Bodenfeuchte, pH-Wert und Redoxspannung.

Tab. 11: Verfügbarkeit von Nährstoffen im Boden

Bindungsform	Verfügbarkeit	Bestimmung
ungebunden in der Bodenlösung	sehr leicht	wasserlösliche Nährstoffe
teilweise an Austauschern sorbiert	leicht	austauschbare Nährstoffe
immobil, leicht mobilisierbar	mässig	kurzfristige Reserve an Nährstoffen
immobil, schwer mobilisierbar	kaum	Gesamtreserve an Nährstoffen

Die Beurteilung anorganischer Kontamination von Böden ist schwierig, da der natürliche Gehalt (*background*) von Stoffen je nach Ausgangsgestein oft unbekannt ist und die Ertragsfähigkeit und die Schutzfunktion des Bodens ein wesentliches Beurteilungskriterium darstellt. Die Nährstoffzufuhr durch Düngung gilt selbst nicht als Kontamination, ebensowenig wie der Nährstoffentzug durch Pflanzen eine Dekontamination ist.

Die Ermittlung mobiler Stoffanteile weist erhebliche methodische Probleme auf, z. B. bei Schwermetallen. Der pflanzenverfügbare Metallanteil sollte hier mit einem Extraktionsmittel eluiert werden, das einen Vergleich mit der Schwermetallaufnahme von Pflanzenwurzeln gestattet. Deshalb sind Mineralsäuren als Extraktionsmittel ebenso ungeeignet wie starke Komplexbildner (z. B. EDTA). Günstig ist eine Elution mit Hilfe von Pyrophosphat oder Dithionit-Citrat. Die Extrahierbarkeit der meisten Schwermetalle im Mineralboden ist allgemein höher als die der meisten Hauptelemente (Phosphor ca. 1 %, Aluminium 2 bis 3 %, Natrium 0,1 bis 0,5 %). In humosen Böden sind Schwermetalle hingegen fester gebunden als die genannten Elemente.

Von Bedeutung sind die tolerierbaren Gehalte von Schwermetallen in Böden. Tab. 12 gibt Toxizitätsbereiche für Pflanzen an, die anzeigen, ab welcher Konzentration mit einer Beeinträchtigung des Pflanzenwachstums gerechnet werden muss. Einzuhaltende Grenzwerte bei der Aufbringung von Klärschlamm auf landwirtschaftlich genutzte Böden finden sich in Kap. 7.

Tab. 12: Schwermetalltoxizität für Pflanzen in Böden

Element	Toxizitätsbereich (mg/kg)
Cd	10–175
Cr	500–1500
Cu	200–400
Hg	10–1000
Ni	200–2000
Pb	500–1500
Zn	500–5000

Die Abschätzung des korrosiven Verhaltens von Böden auf metallische Rohrleitungen und die Ermittlung der Bodenversalzung, besonders in ariden Regionen, sind weitere Schwerpunkte der Bodenuntersuchung (s. Kap. 6.3 und 7). Der Tab. 13 lässt sich der Untersuchungsumfang für Böden je nach Anforderung entnehmen.

Tab. 13: Untersuchungsumfang bei Böden

Messung	Nährstoff-haushalt	Toxische Stoffe	Korrosion von Metallen	Versalzung
Korngrössenverteilung	x		x	
Wassergehalt	x		x	x
pH-Wert	x	x	x	
Redoxpotential		x	x	
elektr. Leitfähigkeit	x	x	x	x
Acidität/Alkalität	x		x	x
org. C	x		x	
Na, K	x			x
Ca, Mg	x		x	x
Mn	x			
Cu	x	x		
Zn	x	x		
Cd, Cr, Ni, Pb, Hg		x		
B	x	x		
Mo	x			
Gesamt-N,	x			
NH₄	x			
NO₃	x			
Gesamt-P	x			
Cl			x	x

Fortsetzung **Tab. 13**:

Messung	Nährstoff-haushalt	Toxische Stoffe	Korrosion von Metallen	Versalzung
SO_4			x	x
CO_3, HCO_3				x
Sulfid-S			x	
SAR-Wert				x
(s. Kap. 6.3.2.8)				

4 Organisation von Probennahmeprogrammen und Technik der Probennahme

4.1 Allgemeines

Die Untersuchung von Wasser, Abwasser und Boden dient in der Regel den Zielen der

- Qualitätskontrolle;
- Prognose von Ereignissen;
- Schadensfeststellung.

Die meisten Untersuchungen fallen im Rahmen der Qualitätskontrolle an und werden häufig durch gesetzliche Regelungen vorgeschrieben. Für Prognosen werden Daten ermittelt, um Planungsaufgaben lösen zu können oder um Trends zu erkennen. Dies ist z. B. beim Bau von Kläranlagen bedeutsam, bei dem der zukünftige Abwassereinfluss auf Gewässer abzuschätzen ist. Bei Schadensfeststellungen sind meist Fragen zu Schadensursache und -umfang bedeutsam.

Das Gesamtergebnis einer Analyse und die Schlüsse, die aus einem Analysenergebnis gezogen werden, können nicht besser sein als die vorangegangene Probennahme. Wichtigste Voraussetzung für eine ordnungsgemässe Beprobung ist die ausreichende Qualifikation und Einweisung des Probennahmepersonals.

Das wesentliche Ziel ist die Entnahme solcher Proben, die repräsentativ und gleichzeitig valide für die Grundgesamtheit sind. Dies bedeutet: Sie müssen so entnommen und aufbewahrt werden, dass die in der fertigen Analysenprobe ermittelten Messgrössen den „wahren" Werten in der Grundgesamtheit, d. h. dem beprobten Wasser, Abwasser oder Boden entsprechen. Entnahmeort und Entnahmezeit sind dabei so zu wählen, dass die Analysenergebnisse die zeitliche (oder räumliche) Varianz während des Untersuchungszeitraumes widerspiegeln.

Jede Probennahme ist unterschiedlich stark vom Zufall abhängig und dadurch mit einem Fehler behaftet. Je kleiner eine Stichprobe ist, desto weniger Aufschluss gibt sie über die Grundgesamtheit. Ausserdem hängt der Informationsgehalt eines Stichprobenergebnisses vom Ausmass der Streuung des gemessenen Parameters ab. Um empirische Befunde verallgemeinern zu können, muss man die Grösse des Stichprobenfehlers kennen. Unter diesem Fehler versteht man die Differenz zwischen dem Kennwert einer Stichprobe (z. B. arithmetisches Mittel) und dem „wahren" Wert der Grundgesamtheit. Die Grösse des Stichprobenfehlers hängt von dem Umfang der Stichprobe ab. Von einer gewissen Stichprobengrösse an wird der Stichprobenfehler so klein, dass eine weitere Probenvergrösserung die Mehrkosten nicht rechtfertigen würde.

Die Varianz der gesamten Analysenprozedur – bestehend aus Probennahme, Probenaufbereitung und Analytik – ergibt sich nach dem Fehlerfortpflanzungsgesetz durch Addition der Einzelvarianzen:

$$S^2_{\text{Gesamt}} = S^2_{\text{Probennahme}} + S^2_{\text{Probenaufbereitung}} + S^2_{\text{Analyse}}$$

Bei einem Probennahmefehler von 25 %, einem Probenaufbereitungsfehler von 10 % und einem analytischen Fehler von 5 % ergibt sich ein Gesamtfehler von 27 %. Werden Probenaufbereitungs- und Analysenfehler jeweils halbiert, verringert sich der Gesamtfehler lediglich um 2 %.

Im Hinblick auf die Repräsentativität des Analysenergebnisses bedeutet dies, dass auch die genaueste Messung im Labor wenig sinnvoll ist, wenn die Fehler bei der Probennahme und der Probenaufbereitung wesentlich grösser sind als der Fehler bei der Messung.

Kennt man die Grundgesamtheit des Materials und die verwendeten analytischen Methoden bereits vor der Probennahme recht gut, ist eine weitere Verringerung des analytischen Fehlers dann nicht nötig, wenn er ca. 1/3 oder weniger des Probennahmefehlers ausmacht. Dies unterstreicht die Verantwortung des Laboranalytikers für die gesamte Untersuchung einschliesslich Probennahme.

Ein zweckmässiges Probennahmeprogramm berücksichtigt:

- statistische Begleitung der Arbeiten;
- standardisierte Anweisungen zu Entnahme, Bezeichnung, Transport und Lagerung von Proben;
- Training von Personal in der Technik der Probennahme.

Diese Forderungen wurden für viele Bereiche der Laboranalytik bereits zusammengefasst und als Verfahren nach der Good Laboratory Practice (GLP) eingeführt. Für die Probennahme existieren derartige Verfahren noch nicht.

Repräsentative und valide Proben können bei Wässern und Abwässern auf unterschiedliche Weise entnommen werden. Die Vorauswahl der Probennahmeart kann nach dem Schema in Tab. 14 vorgenommen werden. Abb. 16 verdeutlicht drei verschiedene Arten der Probennahme.

Tab. 14: Vorauswahl der Probennahmeart bei Wasser und Abwasser

| Konzentrations-schwankung | Abflussschwankung | |
	gering	stark
gering	(qualifizierte) Stichprobe	(qualifizierte) Stichprobe
stark	zeitproportionale Mischprobe	volumen- oder durchfluss-proportionale Mischprobe

Folgende Arten der Probennahme bei Wasser und Abwasser sind bekannt:
Stichprobe
Eine einzelne Probe wird zu einem bestimmten Zeitpunkt manuell oder automatisch gezogen. Sie beschreibt den Zustand des Wassers nur zu diesem Zeitpunkt.
Qualifizierte Stichprobe
Dies ist eine Variante der Stichprobe, bei der mindestens 5 Stichproben im Abstand von nicht

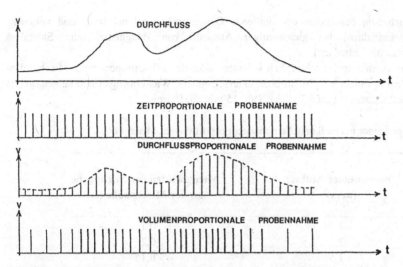

Abb. 16: Möglichkeiten der Probennahme von Wasser und Abwasser

weniger als 2 min, längstens während einer Gesamtzeit von 2 h, gezogen und zu einer Gesamtprobe vereinigt werden.

Zeitproportionale Probe

Im gewählten Probennahmezeitraum werden in gleichen Zeitabständen gleich grosse Proben gezogen und zu einer Gesamtprobe vereinigt. Das Ergebnis ist dabei stark abhängig von der Änderung des Durchflusses und der Belastung des Wassers.

Volumenproportionale Probe

Hier werden in variablen, vom Durchflussvolumen gesteuerten Zeitabständen konstante Volumina entnommen und zu einer Gesamtprobe vereinigt. Bei grossen Schwankungen der Schmutzfracht und gleichzeitig starken Durchflussschwankungen (Kleineinleiter) sollte diese Probennahmeart nicht gewählt werden.

Durchflussproportionale Probe

Im Probennahmezeitraum werden in gleichen Zeitabständen unterschiedlich grosse, dem Momentandurchfluss entsprechende Proben gezogen und zu einer Gesamtprobe vereinigt. Diese Probennahmeart liefert genaue Ergebnisse auch bei grossen Schwankungen von Durchfluss und Schmutzfracht.

Ereignisproportionale Probe

Diese Probennahmeart wird benutzt, wenn Grenzwertüberschreitungen dokumentiert werden sollen. Die Entnahme erfolgt nur bei Eintritt eines Ereignisses, andernfalls befindet sich der Probennehmer im Stand-by-Betrieb. Auslöser für die Entnahme können alle kontinuierlich messbaren Parameter sein, die bei Überschreiten eines vorgegebenen Messsignals einen Impuls auslösen.

Zeit-/Durchfluss-/Ereignisproportionale Probe

Diese Art der Probennahme ist die vielfältigste Verknüpfung der verschiedenen Techniken. Die Priorität der Probennahmeart wird z. B. in der Reihenfolge: ereignisproportional, mengenproportional, zeitproportional, festgelegt. Das Verfahren stellt erhebliche Ansprüche an das Probennahmegerät und dessen Steuerung. Es lassen sich so mit einem einzigen Gerät mehrere

Aufgaben gleichzeitig bewältigen wie: laufende Gewässerüberwachung (zeit- und volumen-proportionale Entnahme) bei gleichzeitiger Auswahl von Ereignissen oder Störfällen (ereignispropotionale Entnahme).

Manuell lassen sich auch nachträglich volumen- oder durchflussproportionale Mischproben herstellen, indem aus mehreren Stichproben unterschiedliche Wassermengen zusammengegeben werden (Durchflussmessung erforderlich). Tab. 15 gibt ein Beispiel.

Tab. 15: Beispiel einer manuell erstellten mengenproportionalen Mischprobe

Uhrzeit	momentaner Abfluss (m^3/s)	Mengenanteil der Stichprobe an der Mischprobe (L)
8	1	0,1
9	2	0,2
10	1,5	0,15
11	4	0,4
12	0,5	0,05
13	1	0,1
14	2	0,2
15	1,5	0,15
16	0,5	0,05
		Σ: 1,4 L

Bei Böden besteht die Gefahr, dass infolge der Körnigkeit einzelner Fraktionen zu grosse oder zu kleine Anteile erfasst werden. Der Probenfehler S_S für eine Messgrösse verhält sich wie folgt:

$$S_S = \frac{(1-x)}{x} \cdot \frac{\overline{m}}{m_s}$$

x Gehalt der Komponente 1
$\overline{m}$ mittlere Masse eines Korns
m_S Masse der Probe

Der Probennahmefehler wächst daher mit abnehmendem Gehalt von x, mit abnehmendem Probenumfang und mit steigender mittlerer Masse eines Korns. Durch Erhöhen der Probenzahl wird weiterhin der Gesamtfehler stärker abnehmen als durch eine grössere Zahl von Parallelmessungen. Die Verhältnisse werden komplizierter bei Gemischen mit mehr als zwei unterschiedlich körnigen Komponenten.

4.2 Einrichtung von Messnetzen

Vielfach kann nicht auf ein existierendes Messnetz zur Untersuchung von Wasser, Abwasser oder Boden zurückgegriffen werden, so dass eine Neuplanung notwendig wird. Die Planung einschliesslich der erforderlichen Voruntersuchungen ist besonders sorgfältig vorzunehmen, da ein Messnetz meist lange genutzt wird und nachträgliche Änderungen zu Schwierigkeiten bei der Vergleichbarkeit von Analysendaten führen. Da grössere Gewässereinzugsgebiete oder Kanalsysteme grosser Städte aus einzelnen, oft heterogenen Subsystemen bestehen, sind Messnetze und Probennahmeeinrichtungen dementsprechend zu konzipieren. Beide sollten vor allem repräsentativ sein und erst in zweiter Linie nach den Kriterien günstiger Verkehrsanbindung und Zugänglichkeit eingerichtet werden.

Für Voruntersuchungen werden topographische und thematische Karten (z. B. Bodenkarte, geologische Karte, hydrologische Karte), Luftbilder, Gewässerpläne und Entwässerungspläne benutzt. Sind solche Hilfsmittel nicht ausreichend verfügbar, muss man provisorische Karten und Pläne nach Ortsbegehungen erstellen. Einfach durchzuführende Feldanalysen geben weitere Aufschlüsse. Bei der Errichtung von Grundwassermessnetzen sind Hydrogeologen in die Planung einzubeziehen.

Für die Probennahme von kontaminiertem Grundwasser sind folgende Festlegungen von Bedeutung: Orientierende Untersuchungen erfordern zumindest zwei Messstellen. Die erste sollte im Grundwasserabstrom der Kontaminationsquelle liegen. Der Abstand dieser Messstelle zur Kontamination sollte < 10 % der Fliessstrecke des Grundwassers unterhalb der Quelle sein. Die zweite Messstelle liegt im Zustrom der Verunreinigung. Der Abstand dieser Messstelle zur Kontamination sollte ungefähr 50 % der Fliessstrecke des Grundwassers unterhalb dieser Quelle betragen. Die Verbindungslinie zwischen beiden Messstellen sollte senkrecht zu den aktuellen Grundwassergleichen verlaufen.

Um die Schadstofffahne einer Altlast genauer zu untersuchen, ist ein verdichtetes Messstellennetz im Unterstrom erforderlich. Günstig ist eine gleichmässige Verteilung der Messstellen senkrecht zur Grundwasserfliessrichtung mit einem maximalen seitlichen Abstand von 50 m voneinander.

Der Durchmesser der Messstellen sollte zur Vereinfachung der Probennahme nicht weniger als 50 mm, möglichst jedoch ein Kaliber von DN 125 oder DN 150 haben, da dies den Einbau handelsüblicher Tauchmotorpumpen erlaubt. Wenn häufiger ein- und ausgebaut wird, bleibt so bei nicht völlig lotrecht eingebauten Rohren genügend Spielraum. Der Ausbaudurchmesser der Messstelle sollte eine Förderleistung von mindestens 0,1 L/s ermöglichen, ohne dass der Grundwasserspiegel zu stark abgesenkt wird.

Die verwendeten Materialien der Messstelle dürfen durch Inhaltsstoffe des Grundwassers nicht angegriffen werden und sollten andererseits nicht die chemische Beschaffenheit des Grundwassers verändern. Als geeignet, aber teuer haben sich inerte Ausbaumaterialien wie Sonderstähle und fluorhaltige Kunststoffe erwiesen. Bedingt einsetzbar zur Kontrolle der Grundwasserbeschaffenheit, insbesondere bei Belastungen mit organischen Schadstoffen, ist das in Deutschland überwiegend aus Kostengründen verwendete PVC (hart).

Bei Flusssystemen sind u. U. Teil-Einzugsgebiete bei der Planung von Messnetzen zu berücksichtigen (Abb. 17).

Das Gesamtgebiet lässt sich hier in fünf Einzelgebiete unterteilen, deren Gewässergüte durch die jeweiligen Messstellen charakterisiert wird. Je nach Aufgabenstellung kann eine weitere Differenzierung erfolgen. Bei grossen Flüssen liegen kritische Bereiche unterhalb der Einmündung stark verunreinigter Nebenflüsse und grosser Abwassereinleitungen. Daneben sollten auch Stellen mit geringer Belastung untersucht werden, um die natürliche Wasserbeschaffenheit zu ermitteln. Messstellen an grenzüberschreitenden Fliessgewässern werden häufig zur Klärung von Konflikten über die Wassernutzung angelegt. Im allgemeinen genügt eine Entnahmestelle auf

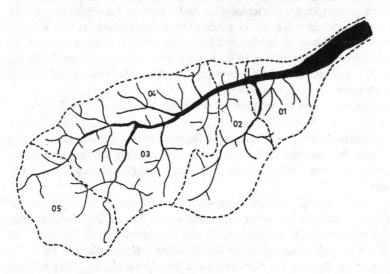

Abb. 17: Einzugsgebiet eines Flusssystems

100 bis 200 km^2 Einzugsgebiet, mit Ausnahme von Ballungsgebieten, die eine höhere Messstellendichte erfordern.

Einen Ausschnitt aus dem gesamten Einzugsgebiet des Gewässers zeigt Abb. 18. Messstellen bei möglichen Änderungen der Gewässergüte sind als Knickpunkte markiert. Siedlungsgebiete

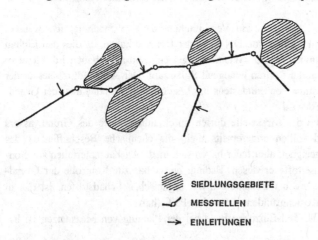

SIEDLUNGSGEBIETE

MESSTELLEN

EINLEITUNGEN

Abb. 18: Ausschnitt aus einem Flusssystem (schematisch)

sind schraffiert gekennzeichnet, punktuelle Einleitungen (Kläranlagenabläufe, Industrieeinleiter) mit Pfeilen markiert.

Neben den Hauptmesspunkten im Gewässer können zusätzlich regelmässige Messungen an diesen Einleitungsstellen durchgeführt werden.

Abb. 19 zeigt das Schema eines Kanalnetzes zur Abwasserbeseitigung in Städten. Es enthält Strassenkanäle, Sammler, Hauptsammler, Sammelschacht, Überlaufkammer und Überlaufkanal sowie die Kläranlage mit Ablauf in das Gewässer. Messpunkte im Kanalsystem sind dort anzulegen, wo einzelne Industriebetriebe Abwässer ins Netz leiten und Hauptsammler zusammentreffen, ausserdem am Kläranlagenauslauf. Bei Verdacht auf die Einleitung schädlicher Stoffe können Verursacher entlang der sich verzweigenden Kanäle aufgespürt werden.

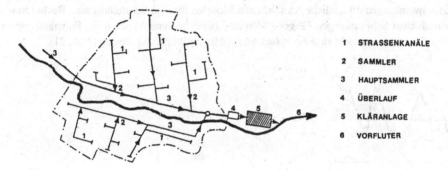

1	STRASSENKANÄLE
2	SAMMLER
3	HAUPTSAMMLER
4	ÜBERLAUF
5	KLÄRANLAGE
6	VORFLUTER

Abb. 19: Schema eines Kanalnetzes

Entnahmestellen an grossen Fliessgewässern oder in Kanälen sollten dort liegen, wo sich Einleitungen im Oberstrom bereits vollständig vermischt haben. Andernfalls werden zwei Entnahmestellen auf je einer Gewässerseite angelegt. Abb. 20 verdeutlicht, dass die Vermischung des Wassers von Nebenflüssen und Abwassereinleitern bei laminarer Strömung sehr langsam er-

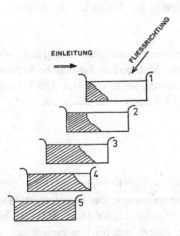

Abb. 20: Schema der Mischung von Einleitungen in Fliessgewässern

folgt. Erst bei oder unterhalb Position 5 sollte eine Probennahmestelle auf Dauer eingerichtet werden.

Bei stehenden Gewässern (Seen, Talsperren) mit unregelmässigen Formen ist eine stärkere Inhomogenität der Wasserqualität in horizontaler Richtung möglich. Es sind daher zunächst mehrere Probennahmestellen einzurichten, deren Zahl eventuell später verringert wird. Inhomogenitäten sind auch in vertikaler Richtung möglich, so dass die Entnahme von Proben in verschiedenen Tiefen vorzusehen ist. So können Proben z. B. nahe der Wasseroberfläche dicht bei Temperatursprungschichten und in Bodennähe (Einfluss des Sediments) entnommen werden.

Neben der Auswahl eines repräsentativen räumlichen Probennahmenetzes ist die zeitliche Abfolge der Probennahmen von Bedeutung. Bei stärkeren Konzentrationsschwankungen erhöht man die zeitliche Dichte der Entnahmen. Dagegen reichen bei Gewässern mit geringen Konzentrationsschwankungen oft zeitliche Abstände von Monaten für eine Beurteilung aus. Bei bekannten periodischen Schwankungen (Tages-, Monats-, Jahresrhythmen) sollten die Entnahmeintervalle flexibler sein, um nicht stets bei hohen oder niedrigen Werten zu messen (Abb. 21).

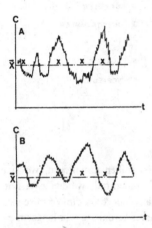

Abb. 21: Einfluss von Konzentrationsschwankungen (A zufällig, B zyklisch) auf den Schätzwert von Stichproben

Nach einer längeren Untersuchungszeit sollten die wichtigsten statistischen Kenngrössen wie Mittelwerte, Extremwerte, Varianzen und Korrelationen berechnet werden. Periodische Konzentrationsschwankungen lassen sich nach graphischer Darstellung leicht erkennen. Die Probennahmehäufigkeit kann danach oft ohne Verlust wesentlicher Information verringert werden.

4.3   Ermittlung von Wassermengen

Der Volumenstrom in Fliessgewässern, Freispiegelleitungen oder Rohrleitungen kann nicht unmittelbar, sondern nur über indirekte Messgrössen bestimmt werden. Die Messgüte ist dabei von der Veränderung dieser Grössen über den gesamten Messbereich abhängig. Während bei Druckleitungen die Querschnittsfläche unverändert bleibt, ändern sich bei Freispiegelleitungen und Fliessgewässern sowohl Querschnittsfläche als auch mittlere Fliessgeschwindigkeit.

Einfach ist die Messung des Volumenstroms nur bei der Beprobung von Grundwasser und Trinkwasser. In beiden Fällen kann die Messung entweder mit Messgefäss und Stoppuhr oder durch Ablesen einer vorhandenen Wasseruhr innerhalb eines bestimmten Zeitabschnittes erfolgen. In geschlossenen Rohrleitungen unterschiedlicher Kaliber erfolgt die Durchflussmessung meist nach dem magnetisch-induktiven Messverfahren.

In offenen Gerinnen oder Fliessgewässern muss zur Messung ein grösserer technischer und rechnerischer Aufwand getrieben werden. Meist verwendet man für genauere Messungen solche Einrichtungen, die auf der Bernoullischen Strömungsgleichung beruhen. Bei hydraulischen Verfahren wird der Querschnitt eines offenen Gerinnes teilweise verbaut und so ein eindeutiger Zusammenhang zwischen Durchfluss und Wasserstand unmittelbar oberhalb der Verengung hergestellt. Meist werden Venturi-Kanäle oder Messwehre benutzt. Venturi-Kanäle besitzen symmetrisch angeordnete seitliche Einschnürungen des Gerinnequerschnitts, während die Gerinnesohle unverbaut bleibt. Wegen ihrer Bedeutung wurden sie genormt (DIN 19559, Teil 2). Messwehre mit dreieckigen, rechteckigen oder trapezförmigen Ausschnitten werden aus Platten mit festgelegten Überfallkanten hergestellt und senkrecht zur Anströmrichtung im offenen Gerinne eingebaut.

Bei vielen Fliessgewässern wird der Zusammenhang zwischen Wasserstand und Durchfluss an einem definierten Pegel mehrere Jahre lang untersucht und in Form von Abflusskurven dargestellt, die von den zuständigen Landesbehörden in Jahrbüchern dokumentiert werden.

Es werden im folgenden einige erprobte Verfahren vorgestellt:

Offene Kanäle
Für offene Kanäle wird häufig das Verfahren nach Manning-Strickler verwendet. Dabei müssen Gefälle, Wandrauhigkeit und hydraulischer Umfang des Kanals bekannt sein. Sind diese drei Werte gegeben, lässt sich durch einfache Messung des Wasserstandes die abfliessende Wassermenge bestimmen.

$$v = k \cdot R^{2/3} \cdot J^{1/2}$$

v Geschwindigkeit, m/s
k Rauhigkeitswert, $m^{1/3}$/s
R hydraulischer Radius F/U, m
J Gefälle, m/m
F Durchflussquerschnitt, m^2
U benetzter Umfang, m

Als Richtwerte für k gelten:
90 bis 135   für neue Asbestzementrohre
85   für neue Steinzeugrohre
65 bis 75   für verkrustete Rohre

bei Rechteckkanälen gilt für R:

$$R = \frac{Breite \cdot Wassertiefe}{(Breite + 2 \cdot Wassertiefe)}$$

Der Abfluss ist dann, angegeben in m³/s:

$$Q = v \cdot F$$

Offene Gerinne mit ungleichmässigem Querschnitt (Bäche, Flüsse)
a) Schwimmkörper
Man wirft einen Schwimmkörper (z. B. Korken) in die Gewässermitte und stoppt die Fliesszeit innerhalb einer zuvor gemessenen Strecke
Es gilt:

$$v = \frac{l}{t}$$

$$Q = \frac{l}{t} \cdot F \cdot c$$

l Gewässerstrecke, m
t ermittelte Fliesszeit, s
F Fliessquerschnitt, m²
c Beiwert

Der Fliessquerschnitt kann durch Messung der Gewässertiefe an verschiedenen Stellen und der Gewässerbreite graphisch ermittelt oder geschätzt werden. Für Gewässer ohne dichten Uferbewuchs und ohne grobe Gerölle kann für c ein Wert von 0,8 bis 0,9 angenommen werden, sonst setzt man 0,5 bis 0,8 ein.
b) Messflügel
Die Messflügel-Methode wird in Gewässern eingesetzt, wenn sowohl Fliessquerschnitt als auch Genauigkeitsanforderungen relativ gross sind. Man verwendet geeichte Messflügel (Abb. 22).

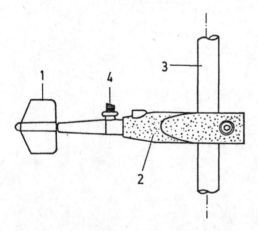

Abb. 22: Messflügel zur Bestimmung der Fliessgeschwindigkeit
1 Flügelschaufel; 2 Flügelkörper mit Impulsgeber; 3 Befestigungsstange; 4 Kontakt

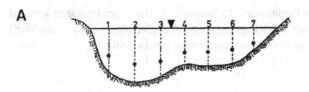

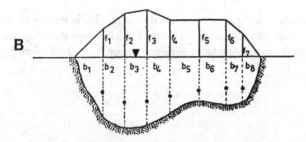

Abb. 23: Rechnerische Auswertung der Abflusspunktmessung (Herrmann, 1977)
   A Abflusspunktmessung in den Messlotrechten eines Flussquerschnittes
   B Graphische Ermittlung des Abflusses

Der Flügel wird an verschiedenen Messlotrechten in das Gewässer getaucht und die Strömungsgeschwindigkeit an diesen Stellen in verschiedenen Tiefen ermittelt. Für einfachere Ansprüche genügt es, an jeder Lotrechten in $0,4 \cdot$ Wassertiefe zu messen. Durchführung und Auswertung werden gemäss Abb. 23 vorgenommen.

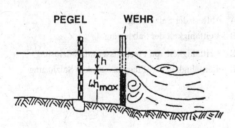

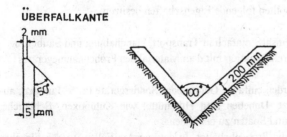

Abb. 24: Dreieckswehr nach THOMPSON

Man misst an den bezeichneten Punkten in 0,4 · Wassertiefe. Die Geschwindigkeit wird mit der Wassertiefe multipliziert und als Wert f_i graphisch aufgetragen. Man verbindet die Werte von f_i zu einem Polygonzug und berechnet dann die Summe der Einzelflächen, gebildet aus f_i und den Einzelbreiten b_i. Der Abfluss Q (m³) wird dann berechnet nach:

$$0,5 \cdot \sum_{i=1}^{k} (f_i \cdot b_i + f_k \cdot b_{k+1})$$

c) Messwehr

Messwehre eignen sich für schwankende Abflüsse von weniger als 1 m³/s. Häufig werden Dreieckswehre verwendet. Den Aufbau zeigt Abb. 24. Ist die Zuleitung auf 2 m Länge dreieckig wie das Wehr selbst und hat das Dreieck die in der Abbildung gezeigten Masse, wird Q (m³) berechnet nach:

$$Q = \mu \cdot h^{5/2}$$

h Überfallhöhe, m
μ 1,46 (bei den gezeigten Massen)

d) Salzmischverfahren

Dieses Verfahren ist gut anwendbar bei turbulenten Gewässern mit rascher Durchmischung. Das Einleiten von Fremdstoffen wie Salz erfordert allerdings eine behördliche Erlaubnis. Man benötigt eine Salzlösung definierter Konzentration und ein Gerät zur Messung der Leitfähigkeit. Während der Messung lässt man die Salzlösung in definiertem Volumenstrom zufliessen. Der Abfluss berechnet sich dann nach:

$$Q = A(B - C) \cdot (C + D)^{-1}$$

A   Abfluss der Salzlösung
B   Leitfähigkeit der Salzlösung
C   Leitfähigkeit von Flusswasser mit Salzlösung
D   Leitfähigkeit von Flusswasser ohne Salzlösung

4.4   Probennahmegeräte

Gerätschaften für die Probennahme sollten folgende Eigenschaften besitzen:

- robuste Ausführung für den Feldeinsatz, einfach in Transport, Handhabung und Säuberung;
- keine Beeinflussung der Probe durch Reaktion mit dem Material des Probennahmegerätes.

Je nach Art der Probennahme werden einfache Geräte oder Sondergeräte (z. B. Pumpen, automatische Probennehmer) eingesetzt. Daneben sind Hilfsmittel wie Kühlboxen, Schläuche, Seile, Kabelrollen, Kunststoffbeutel und Spaten zu erwähnen.

Von besonderer Bedeutung sind die Probenbehälter. In den meisten Fällen werden Flaschen aus Polyethylen oder Glas verwendet. Proben, die unpolare organische Stoffe (z. B. Öle, Pestizide) enthalten, sollten nicht in Kunststoffflaschen gefüllt werden, während Glasflaschen ungünstig sind für Proben, in denen Natrium, Kalium, Bor oder Kieselsäure in niedrigen Konzentrationen zu bestimmen sind. Für höhere Konzentrationen anorganischer Parameter sind beide Flaschentypen geeignet.

Stehen verunreinigte Proben längere Zeit, können sich Stoffe an den Wandungen der Gefässe festsetzen, so dass diese nach Gebrauch gründlich zu reinigen sind. Man reinigt zunächst mechanisch und dann unter Verwendung von Chromschwefelsäure. Bei Kunststoffflaschen darf keine Chrom-Schwefelsäure verwendet werden; empfehlenswert ist verdünnte Salzsäure. Hartnäckige Verunreinigungen in Kunststoffflaschen lassen sich nur schwer entfernen. Derartig verschmutzte Flaschen wirft man nach Ausgiessen der Flüssigkeit weg. Bei der Flaschenreinigung mit Haushaltsspülmitteln ist darauf zu achten, dass auch nach längerer Spülung mit Wasser Tenside und Phosphate von den Gefässwandungen abgegeben werden können.

Bei der Probennahme für bakteriologische Untersuchungen verwendet man Glasflaschen, die zuvor gemeinsam mit dem Stopfen durch längeres Erhitzen auf 180 °C sterilisiert wurden. Der Flaschenhals wird danach mit einer Aluminiumfolie gegen Verkeimung geschützt.

Grundwasser

Die einfachsten Geräte zur Entnahme von Wasserproben sind Schöpfer. Sie werden meist nur zur orientierenden Wasseruntersuchung oder bei gut durchströmten Grundwasserleitern eingesetzt. Sie bestehen wie Ruttner-Schöpfer aus einem zylindrischen Gefäss, das beim Einlassen in den Brunnen von Wasser durchspült wird. In der Probennahmetiefe werden durch Auslösen eines Fallgewichts die Schöpferventile geschlossen. Die Geräte eignen sich daher für die gezielte Entnahme in beliebiger Tiefe. Auf guten Sitz der Dichtungen ist zu achten. Schöpfgeräte sind in unterschiedlichen Durchmessern erhältlich, so dass auch enge Rohrbrunnen beprobt werden können. Einseitig geöffnete Schöpfgeräte sollten bei der Probennahme aus Brunnen nur als Behelf benutzt werden.

Probennahmen aus Brunnen oder Grundwassermessstellen werden vor allem mit Pumpen durchgeführt. Bei Saugpumpen ist die Entnahmetiefe auf 7–9 m begrenzt, bei tieferer Lage des Wasserspiegels reisst die Wassersäule im Entnahmeschlauch ab. Ab einer Tiefe von ca. 3 m ist ein Ventil am Ende des Schlauches erforderlich. Saugpumpen können durch Elektro- oder Benzinmotoren angetrieben werden, wobei sich letztere nicht für Proben eignen, die auf Kohlenwasserstoffe zu untersuchen sind. Bei geringerer Förderhöhe liegt die Förderleistung von Saugpumpen bei 1–2 L/s.

Tauchmotorpumpen sind Kreiselpumpen, die mit einem Unterwassermotor gekoppelt sind. Kleine Pumpen haben einen Durchmesser von 95 mm und können daher erst bei Rohrbrunnen mit einem Kaliber > 100 mm eingesetzt werden. Bei „gebogenen" Rohrbrunnen kann dabei die Pumpe hängenbleiben und verlorengehen. Die Pumpe wird an einem Sicherheitsseil gemeinsam mit dem Entnahmeschlauch und dem Stromkabel abgelassen. Ein Stromaggregat liefert die Spannung, wenn kein Netzanschluss vorhanden ist. Die Förderleistung ist aus dem Leistungsdiagramm der Pumpe zu entnehmen. Tauchmotorpumpen werden vorwiegend in gut durchströmten Grundwasserleitern eingesetzt; bei geringer Wassernachlieferung ist ihr Einsatz jedoch ungünstig, da der Wasserspiegel rasch absinken kann und die Pumpe Luft zieht. In besonderen Fällen lassen sich Hubkolbenpumpen, Druckluftpumpen oder Tiefsauger (Wasserstrahlprinzip) einsetzen. Kleinkalibrige Unterwasserpumpen mit geringer Förderleistung werden meist mit einer Autobatterie betrieben.

Alle Geräte wie Pumpen, Kabel und Halteseile, die mit der Wasserprobe in Kontakt treten, sollten so beschaffen sein, dass keine Veränderung der Wasserinhaltsstoffe auftritt. Metallteile oder Schmierstoffe der Pumpe können die Ergebnisse von Metallanalysen bzw. von Kohlenwasserstoffanalysen verfälschen.

Auch das Schlauchmaterial ist so zu wählen, dass Veränderungen der Probe nicht auftreten: Polyethylen-, Silicon- und PVC-Schläuche sind verwendbar, wenn nicht auf lipophile organische Stoffe wie Öle, Lösemittel, Pflanzenschutzmittel und Tenside zu prüfen ist. In diesem Fall sollten Schläuche aus PTFE oder Metallrohre eingesetzt werden.

Pumpen und Schläuche werden nach der Probennahme gesäubert und getrocknet, um Korrosionen an Metallteilen und Beläge von Mikroorganismen auf Kunststoff zu vermeiden.

Oberflächenwasser und Abwasser

Bei der manuellen Probennahme von der Wasseroberfläche oder aus oberflächennahen Wasserschichten werden Schöpfbecher und aus tieferen Schichten verschliessbare Schöpfapparate (Ruttner-Schöpfer) verwendet.

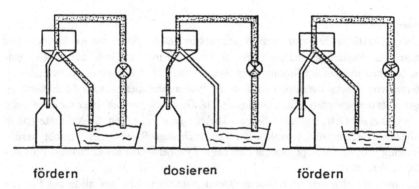

fördern   dosieren   fördern

Abb. 25: Schema eines automatischen Probennahmesystems mit frei fallender Wasserweiche

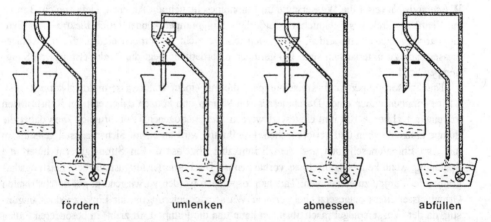

fördern   umlenken   abmessen   abfüllen

Abb. 26: Schema eines automatischen Probennahmesystems mit frei fallender Wasserweiche, gekoppelt mit Festmengen-Dosiereinrichtung

Automatische Probennahmegeräte werden vor allem bei der Beprobung von Abwasser einge-setzt. Sie bestehen aus folgenden Elementen:

- Fördersystem;
- Steuereinrichtung;
- Probenverteilung und Dosierung;
- Probenaufbewahrung.

Die Förderung erfolgt durch Schlauchpumpen oder Exzenterschneckenpumpen. Das Schema eines Systems mit frei fallender Wasserweiche zeigt Abb. 25. Dabei wird aus einem kontinuier-lichen Probenstrom nach Impulsschaltung (zeit- oder mengenproportional) die Probe definiert umgelenkt und damit eine Teilprobe entnommen. Dieser Probennehmertyp ist einfach zu hand-haben und zu reinigen. Ein Kühlaggregat sollte bei längerer Probennahmezeit eingebaut sein.

Abb. 26 zeigt die Entnahmephasen eines Systems mit frei fallender Wasserweiche, gekoppelt mit Festmengen-Dosiereinrichtung. Hiermit wird ein stets gleiches Probenvolumen erzielt. Bei stark verunreinigten Abwasserproben kann der Dosierbehälter verstopfen.

Um Probenveränderungen einzuschränken, sind kurze geschlossene Leitungen, hohe Förder-geschwindigkeiten und Lichtauschluss vorteilhaft. Regelmässige Wartung und Reinigung ver-meiden Ablagerungen und erhalten die Betriebssicherheit.

Boden

Bodenproben für die Untersuchung von Nährstoffen, Schadstoffen oder die Prüfung auf Ver-salzung werden in der Regel nicht tiefer als 50 cm entnommen. Deshalb reichen meist ein Spaten und ein einfacher Bodenbohrer aus. Als Bohrer verwendet man entweder Drillbohrer oder eine seitlich geschlitzte Bohrstange (Pürckhauer-Bohrer). Diese wird mit einem schweren Kunst-stoffhammer in den Boden getrieben und unter Drehen wieder herausgezogen. Anschliessend kann man das in der Bohrernute ersichtliche Bodenprofil beschreiben. Weitere notwendige Ge-rätschaften sind: Spachtel oder Messer, Bandmass, Probenbeutel oder -gläser, Lupe, Salzsäure (w (HCl) = 10 %) zur Prüfung auf Carbonate im Boden.

4.5   Stabilisierung, Transport und Lagerung von Proben

Inhaltsstoffe von Wasserproben können sich unterschiedlich rasch verändern. Da nur wenige Messgrössen während der Probennahme bestimmt werden, ist oft eine Vorbehandlung oder Pro-benstabilisierung notwendig. Diese Massnahme ermöglicht Untersuchungen auch noch nach län-gerer Zeit. Bei den meisten anorganischen Inhaltsstoffen kann auf zusätzliche Massnahmen für Transport und Lagerung verzichtet werden, bei einigen sind aber Veränderungen möglich, z. B. durch Reduktion, Oxidation oder Fällung. Enthält die Probe organische Substanzen, und sind günstige Bedingungen für die Entwicklung von Mikroorganismen gegeben, setzt oft eine rasche Veränderung ein. In solchen Fällen ist eine Stabilisierung erforderlich. Man versteht darunter den Ausschluss oder die Verlangsamung biochemischer Vorgänge, wobei die Veränderung zwi-schen Originalprobe und konservierter Probe 10 % nicht überschreiten sollte.

Wasser- und Abwasserproben werden während Transport und Lagerung gekühlt, vor allem bei erhöhten Aussentemperaturen, da sonst die Geschwindigkeit biochemischer Umsetzungen zunimmt. Die Reaktionen laufen in Proben von Abwässern und Oberflächenwässern meist rascher ab als in Grundwasser- und Trinkwasserproben.

Folgende Veränderungen sind möglich:

- Oxidation von Inhaltsstoffen durch gelösten Sauerstoff (z. B. Fe^{2+}, S^{2-});
- Fällung und Mitfällung anorganischer Stoffe durch Milieuveränderung (Calciumcarbonat, Metallhydroxide);
- Adsorption gelöster Spurenstoffe an der Gefässwandung;
- mikrobiologische Reaktionen (z. B. Einfluss auf pH-Wert, Sauerstoff, Kohlendioxid, biochemischen Sauerstoffbedarf, organische Spurenstoffe).

Einige geeignete Verfahren zur Konservierung sind in Tab. 16 zusammengestellt.

Tab. 16: Konservierung von Wasserinhaltsstoffen

Parameter	Konservierungsmethode	Maximale Aufbewahrungszeit
Spurenmetalle	5 mL HNO_3 pro Liter	mehrere Wochen
DOC, TOC, CSB, BSB_5	Kühlung bei 4 °C oder	1 Tag bzw.
	Einfrieren bei –18 °C	mehrere Wochen
NH_4, Gesamt-N	5 mL HNO_3 pro Liter	wenige Tage
Hg	2 mL HNO_3/$K_2Cr_2O_7$-Lösung pro Liter (0,5 g $K_2Cr_2O_7$ in 100 mL 30 % HNO_3)	wenige Tage
Cyanide	Alkalisierung auf pH = 8	1 Tag
Fe(II)	Zugabe von 2,2`-Bipyridin	1 Tag
S^{2-}	2 mL 10 %ige Zn-Acetat-lösung pro Liter	1 Woche
Phenole	5 mL 35 % HCl + 1 g $CuSO_4 \cdot 5\ H_2O$ pro Liter	1 Woche

Diese Angaben sind nur Empfehlungen. Die sofortige Untersuchung nach der Probennahme macht eine Konservierung meist überflüssig. Vor allem bei sauberen Wässern ist die Kühlung bei 4 °C auch für längere Lagerungszeiten ausreichend. Sollen Abwasserproben erst nach längerer Lagerzeit auf CSB oder BSB_5 untersucht werden, kann man sie in Kunststoffflaschen bei ca. –18 °C einfrieren. Wichtig ist rasches Einfrieren und Auftauen. Bodenproben sind möglichst rasch zu trocknen, sofern nicht Untersuchungen im Originalzustand erforderlich sind. Speziell bei der Untersuchung auf Nitrat ist beim Transport zu kühlen, danach kann die Probe °C im Kunststoffbeutel bei –18 °C eingefroren werden.

4.6   Durchführung von Probennahmen

4.6.1   Grundwasser

Grundwasserproben werden in der Regel aus Grundwassermessstellen, Rohrbrunnen oder Schachtbrunnen mit Pumpen oder Schöpfgeräten entnommen, wobei der Einsatz von Pumpen vorzuziehen ist. Schöpfgeräte sollten nur in Sonderfällen verwendet werden, um z. B. Schadstoffe in Phase an der Grundwasseroberfläche oder der Aquiferbasis zu entnehmen. Nachteilig wirkt sich bei Schöpfgeräten die Stoffverschleppung beim Einlassen in tiefere Zonen des Aquifers aus. Das entnommene Wasser stammt dann nicht aus dem Grundwasserleiter, sondern aus dem Messstelleninhalt. Bei Rohrbrunnen muss die Pumpe bis in die Filterstrecke abgelassen werden. In Messstellen mit Sumpfrohr als unterem Abschluss können Proben verfälscht werden, wenn sich Trübstoffe, Biomasse oder organische Phasen mit einer Dichte > 1 im Sumpfrohr ablagern und bei der Probennahme in nicht reproduzierbaren Anteilen in den Förderstrom gelangen.

Je nach Zielsetzung der Untersuchungen kann die Entnahme aus Grundwassermessstellen als zuflussgewichtete oder als tiefenorientierte „Schicht"-probe erfolgen.

Bei *zuflussgewichteten* Mischproben aus durchgehend verfilterten Messstellen wird ein kontinuierlicher Volumenstrom abgepumpt, aus dem die Proben zu entnehmen sind. Vor der Probennahme ist das Standwasser im Filterrohr, im Ringraum und im angrenzenden Grundwasserleiter auszutauschen. Das DVWK-Merkblatt 208 empfiehlt zwei- bis fünfmaligen Austausch des Rohrvolumens, während nach DVGW-Merkblatt W 121 so lange zu pumpen ist, bis einfach zu messende Parameter wie pH-Wert, elektrische Leitfähigkeit und Temperatur einen konstanten Wert erreicht haben. Das Volumen der Steigleitung, durch die die Probe an die Oberfläche gefördert wird, ist zumindest einmal auszutauschen. Bei geschichteten Grundwasserleitern können die Konzentrationen der Mischproben je nach Entnahmetiefe zeitlich schwanken. Für eine repräsentative Probennahme sollten möglichst grosse Probenvolumina entnommen werden. Deshalb verwendet man am besten einen grösseren Vorratsbehälter, aus dem die Analysenprobe mit einer repräsentativen Mischkonzentration gezogen wird.

Zur Erfassung von Unterschieden in der Beschaffenheit des Grundwassers über die gesamte Mächtigkeit des Aquifers werden *tiefenorientierte* Grundwasserproben entnommen. Bei durchgehend verfilterten Messstellen muss eine solche Probennahme durch gleichzeitiges Abpumpen in verschiedenen Tiefen erfolgen. Zur Vermeidung von Kurzschlussströmungen innerhalb der Messstelle werden die jeweiligen Entnahmebereiche durch Packer hydraulisch voneinander getrennt. Eine Abstimmung der Pumpraten der verschiedenen Entnahmetiefen mit der Durchlässigkeit des Untergrundes an diesen Stellen verbessert die Güte der Probennahme. Bei Anwendung dieses Verfahrens erweisen sich Messstellen mit partieller Verfilterung der vorgesehenen Entnahmetiefen im Vergleich zu durchgehend verfilterten Messstellen als günstiger.

Vor und nach der Probennahme misst man den Wasserspiegel in der Messstelle mit einem Lichtlot, um Rückschlüsse auf die Wassernachlieferung und damit die Durchlässigkeit des Aquifers zu ziehen.

Schwebstoffe oder Sand werden für die meisten Laboruntersuchungen über ein grobes Papierfilter abgetrennt. Weitere Hinweise zur Vorbehandlung von Proben sind der Beschreibung der Untersuchung einzelner Messgrössen (Kap. 6) zu entnehmen. Jede Probe sollte vor Ort in mehrere Flaschen für die jeweiligen im Labor zu untersuchenden Messgrössen bzw. -gruppen gefüllt werden, damit eine spätere Probenteilung im Labor entfällt. Jede Flasche wird sorgfältig beschriftet.

Für mikrobiologische Untersuchungen sind alle Entnahmegeräte nach jedem Einsatz vollständig zu trocknen. Ein Aufwuchs von Algen, Bakterien oder Pilzen wird so verhindert. Vor der Entnahme wird die Ablaufstelle gereinigt oder, falls möglich, mit einem Gasbrenner abgeflammt. Nach einer Ablaufzeit von mindestens 5 min füllt man im freiem Fall in eine sterile Glasflasche von 100 bis 1000 mL Inhalt. Das Probennahmepersonal steht dabei auf der dem Wind abgewandten Seite und vermeidet Husten oder Sprechen. Einfüllrand und Stopfen der Flasche dürfen nicht berührt werden. Man füllt bis auf eine verbleibende Luftblase von ca. 2 mL, die das später notwendige Umschütteln erleichtert.

Zur Messung von Temperatur, pH-Wert, Redoxpotential, Leitfähigkeit und Sauerstoff direkt an der Entnahmestelle werden die jeweiligen Elektroden in den Behälter für das abgepumpte Wasser getaucht. Um die Milieubedingungen des Wassers im Originalzustand möglichst exakt zu erfassen (Richtigkeit der Messergebnisse), ist die Verwendung einer Durchflussmesszelle zu empfehlen. Sie wird gespeist von einer peristaltischen Schlauchpumpe mit einer Förderleistung von ca. 100 mL/min, die einen Teilstrom vom Förderstrom der Unterwasserpumpe zur Zelle transportiert (Abb. 27) Diese besteht aus Glas (ca. 1 L Volumen) und besitzt mehrere Normschliff-Anschlüsse zur Aufnahme der Messsonden. Durch eine weitere Öffnung durchströmt das Wasser die Zelle über ein Zwei-Wege-Glasrohr und gelangt von dort in die Probennahmeflasche. Die Sauerstoffsonde wird dieser Einrichtung möglichst vorgeschaltet, um einen unverfälschten Sauerstoffwert zu erhalten.

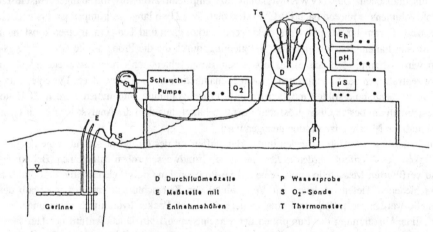

Abb. 27: Messeinrichtung zur In-situ-Messung und Beprobung von Grundwasser

4.6.2   Oberflächenwasser

Die Entnahme von Proben aus Oberflächengewässern erfordert normalerweise keinen grossen technischen Aufwand. Die Wahl der Probennahmeart richtet sich nach Anlass und Ziel der Untersuchung. Proben, die nach Schadensfällen oder zur Überwachung der Gewässergüte entnommen werden, sind meist Stichproben. Für weitergehende Aussagen zur Wassergüte sind längere Probenserien erforderlich, die manuell oder besser mit automatischen Probennehmern entnommen werden. Bei stehenden Gewässern oder langsam strömenden Fliessgewässern ist die Entnahme tiefen- oder flächenintegrierter Proben sinnvoll. Dies geschieht durch kontinuierliche (Pumpen) oder diskontinuierliche (Schöpfer) Entnahme von Einzelproben an verschiedenen Stellen bzw. aus unterschiedlichen Tiefen. Gegebenenfalls werden Einzelproben zu Durchschnittsproben vereinigt. Die Positionsbestimmung von Entnahmestellen auf dem Wasser war früher aufwendiger als heute, da einfach zu handhabende und kostengünstige GPS-Geräte zur Verfügung stehen.

Bei Oberflächengewässern, die als Rohwasser für die Aufbereitung von Trinkwasser dienen, ist die Häufigkeit von Probennahme und Untersuchung durch die EG-Richtlinie 79/869 und ergänzend dazu von einzelnen europäischen Staaten geregelt. Prinzipiell ist die Mindesthäufigkeit um so grösser, je mehr Wasser aufbereitet wird und Einwohner zu versorgen sind. Sie muss zudem grösser werden, wenn sich aufgrund der Verschlechterung der Rohwasserqualität das Hygienerisiko erhöht. Bei geringeren Entnahmemengen reichen bis zu 3 Entnahmen jährlich aus, bei grossen Mengen und verminderter Rohwasserqualität werden zumindest 12 Entnahmen gefordert.

Zur einfachen Entnahme wird meist ein Schöpfgefäss oder die Probenflasche in das Gewässer getaucht. Bei Fliessgewässern sollte aus dem Stromstrich geschöpft werden. Hier führt das Nebeneinander von Stillwasserzonen am Ufer und schnellfliessenden turbulenten Wasserstrecken oft zum Konzentrationsgefälle des Sauerstoffgehalts und des Schwebstoff-anteils. Auch unterhalb von Abwasser-Einleitstellen oder Einmündungen von Nebengewässern ist ein Fluss meist nicht vollständig durchmischt.

Während der Flaschenfüllung sollten Stopfen oder Deckel an sauberer Stelle abgelegt werden. Bei der Probennahme von Brücken ist auf Wirbelbildung an Brückenpfeilern und damit auf Änderungen der Wasserqualität (z. B. O_2-Gehalt) zu achten. Proben für bakteriologische Untersuchungen werden durch Eintauchen einer Sterilflasche mit der Öffnung gegen die Strömung entnommen. Im stehenden Gewässer schiebt man die Flasche durch das Wasser, damit die Hand keinen Kontakt mit der Flüssigkeit vor der Öffnung hat.

4.6.3 Trinkwasser

Die Entnahme von Trinkwasserproben für physikalisch-chemische Untersuchungen ist in der Regel unproblematisch, da normalerweise Zapfhähne zur Verfügung stehen. Es empfiehlt sich, mehrere Flaschen abzufüllen. Für bakteriologische Untersuchungen muss ein Zapfhahn aus Metall bestehen, um ihn mit einem Brenner (z. B. Gaskartusche mit Bunsenaufsatz) abflammen zu können. Vor der Probennahme wird abgestandenes Wasser durch 15 bis 30 min langes Ablaufenlassen aus dem Netz entfernt.

Zur Probennahme benutzt man sterile Glasflaschen mit Schliff von 100 bis 1000 mL Inhalt und vermeidet Kontaminationen am Flaschenhals sowie Sprechen und Husten während der Entnahme. Man füllt auf, bis eine Luftblase von ca. 2 mL Inhalt verbleibt.

4.6.4 Abwasser

Die repräsentative Probennahme bei Rohabwasser mit seinen wechselnden Mengen suspendierter Stoffe bereitet Probleme, besonders beim Einsatz automatischer Probennahmegeräte. Deshalb verzichtet man entweder auf eine exakte Erfassung der Feststoffe oder stellt Mischproben aus repräsentativen Stichproben her. Treten organische Stoffe wie Öl in Phase auf, hilft nur eine manuelle Probennahme.

Die Probennahme von gereinigtem Abwasser ist dagegen einfach durchführbar und gestaltet sich ähnlich wie die Probennahme von Oberflächenwasser. Man kann manuell oder automatisch entweder Stichproben oder Durchschnittsproben entnehmen (zeit-, volumen- oder durchflussproportional). Moderne automatische Probennahmegeräte erlauben meist die Programmierung der unterschiedlichen Probennahmearten und sind deshalb flexibel einzusetzen.

Zur behördlichen Überwachung von Abwässern ist für die wasserrechtliche, vor allem aber für die abgabenrechtliche Bewertung eine „qualifizierte Stichprobe" (s. Kap. 4.1) bzw. eine zweistündige Mischprobe vorgeschrieben. Darüber hinaus sind die Vorschriften zu Ort und Häufigkeit von Abwasserprobennahmen in Abhängigkeit von Kläranlagengrösse und -technik zu beachten. Für die manuelle Entnahme genügen normalerweise 15minütige Mischproben, die aus mehreren Stichproben zusammengesetzt werden. Zur Qualitätssicherung stellt man meist zweistündige Mischproben oder Tagesmischproben zusammen. Um eine Probenteilung im Labor zu vermeiden, füllt man möglichst in mehrere Flaschen ab.

Hochbelastete Sickerwässer aus Abfalldeponien lassen sich normalerweise aus Abflussschächten oder Dränagerohren entnehmen. Das Sickerwasser sollte dabei längere Zeit über einen Glastrichter in die überlaufende Entnahmeflasche fliessen, so dass der Einfluss der Umgebungsluft verringert wird. Münden die Dränagerohre einer Deponie in Abwasserkanälen, können mit einem automatischen Probennehmer zeit- oder durchflussproportionale Einzelproben bzw. bei deren Vereinigung Mischproben genommen werden.

Zur repräsentativen Entnahme von Proben aus Abwasser-Rohrleitungen mit ständig turbulenter Strömung wird ein Entnahmeröhrchen in die Mitte des Hauptstromes geführt. Bei laminarer Strömung oder stark wechselnden Strömungsgeschwindigkeiten ist dagegen ein gelochtes Entnahmeröhrchen in den Rohrquerschnitt zu legen. Die Flüssigkeitsentnahme erfolgt manuell durch Öffnen eines Ventils.

Auf die hygienischen Probleme bei der Probennahme von Abwasser und die in Kap. 1 beschriebenen Vorkehrungen zum Arbeitsschutz wird besonders hingewiesen.

4.6.5 Boden

Bodenproben können als Proben mit gestörter oder ungestörter Lagerung entnommen werden. Unter Proben mit gestörter Lagerung versteht man solche, die dem Boden ohne Rücksicht auf die Erhaltung des Gefüges entstammen. Ungestörte Proben werden mit einem Stechzylinder so schonend aus dem Bodenverband entfernt, dass ihr Bodengefüge erhalten bleibt. Die Menge der Bodenprobe richtet sich nach den durchzuführenden Untersuchungsverfahren; im allgemeinen sollte sie zwischen 0,3 und 1 kg liegen.

Die Bodenprobe muss für die zu untersuchende Gesamtfläche repräsentativ sein. Selbst beim Mischen vieler Einzelproben ist diese Forderung nicht leicht zu erfüllen, da noch mehr als beim

Wasser räumliche Inhomogenitäten auftreten können. Zur Entnahme ist eine Zufallsverteilung der Entnahmepunkte für Einzelproben ideal, doch kann man bei relativ homogenem Boden mit weniger Aufwand fast gleich gute Mischproben durch Verkleinerung der Probennahmefläche erhalten. Geeignete Probennahmeverfahren zeigt Abb. 28.

Für die Entnahme von Bodenproben werden mindestens 20 bis 30 Einzelproben pro Hektar mit einem Pürckhauer-Bohrer (notfalls Spaten) unter Drehen entnommen und zu einer Mischprobe vereinigt. Untypische Besonderheiten wie Feldraine sind zu meiden. Die übliche Einstichtiefe geht bei Ackerböden bis 30 cm, bei Grünlandböden bis 15 cm. Bei Entnahmen aus tieferen Horizonten ist darauf zu achten, dass Proben nicht durch mitgerissenes Material oberer Horizonte verunreinigt werden. Benötigt man ungestörte Bodenproben, benutzt man Stechzylinder mit einem Mindestinhalt von 100 cm³. Für besondere Untersuchungen (z. B. Prüfung auf Nährstoffeinwaschung) entnimmt man Proben bis 1 m Tiefe, nachdem zuvor Bodengruben ausgehoben und ein glattes vertikales Bodenprofil präpariert wurde.

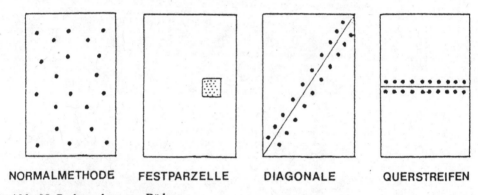

NORMALMETHODE   FESTPARZELLE   DIAGONALE   QUERSTREIFEN

Abb. 28: Probennahme von Böden

Proben zur Nährstoffuntersuchung entnimmt man möglichst an gleichen Terminen im Laufe des Jahres, am besten nach der Ernte vor Düngungsmassnahmen, Proben zur Untersuchung auf verfügbaren Stickstoff jedoch erst vor der Frühjahrsdüngung.

Bei Entnahmen zur Untersuchung des Bodenwasserhaushaltes an Bodenprofilen ist eine sorgfältige Profilbeschreibung erforderlich (z. B. Gefüge, Durchwurzelung, Schichtwechsel). Man drückt den Stechzylinder gleichmässig senkrecht oder waagerecht ein, damit Stauchungen vermieden werden.

Nach der Probennahme werden die Proben in Kunststoffbeutel oder Einmachgläser mit Deckel und Dichtring verpackt. Alle äusseren Beschriftungen (Ort und Datum, Name des Probennehmers, Nummer der Entnahmestelle, Entnahmetiefe und Kulturart, Witterung) sollten stabil gegenüber Umwelteinflüssen sein. Ausserdem wird sicherheitshalber jeder Probe ein Zettel mit den genannten Informationen beigefügt.

Vor einer längeren Aufbewahrungszeit werden gestörte Proben an der Luft getrocknet, zerkleinert (unter Abtrennung der Steine) und abgesiebt. Man untersucht die Feinerde mit einem Durchmesser < 2 mm.

5 Örtliche Messungen

Neben einer korrekten Probennahme ist die Vollständigkeit der während der Ortsbesichtigung gesammelten Informationen von Bedeutung für die Qualität von Untersuchungsergebnissen. Eine Check-Liste erleichtert die Arbeit vor Ort und vermeidet zeitraubende Nacharbeit. Die Resultate der örtlichen Messungen sich rasch ändernder Parameter sind wesentlicher Bestandteil der erforderlichen Informationen.

5.1 Check-Liste

Eine Check-Liste erleichtert besonders bei schwierigen Probennahme- und Messbedingungen die spätere Verarbeitung von Informationen. Die nachfolgende Zusammenstellung (Tab. 17) ist nicht unbedingt vollständig, sondern sie dient nur als Gedankenstütze während der Arbeitsvorbereitung. Die ermittelten Daten werden in das Probennahmeprotokoll übernommen.

Tab. 17: Check-Liste für Probennahme und Ortsbesichtigung

Parameter	Grund-wasser	Oberflächen-wasser	Trinkwasser	Abwasser	Boden
Probennahmeort (B, M,)	x	x	x	x	x
Ortskoordinaten (K)	x	x	x	x	x
Geologie (K, B)	x	x			x
Einzugsgebiet (B)	(x)	x	x	x	
Erdoberfläche (B)	x	x		x	x
Bodennutzung, Bewuchs (B)	x	x	x	x	x
Fliessgeschw. (B, M)	(x)	x		x	
Abfluss, Durchfluss (B, M)		x	x	x	
Sedimentation (B, M)		x		x	
Gewässerbeschreibung (B)					
- Einleitungen		x		x	
- Organismen	x	x	x	x	
- Eutrophie		x			
- sichtbare Kontamination	x	x	x	x	
- Quellen- oder Brunnentyp	x	x			
- Korrosionserscheinungen	x	x	x	x	
- Gasentwicklung	x	x		x	
Bodenbeschreibung (B)					
- Farbe					x
- Art					x
- Typ					x

Fortsetzung **Tab. 17**:

Parameter	Grund-wasser	Oberflächen-wasser	Trinkwasser	Abwasser	Boden
- Verdichtung					x
- Durchwurzelung					x
- Feuchte					x
Messungen (M, B)					
- Lufttemperatur	x	x		x	
- Luftdruck	x	x		x	
- Farbe, Geruch	x	x	x	x	x
- Geschmack	(x)		(x)		
- Trübung	x	x	x	x	
- Sichttiefe		x			
- Absetzbare Stoffe	x	x		x	
- Ausscheidungen	x	x	x	x	
- pH-Wert	x	x	x	x	x
- Redoxpotential	x	x	x	x	
- Elektrische Leitfähigkeit	x	x	x	x	x
- Sauerstoff	x	x	x	x	
- Chlor			x		
- Kohlendioxid	x		x		
- Aggressivität	x	(x)	x	(x)	

M Messung
B Beobachtung
K Karte

5.2   Messungen

5.2.1   Organoleptische Prüfungen

Bereits während der Probennahme soll die organoleptische Prüfung der Proben erfolgen, da sich durch Transport und Lagerung Veränderungen ergeben können. Diese Prüfung umfasst Geruch und Geschmack, Durchsichtigkeit, Trübung und Färbung. Bei Böden sollte auf Geruch, Farbe und Konsistenz beim Verreiben der feuchten Probe mit den Fingern geachtet werden.

Die Prüfung auf *Geruch* erfolgt unmittelbar nach der Probennahme. Die Bezeichnung von Geruchsstärke und Geruchsart sind wie folgt:

Geruchsstärke: sehr schwach, schwach, deutlich, stark und sehr stark.

Geruchsart: z. B. erdig, modrig, torfig, muffig, faulig, jauchig, fischig, aromatisch oder durch Bezeichnung eines Stoffes (z. B. Benzin, Ammoniak).

Die qualitative Prüfung wird durch Riechen an einer halbgefüllten, zuvor geschüttelten Flasche erleichtert.

Kennzeichnungen der *Färbung* nach Betrachten bei Tageslicht: farblos, sehr schwach gefärbt, schwach gefärbt, stark gefärbt. Ausserdem wird der Farbton angegeben, z. B.: gelblich, gelblichbraun, bräunlich, gelblichgrün etc.

*Geschmack*sprüfungen dürfen nur dann vorgenommen werden, wenn infektiöse Keime oder schädliche Stoffe mit Sicherheit nicht vorhanden sind. Geschmacksempfindungen können wie folgt angegeben werden: fade, salzig, bitter, laugig, säuerlich, adstringierend, metallisch, widerlich. Die Geschmacksstärke ist durch die Begriffe schwach, deutlich und stark zu differenzieren.

Bei der Prüfung der *Sichttiefe* von Wässern wird die Wassertiefe angegeben, bei der eine an einer Schnur oder an einem Stab befestigte weisse Sichtscheibe (z. B. Secci-Scheibe) beim Ablassen in das Wasser gerade noch erkennbar wird. Bis 1 m Tiefe gibt man die Werte in cm-Intervallen an, bei mehr als 1 m wird in 10-cm-Intervallen abgelesen.

Für die einfache Prüfung auf *Trübung* füllt man ein sauberes Glasgefäss von 1 L Inhalt etwa zu zwei Dritteln mit der Wasserprobe, schüttelt gut durch und betrachtet gegen einen schwarzen und danach gegen einen weissen Hintergrund. Man unterscheidet folgende Trübungsgrade: klar, opaleszierend, schwach getrübt, stark getrübt, undurchsichtig. Die Messung der Trübung im Labor ist in Kap. 6.1.34 beschrieben.

5.2.2   Temperatur

Anwendungsbereich ➜   Luft, Wasser, Abwasser, Boden

Geräte
a) Lufttemperatur
Quecksilber-Thermometer mit Graduierung von 0,5 °C, Messbereich –20 bis 60 °C.
b) Wassertemperatur
Quecksilber-Thermometer mit Graduierung von 0,1 °C, Messbereich 0 bis 100 °C, oder elektronisches Thermometer mit digitaler Anzeige. Eine Einrichtung zur Anzeige der Maximum-Temperatur ist nützlich.
c) Bodentemperatur:
Möglichst spezielle Bodenthermometer, die zur Erleichterung der Ablesung um ca. 30° abgewinkelt sind. Graduierung 0,1 °C, Messbereich –20 bis 60 °C. Alternativ können mehrere Thermofühler verwendet werden, die nur ein gemeinsames Anzeigegerät benötigen.

Messung
Die Messung der Lufttemperatur erfolgt mit einem trockenen Thermometer ca. 1 m oberhalb der Probennahmestelle. Bei Sonneneinstrahlung muss das Thermometer beschattet werden.

Zur Messung der Wassertemperatur taucht man ein Quecksilberthermometer bis zur Ablesehöhe ein und wartet, bis die Anzeige konstant bleibt. Ist eine direkte Messung nicht möglich (z. B. bei Brunnen), entnimmt man eine grössere Wassermenge und misst möglichst rasch nach der Entnahme. Elektronische Thermometer mit Verlängerungskabel machen eine direkte Messung möglich.

Zur Messung der Bodentemperatur wird zunächst ein angespitzter Metallstab, der den gleichen Durchmesser wie das Thermometer hat, in den Boden gedrückt. Das Thermometer wird dann in das Loch bis in die gewünschte Tiefe eingeführt. Eine Abschirmung des Thermometers wird zur Minimierung von Strahlungsstörungen empfohlen.

5.2.3   Absetzbare Stoffe

Absetzbare Stoffe treten in manchen Oberflächengewässern und in ungeklärten Abwässern auf. Die Bestimmung sollte möglichst vor Ort direkt nach der Probennahme erfolgen, um mögliche Fehler durch Ausflockungen zu vermeiden. Die Methode ist anwendbar zur Bestimmung von absetzbaren Stoffen von mehr als 0,1 mL/L.

Anwendungsbereich ➜   Wasser, Abwasser

Geräte
1-L-Absetzgefässe nach Imhoff aus Glas oder durchsichtigem Kunststoff
Haltevorrichtung für Absetzgläser

Messung
1 L der durchmischten Probe wird direkt nach der Probenentnahme in das Absetzglas gegeben. Nach ca. 50 und 110 Minuten Absetzzeit dreht man das Glas ruckartig um die senkrechte Achse, damit eventuell an der Wandung haftende Stoffe absinken. Nach 1 und 2 Stunden wird das Volumen der absetzbaren Stoffe abgelesen.

Auswertung
Man rundet die abgelesenen Werte gemäss den Angaben in Tab. 18 ab.

Tab. 18: Abrundung der abgelesenen Werte für absetzbare Stoffe

Abgelesener Wert (mL)	Abrundung der Messwerte (mL/L)
< 2	auf 0,1
2–20	auf 0,5
10–40	auf 1
> 40	auf 2

5.2.4   pH-Wert

Der pH-Wert ist der negative dekadische Logarithmus der Wasserstoffionen-Aktivität (mol/L) und beträgt in reinem Wasser 7,0 (Neutralpunkt). Durch Säuren und Laugen, aber auch bei Hydrolyse mancher Salze kann sich dieser Wert verändern: Salze kationenstarker Basen und anionenschwacher Säuren (z.B. Alkalicarbonate) erhöhen den pH-Wert, Salze kationenschwacher Basen und anionenstarker Säuren erniedrigen ihn (z. B. Ammoniumchlorid). Bodenversauerungen werden u.a. durch Hydrolyse von Eisen- oder Aluminiumverbindungen oder durch Bildung von Huminsäuren während der Zersetzung organischer Stoffe hervorgerufen.

In natürlichen Wässern liegen die pH-Werte meist zwischen 6,5 und 8,5; Abweichungen nach unten ergeben sich durch ihren Gehalt an freiem Kohlendioxid oder Huminstoffen. Bei biogenen Kalkausfällungen in Oberflächengewässern, wie sie nach starker CO_2-Zehrung durch Algen auftreten, kann der pH-Wert bis ca. 10 ansteigen.

Anwendungsbereich ➔   Wasser, Abwasser, Boden

Geräte
a) pH-Papiere: zur Übersicht Universalindikatorpapier; besser „nichtblutende" pH-Stäbchen
b) pH-Messgerät mit Elektrode

Reagenzien und Lösungen

Pufferlösung pH = 4,62:	200 mL Essigsäure, c (CH_3COOH) = 1 mol/L, werden mit 100 mL Natronlauge, c (NaOH) = 1 mol/L, und 700 mL Wasser gemischt.
Pufferlösung pH = 7,0:	a) 9,078 g Kaliumdihydrogenphosphat (KH_2PO_4) werden mit Wasser zu 1 L gelöst; b) 11,88 g Dinatriumhydrogenphosphat ($Na_2HPO_4 \cdot 2\ H_2O$) werden mit Wasser zu 1 L gelöst; 2 Teile a) und 3 Teile b) werden gemischt.
Pufferlösung pH = 9,0:	a) 12,40 g Borsäure (H_3BO_3) und 100 mL Natronlauge, c (NaOH) =1 mol/L, werden Wasser zu 1 L gelöst; b) Salzsäure, c (HCl) = 0,1 mol/L; 8,5 Teile von a) und 1,5 Teile von b) werden gemischt.

Probenvorbereitung
Wasserproben bedürfen keiner Vorbereitung für die Messung des pH-Wertes. Beim Boden wird der pH-Wert in einer Bodensuspension bestimmt. Hierzu schüttelt man entweder demineralisiertes Wasser oder eine Calciumchlorid-Lösung, c ($CaCl_2$) = 0,01 mol/L, ca. 30 min mit dem Boden (1 Teil Boden + 2,5 Teile Flüssigkeit) und misst anschliessend den pH-Wert. Messungen mit Calciumchlorid-Lösung ergeben in der Regel Werte, die etwas niedriger liegen als solche mit demineralisiertem Wasser.

Kalibrierung und Messung
Bei Messungen des pH-Wertes mit Indikatorpapier oder Teststäbchen werden diese in die Lösung getaucht und der pH-Wert durch Vergleich mit einem Farbmuster festgestellt (Wartezeit nach Herstellerangaben).

Bei potentiometrischen Messungen müssen neue oder trocken gelagerte Glaselektroden vor der Benutzung mehrere Tage in Wasser oder Kaliumchlorid-Lösung, c (KCl) = 3 mol/L, eintauchen (s. Herstellerangaben). Die Kalibrierung erfolgt mit zwei Standard-Pufferlösungen. Zwischen ihren pH-Werten sollte der pH-Wert der Probe liegen. Die Probentemperatur wird parallel dazu bestimmt und dieser Wert am Gerät eingestellt, um eine Temperaturkompensation zu erzielen. Misst man Proben mit sehr unterschiedlichen pH-Werten nacheinander, ist die Elektrode nach der ersten Messung längere Zeit zu wässern. Die Ablesung erfolgt, nachdem der Anzeigewert etwa 1 Minute konstant bleibt. Der Wert kann auf 0,1 Einheiten genau, bei empfindlichen Geräten auf bis zu 0,01 Einheiten genau, abgelesen werden.

Störungen

Bei pH-Werten oberhalb 10 können „Alkalifehler" auftreten, so dass sich die Verwendung einer alkalifesten Elektrode empfiehlt. Bei älteren Elektroden tritt oft eine Veränderung der Glasstruktur ein, so dass es insbesondere in schwach gepufferten Wässern zu Fehlmessungen kommen kann.

Öl in der Probe kann die Messempfindlichkeit beeinträchtigen. Zur Vermeidung von Fehlern bei Messung in ölhaltigen Proben muss daher die Elektrode vor jeder Verwendung mit Seife oder Tensiden gereinigt werden. Anschliessend wird mit Wasser, verdünnter Salzsäure und wieder Wasser nachgespült.

pH-Werte von kalkhaltigen Böden entsprechen nicht immer dem pH der Bodenlösungen, da die Calciumkonzentration und der CO_2-Partialdruck den pH mitbestimmen.

Auswertung

Unterhalb pH = 2 und oberhalb pH = 12 wird das Ergebnis auf 0,1 Einheiten genau angegeben. Sonst erfolgt die Angabe je nach Geräteempfindlichkeit auf maximal 2 Stellen hinter dem Komma.

5.2.5   Redoxpotential

Zur Charakterisierung der Reduktions- bzw. Oxidationskraft einzelner Redoxpaare (z.B. Fe^{2+}/Fe^{3+}) wird das Redoxpotential definiert, das der Potentialdifferenz zwischen dem aus dem jeweiligen Redoxpaar bestehenden Halbelement und der Normalwasserstoffelektrode als willkürlich gesetzten Nullpunkt der Potentialskala entspricht. Um die Reduktions- und Oxidationsstärke verschiedener Redoxpaare direkt miteinander vergleichen zu können, wählt man einen Standardzustand, bei dem alle Redoxpartner mit der Aktivität a = 1 mol/L bei einer Temperatur von 25 °C vorliegen und bezeichnet diese Potentiale als Normalpotentiale.

Redoxwerte steuern ähnlich wie pH-Werte viele chemische Prozesse im Wasser. In Gewässern und Abwässern werden anaerobe Vorgänge durch niedrige Redoxpotentiale angezeigt. Im stehenden Gewässer wird Sauerstoff durch Diffusion über die Wasseroberfläche eingetragen. Dadurch herrscht in den obereren Wasserschichten meist ein aerobes Millieu. Gleichzeitig kann jedoch durch fehlende Durchmischung in unteren Schichten oder im Sediment ein anaerobes Milieu auftreten.

Bei der Bestimmung des Redoxpotentials wird die Konkurrenz zwischen der Elektronenabgabe (Reduktion) und der Elektronenaufnahme (Oxidation) messtechnisch genutzt.

Anwendungsbereich ➜   Wasser, Abwasser

Geräte
pH/mV-Messgerät mit Elektrode

Reagenzien und Lösungen

Redoxpufferlösung: Chinhydron wird in einem pH-Puffer bis zur Sättigung ge-
                                    löst; der Ansatz ist stets frisch herzustellen; das Redox-
                                    potential ist im pH-Bereich zwischen 1 und 7 dem pH-Wert
                                    proportional; z. B.: pH = 4,62, Redoxspannung 427 mV,
                                    pH = 7,00, Redoxspannung 285 mV (bei 25 °C).

Kalibrierung und Messung

Die Überprüfung mit Hilfe der Chinhydron-Pufferlösung sollte in gewissen Zeitabständen erfolgen. Zur Messung wird die Probe in ein Gefäss gefüllt und die Einstabmesskette eingetaucht.
Die Ablesung erfolgt, wenn sich die Anzeige nach mehreren Minuten nicht mehr verändert. Ein
Wechsel von Lösungen mit sehr unterschiedlicher Ionenaktivität führt zu einer verzögerten Einstellung des Endwertes.

Störungen

Der Messwert wird vor allem von Ionenaktivität, Temperatur und Beschaffenheit der Elek-
trodenoberfläche beeinflusst. Bei träger Einstellung hilft oft ein vorsichtiges Reinigen des Me-
tallringes mit Talkum. Ölverunreinigungen werden zunächst mit einem Haushaltsspülmittel entfernt, anschliessend spült man mit Ethanol und Wasser nach.

Auswertung

mV-Werte sollten nur als Orientierungswerte für das Vorhandensein aerober oder anaerober
Prozesse angesehen werden. Strikt anaerobe Bedingungen liegen bei Werten unterhalb –200 mV
vor, Werte zwischen 0 und –200 mV haben Übergangscharakter, während positive mV-Werte
einen Hinweis auf aerobe Vorgänge geben. Ein direkter Vergleich von Werten untereinander ist
nur bei gleichen Redoxpaaren, gleicher Ionenstärke und gleichem pH-Wert zulässig. Der pH-
Wert ist daher immer anzugeben.

5.2.6   Elektrische Leitfähigkeit

Die elektrische Leitfähigkeit ist ein Summenparameter für gelöste, dissoziierte Stoffe. Ihre Grösse hängt von der Konzentration und dem Dissoziationsgrad der Ionen, von der Temperatur und
der Wanderungsgeschwindigkeit der Ionen im elektrischen Feld ab.
    Über die Art der Ionen gibt das Messergebnis keinen Aufschluss. Trotzdem kann man die
Leitfähigkeit in die Konzentration gelöster Elektrolyte umrechnen, wenn Ionenzusammensetzung
und Äquivalentleitfähigkeiten bekannt sind.
    Die Leitfähigkeitsmessung wird häufig bei der Überwachung von Oberflächengewässern und
Grundwässern oder zur Kontrolle von Wasserentsalzungsanlagen eingesetzt. Bei Bodenuntersuchungen gibt die Leitfähigkeit Hinweise auf den Anteil löslicher Salze und somit auf das landwirtschaftliche Nutzungspotential von Böden.
    Die Leitfähigkeit (Einheit: $\mu S/cm$) wird ausgedrückt durch den reziproken Wert des elektri-
schen Widerstandes (Einheit: $S = \Omega^{-1}$) bezogen auf einen Wasserwürfel von 1 cm Kantenlänge
bei 25 °C.

Anwendungsbereich ➜   Wasser, Abwasser, Boden

Geräte
Leitfähigkeitsmessgerät mit Elektrode, möglichst mit Temperaturkompensation
Thermometer

Reagenzien und Lösungen
Kaliumchlorid-Lösung: 0,7456 g getrocknetes Kaliumchlorid werden mit Wasser
                               auf 1 L aufgefüllt.

Probenvorbereitung
Bei Wasserproben ist keine Probenvorbereitung notwendig. Bei Bodenproben erfolgt die Messung in Bodenextrakten im Verhältnis Boden : Wasser von 1 : 5. Hierzu wird die Probe in einem geschlossenen Gefäss mit der entsprechenden Menge Wasser mindestens 2 Stunden geschüttelt. Zwischen den Schüttelvorgängen lässt man mehrmals 30 min stehen. Danach wird abfiltriert.

Kalibrierung und Messung
Vor Beginn der Messung spült man Messgefäss und Messzelle mehrfach mit der zu prüfenden Lösung. Die Messung sollte bei 25 °C erfolgen, andernfalls ist auf diese Temperatur umzurechnen (Korrekturfaktoren in der Bedienungsanleitung des Gerätes oder Tab. 22 in Kap. 6.1.6).

Zur Überprüfung des Gerätes wird die Zellkonstante von Zeit zu Zeit mit Hilfe der hergestellten Kaliumchlorid-Lösungen gemessen. Auch diese Messprozedur ist den Unterlagen des Geräteherstellers zu entnehmen.

Nach der Messung ölhaltiger Proben ist die Elektrode gründlich mit einem Lösemittel (z. B. Aceton) zu reinigen.

Auswertung
Mit der folgenden Beziehung lässt sich die Ionenstärke I aus der elektrischen Leitfähigkeit berechnen:

$$I = 1,83 \cdot \chi_{20} \cdot 10^{-5}$$

χ_{20} elektrische Leitfähigkeit bei 20 °C, μS/cm

Diese Formel ist nur gültig bei carbonathaltigen Wässern. Bei Böden ist die Umrechnung in Salzkonzentrationen infolge unterschiedlicher Salzzusammensetzungen nur annähernd möglich:

In 1 L einer Wasserprobe oder eines Bodenextrakts befinden sich bei 1000 μS/cm die Konzentrationen folgender reiner Salze (ohne Kristallwasseranteil) in Lösung:

Magnesiumchlorid ($MgCl_2$)	0,40 g
Calciumchlorid ($CaCl_2$)	0,44 g
Natriumchlorid ($NaCl$)	0,51 g
Natriumsulfat (Na_2SO_4)	0,62 g
Magnesiumsulfat ($MgSO_4$)	0,72 g
Calciumsulfat ($CaSO_4$)	0,80 g

Bei vielen Böden entspricht eine im Extrakt gemessene Leitfähigkeit von 1000 µS/cm etwa 65 mg Salz je 100 mL Lösung. Eine Berechnung des Salzgehaltes der trockenen Bodenprobe ist so unter Berücksichtigung der für die Elution eingesetzten Menge und des Mischungsverhältnisses mit Wasser möglich.

5.2.7   Sauerstoff

Für die meisten Organismen im Wasser ist Sauerstoff lebensnotwendig. Dies gilt auch für den Stoffwechsel von aeroben Bakterien und anderen Mikroorganismen, die den Abbau von Schmutzstoffen im Wasser bewirken und für diese Vorgänge Sauerstoff als Elektronenakzeptor verwenden.

Sauerstoff gelangt über die Wasseroberfläche und durch Photosynthese von Algen und submersen Pflanzen ins Wasser. Bei starker Pflanzenproduktion wie zur Zeit der „Algenblüte" kann es zur Sauerstoffübersättigung kommen. In den Versorgungsleitungen für Trinkwasser sollte zumindest 4 mg/L Sauerstoff enthalten sein, um Korrosionsvorgänge zu verhindern.

Die Bestimmung von Sauerstoff erfolgt amperometrisch oder titrimetrisch nach der modifizierten Winkler-Methode.

Anwendungsbereich ➜   Wasser, Abwasser

Geräte
a) Amperometrische Bestimmung
Sauerstoffmessgerät mit Elektrode
b) Winkler-Methode (titrimetrisch)
Glasschliff-Flaschen von genau bekanntem Volumen (110 bis 150 mL)
Glasgeräte zur Massanalyse

Reagenzien und Lösungen
a) Amperometrische Methode

Null-Lösung:	Gesättigte Na-Dithionit-Lösung ($Na_2S_2O_4$), frisch angesetzt;
Luftgesättigte Lösung:	Demineralisiertes Wasser wird längere Zeit mit Luft begast.

b) Winkler-Methode

Mangan(II)sulfat-Lösung:	480 g Mangan(II)-sulfat ($MnSO_4 \cdot 4\ H_2O$) (oder: 400 g $MnSO_4 \cdot 2\ H_2O$) werden mit Wasser auf 1 L aufgefüllt.
Alkalische Iodid-Azid-Lösung:	350 g Natriumhydroxid (oder 500 g Kaliumhydroxid) und 150 g Kaliumiodid (oder 135 g Natriumiodid) werden zusammen mit 1 g Natriumazid mit Wasser auf 1 L aufgefüllt.
Natriumthiosulfat-Lösung c ($Na_2S_2O_3$) = 0,01 mol/L:	Frisch hergestellt durch Verdünnen von Natriumthiosulfat-Lösung, c ($Na_2S_2O_3$) = 0,1 mol/L.
Orthophosphorsäure:	Mindestens w (H_3PO_4) = 85 %.
Stärkelösung:	1 g lösliche Stärke wird aufgekocht und mit einigen Tropfen Formalinlösung versetzt.

Kalibrierung und Messung

a) Amperometrische Bestimmung

Die Sauerstoff-Elektrode wird zunächst bis zur Konstanz der Anzeige in die Nulllösung getaucht. Dann wird sie kurz gespült und in die luftgesättigte Lösung bis zum Einstellen eines konstanten Wertes getaucht. Der Abgleich erfolgt je nach Luftdruck und Wassertemperatur nach Tab. 19. Anschliessend ist die Elektrode messbereit. Die Kalibrierung kann mit geringerer Genauigkeit auch mit Nulllösung und anschliessender Exposition der trockenen Elektrode an der Luft vorgenommen werden. Die Gerätejustierung erfolgt entsprechend dem Sauerstoffpartialdruck der Luft (s. Angaben des Geräteherstellers).

Tab. 19: Sauerstoffsättigung von Wasser in Abhängigkeit von Temperatur und Luftdruck

Wasser-temperatur (°C)	Sauerstoffsättigung (mg/L) bei Luftdruck (hPa $\cong$ mbar)				
	933	960	986	1013	1040
0	13,41	13,80	14,18	14,57	14,95
2	12,70	13,06	13,43	13,79	14,16
4	12,04	12,38	12,73	13,08	13,42
6	11,43	11,76	12,09	12,42	12,75
8	10,87	11,19	11,50	11,81	12,13
10	10,36	10,66	10,96	11,26	11,56
12	9,88	10,17	10,46	10,74	11,03
14	9,45	9,72	9,99	10,27	10,54
16	9,04	9,31	9,57	9,83	10,10
18	8,67	8,92	9,18	9,43	9,68
20	8,33	8,57	8,81	9,06	9,30
22	8,01	8,24	8,48	8,71	8,95
24	7,71	7,94	8,16	8,39	8,62
26	7,43	7,65	7,87	8,09	8,31
28	7,17	7,38	7,60	7,81	8,02
30	6,93	7,13	7,34	7,55	7,76
32	6,70	6,90	7,10	7,30	7,50
34	6,48	6,67	6,87	7,07	7,26
36	6,27	6,46	6,65	6,84	7,03

b) Bestimmung nach Winkler

Bei dieser Methode wird die Untersuchungsflasche am besten mit einem Schlauch luftblasenfrei gefüllt und mehrfach unter Überlauf durchgespült. In die gefüllte Probenflasche werden nacheinander unterhalb der Wasseroberfläche zur Sauerstoff-Fixierung einpipettiert: 0,1 mL Mangansulfat-Lösung, 0,5 mL Iodid-Azid-Lösung. Man verschliesst das Gefäss ohne Luftblasen und schüttelt. Im Labor pipettiert man 2 mL Phosphorsäure hinzu, verschliesst und schüttelt erneut. Nach ca. 10 Minuten überführt man den Flascheninhalt in einen Erlenmeyerkolben und titriert mit Natriumthiosulfat-Lösung, c ($Na_2S_2O_3$) = 0,01 mol/L. Ist nur noch eine schwache Gelbfärbung vorhanden, gibt man 1 mL Stärkelösung zu und titriert bis zum Verschwinden der blauen Farbe.

Störungen

Bei Sauerstoff-Messelektroden muss der Messkopf mit Innenelektrode, Arbeitselektrode und Membran gereinigt oder erneuert werden, wenn Nullpunkt oder Sättigungspunkt ausserhalb des Messbereiches liegen. Die hauptsächliche Störsubstanz ist Schwefelwasserstoff. Bei der Winkler-Methode werden Störungen durch Eisen(III)- und Nitrit-Ionen durch Zugabe von Phosphorsäure bzw. Azid während der Bestimmung verhindert.

Auswertung

Die Konzentration der Wasserprobe an gelöstem Sauerstoff wird nach folgender Gleichung berechnet:

$$\beta\,(O_2) = V_T \cdot c \cdot f / V_P \cdot V_F / (V_F - V_R)$$

V_T Volumen der bei der Titration verbrauchten Natriumthiosulfat-Lösung, mL
c Konzentration der Natriumthiosulfat-Lösung, mol/L); (hier: c ($Na_2S_2O_3$) = 10 mmol/L)
f Äquivalenzfaktor mit der Einheit mg/mmol (hier: f = 8 mg/mmol)
V_P Volumen der zur Titration verwendeten Analysenprobe (mL)
V_F Füllvolumen der angewandten Probenflasche, mL (hier: $V_F = V_P$)
V_R Gesamtvolumen der zugesetzten Reagenzlösungen, mL (hier: V_R = 0,6 mL)

Sauerstoffsättigung (%):

$$\beta\,(O_2) = a \cdot 100/b$$

a gemessene Sauerstoffkonzentration, mg/L
b Sauerstoff-Sättigungskonzentration bei der gemessenen Temperatur, mg/L

5.2.8   Chlor

Chlor wird als Desinfektionsmittel für die Behandlung von Trinkwasser, Badewasser und in speziellen Fällen auch für Abwasser verwendet. Chlor in Form von gelöstem elementaren Chlor, unterchloriger Säure bzw. Hypochlorit-Ionen wird als „freies Chlor" bezeichnet. Chlorverbindungen, die sich durch die Reaktion von Hypochlorit-Ionen mit Ammonium oder organischen Verbindungen mit Aminogruppen bilden, nennt man „gebundenes Chlor". Beide zusammen werden auch „wirksames Chlor" genannt, wobei freies Chlor das stärkere Oxidationsmittel ist.

Wirksames Chlor sollte während der Trinkwasseraufbereitung in den verschiedenen Aufbereitungsstufen, im Netz und beim Verbraucher kontrolliert werden, um ein bakteriologisch einwandfreies Wasser zu garantieren. 0,2 bis 0,5 mg/L wirksames Chlor sollten im Trinkwasser vorhanden sein.

Nachfolgend wird eine Feldmethode mit Komparator und die volumetrische DPD-Methode (N,N-Diethyl-p-phenylendiamin, $C_{10}H_{16}N$) beschrieben.

Anwendungsbereich ➜   Wasser, Abwasser

Geräte
a) Feldmethode
Komparator (z. B. Lovibond-Tintometer®)
Vergleichsfarbscheiben β (Cl_2) = 0,1 bis 1 mg/L und 1 bis 4 mg/L
DPD-Tabletten Nr. 1 und 3 (z. B. Lieferant: Lovibond-Tintometer, UK).
b) Titrationsmethode
Glasgeräte zur Massanalyse

Reagenzien und Lösungen

Glycinlösung:	20 g Glycin ($C_2H_5NO_2$) werden in 200 mL Wasser gelöst;
Pufferlösung:	24 g Dinatriumhydrogenphosphat ($NaHPO_4$) und 46 g Kaliumdihydrogenphosphat (KH_2PO_4) werden in ca. 800 mL Wasser gelöst; man fügt 100 mL einer 0,8 %igen EDTA-Lösung ($C_{10}H_{14}N_2O_8Na_2 \cdot 2 H_2O$) zu und füllt auf 1 L auf.
DPD-Lösung:	1,5 g DPD-Sulfat werden in ca. 800 mL Wasser gelöst; man fügt 8 mL 40 %ige Schwefelsäure und 25 mL 0,8 %ige EDTA-Lösung zu und füllt auf 1 L auf; die Lösung wird in braunen Flaschen aufbewahrt; tritt Verfärbung auf, ist sie unbrauchbar.
FAS-Lösung:	1,106 g Ammoniumeisen(II)-sulfat-Lösung ((NH_4)$_2$Fe(SO_4)$_2$ $\cdot$ 6 H_2O) werden in 800 mL Wasser gelöst; man fügt 1 mL 40 %ige Schwefelsäure zu und füllt auf 1 L auf; die Lösung ist ca. 1 Monat haltbar; die Titerbestimmung wird gemäss Kap. 6.1.7b durchgeführt.

Kaliumiodid, fest

Kalibrierung und Messung

a) Feldmethode mit Komparator
Die Messzelle (10 mL) wird mit Probenwasser ausgespült und anschliessend Tablette Nr. 1 mit wenig Wasser gelöst. Man füllt auf 10 mL auf, mischt und steckt die Küvette ebenso wie die mit Wasser gefüllte Vergleichsküvette in den Komparator. Man hält das Gerät gegen weisses Licht und stellt mit dem Rad auf Farbgleichheit ein. Der bei dieser Einstellung ablesbare Wert wird notiert.

Danach gibt man Tablette Nr. 3 in die Probenküvette, mischt und lässt 2 min stehen. Man stellt erneut auf Farbgleichheit ein und notiert den zweiten Wert. Der zuerst abgelesene Wert zeigt das „freie Chlor" an, die Differenz zwischen dem ersten und zweiten Wert das „gebundene Chlor".

b) Titrationsmethode

Titration 1 – Bestimmung des Gesamtchlor:

Man gibt 5 mL Glycinlösung und 200 ml Wasserprobe in einen Erlenmeyerkolben und lässt zwei min stehen. Dann giesst man die Lösung in einen zweiten Erlenmeyerkolben, in dem sich 10 mL Pufferlösung und 5 mL DPD-Lösung befinden und titriert mit FAS-Lösung bis zur Farblosigkeit.

Titration 2 – Bestimmung des freien Chlor:

10 mL Pufferlösung, 5 mL DPD-Lösung und 200 mL Wasserprobe werden in einen Erlenmeyerkolben gegeben. Nach 5 min titriert man mit FAS-Lösung bis zur Farblosigkeit.

Titration 3 – Bestimmung des gebundenen Chlor:

Die austitrierte Lösung von Titration 2 wird mit 1 g festem Kaliumiodid versetzt. Nach Auflösung und 5 min Standzeit wird mit FAS-Lösung bis zur Farblosigkeit titriert.

Störungen

Höherwertige Manganoxide stören. Störende Kupfer- und Eisenionen in höheren Konzentrationen werden durch die verwendete EDTA-Lösung komplex gebunden.

Auswertung

Freies und gebundenes Chlor werden berechnet (mg/L) nach:

β (freies Chlor) = (Verbrauch von Titration 2 / Verbrauch von Titration 1) · 0,5

β (geb. Chlor) = Verbrauch von Titration 3 · 0,5

Wird Chlordioxid (ClO_2) im Trinkwasser als Chlorungsmittel verwendet, gilt für die Konzentration (mg/L) von Chlordioxid die Gleichung:

β (Chlordioxid) = Verbrauch von Titration 1 · 0,95

5.2.9   Säurekapazität

Als Säurekapazität (K_A, in mmol/L) bezeichnet man die Kapazität von Wasserinhaltsstoffen, Oxonium-Ionen (H_3O^+) bis zum Erreichen definierter pH-Werte aufzunehmen. In natürlichen Wässern werden die Oxonium-Ionen vor allem durch Anionen schwacher Säuren (meist Carbonat und Hydrogencarbonat) gebunden. Bei erhöhten pH-Werten kann in kalkreichen Wässern ausserdem suspendiertes Calciumcarbonat durch die Säurekapazität erfasst werden.

Zwei Messgrössen sind zu unterscheiden:

- Säurekapazität bis pH 8,2   → $K_{A\,8,2}$
- Säurekapazität bis pH 4,3   → $K_{A\,4,3}$

$K_{A\,8,2}$ wird bei Wässern ermittelt, deren pH-Wert über 8,2 liegen und $K_{A\,4,3}$ bei solchen Wässern, deren pH-Werte über 4,3 liegen. Die Messung kann je nach Genauig-keitsanforderung potentiometrisch oder mit Hilfe von Farbindikatoren durchgeführt werden.

Anwendungsbereich ➜   Wasser, Abwasser

Geräte
pH-Messgerät mit Elektrode
Magnetrührer
Titrationseinrichtung

Reagenzien und Lösungen

Phenolphthalein-Indikatorlösung:	1 g Phenolphthalein wird in 100 mL Ethanol-Wasser-Gemisch (1 + 1) gelöst.
Mischindikator:	0,02 g Methylrot und 0,1 g Bromkresolgrün werden in 100 mL Ethanol gelöst.

Salzsäure, c (HCl) = 0,1 mol/L,
         c (HCl) = 0,02 mol/L

Probenvorbereitung
Bei der Verwendung von Farbindikatoren zur Endpunkterkennung können Färbungen und Trübungen der Wasserprobe die korrekte Messung erschweren, während freies Chlor, Chlordioxid oder Ozon die Indikatoren zerstören können. Trübstoffe werden durch Filtration (Membranfilter, Porenweite 0,45 µm) entfernt, während man Färbungen durch Zugabe von Aktivkohle und anschliessende Filtration verringern kann. Freies Chlor reduziert man durch Zugabe von einem Tropfen Natriumthiosulfat-Lösung, c ($Na_2S_2O_3$) = 0,1 mol/L.

Messung
100 mL der Wasserprobe werden in einen Erlenmeyerkolben gegeben. Bei potentiometrischer Endpunktanzeige wird die pH-Elektrode eingesetzt und mit Salzsäure, c (HCl) = 0,1 mol/L, titriert, bis der pH-Wert 8,2 erreicht ist (bei Ausgangswerten > 8,2) und für ca. 2 min bestehen bleibt. Das Volumen der verbrauchten Säure wird notiert und die Titration bis pH 4,3 fortgesetzt. Während der gesamten Titration wird gerührt oder geschüttelt. Ist der Säureverbrauch gering, wiederholt man die Titration mit Salzsäure, c (HCl) = 0,02 mol/L.
    Bei der Messung mit Hilfe von Farbindikatoren gibt man zunächst 2 bis 3 Tropfen Phenolphthalein-Lösung zu. Bei Rötung der Probe wird zunächst bis zum Umschlag nach farblos titriert. Anschliessend gibt man 2 bis 3 Tropfen des Mischindikators zu und titriert bis zum Umschlag von grün nach rot.

Störungen
Störungen durch Färbung, Trübung oder freies Chlor wurden oben erwähnt. Darüber hinaus kann durch Aufnahme oder den Verlust von Kohlendioxid während oder nach der Probennahme eine Messwertverfälschung auftreten. Gelöste Silicate, Phosphate, Borate oder Salze von Huminsäuren werden durch die Messung miterfasst. Ihre Gegenwart stört nicht, sie sind aber bei einer Berechnung der Konzentrationen von Kohlendioxid, Hydroxid oder Carbonat zu berücksichtigen.

Auswertung
$K_{A\,8,2}$ und $K_{A\,4,3}$, angegeben in mmol/L, werden wie folgt berechnet:

$$K_{A\,8,2} = V_1 \cdot c \cdot 1000/s$$
$$K_{A\,4,3} = V_2 \cdot c \cdot 1000/s$$

wobei V_1 und V_2 die Volumina der verbrauchten Säure bis zum pH-Wert von 8,2 bzw. 4,3 in mL, c die Konzentration der Säure in mol/L und s das Volumen der Probe in mL sind.

Bei 100 mL Probenvolumen und einer Salzsäure, c (HCl) = 0,1 mol/L ergibt der Zahlenwert des Säureverbrauchs direkt die Säurekapazität $K_{A\,8,2}$ bzw. $K_{A\,4,3}$.

5.2.10 Basenkapazität

Als Basenkapazität (K_B, in mmol/L) bezeichnet man die Kapazität von Wasserinhaltsstoffen, Hydroxid-Ionen (OH$^-$) bis zum Erreichen definierter pH-Werte aufzunehmen. In natürlichen Wässern reagieren vor allem Kohlensäure (daneben manchmal Huminsäuren), weshalb die Basenkapazität überwiegend die Konzentration von Kohlendioxid im Wasser anzeigt.

Man unterscheidet zwei Messgrössen:

- Basenkapazität bis pH 4,3 → $K_{B\,4,3}$
- Basenkapazität bis pH 8,2 → $K_{B\,8,2}$

In den weitaus häufigsten Fällen wird $K_{B\,8,2}$ ermittelt, während $K_{B\,4,3}$ nur in Sonderfällen zu bestimmen ist (Torfwasser, Grubenwasser, Wasser aus Kationenaustauschern). Die Messung kann je nach Genauigkeitsanforderung potentiometrisch oder mit Hilfe von Farbindikatoren durchgeführt werden.

Anwendungsbereich → Wasser, Abwasser

Geräte
pH-Messgerät mit Elektrode
Magnetrührer
Titrationseinrichtung

Reagenzien und Lösungen

Phenolphthalein-Indikatorlösung:	1 g Phenolphthalein wird in 100 mL eines Ethanol-Wasser-Gemisches (1 + 1) gelöst.
Methylorange-Lösung:	0,05 g Methylorange werden in 100 mL Wasser gelöst.
Kaliumnatrium-tartrat-Lösung:	50 Kaliumnatriumtartrat ($C_4H_4O_6KNa \cdot 4\ H_2O$) werden mit Wasser auf 100 mL aufgefüllt. Nach 1 bis 2 Tagen stellt man auf pH = 8,2 ein.

Natronlauge, c (NaOH) = 0,1 mol/L
c (NaOH) = 0,02 mol/L

Messung
100 mL der Wasserprobe werden vorsichtig in einen Erlenmeyerkolben gegeben, indem man den Inhalt von Messzylinder oder Pipette an der Wandung entlang laufen lässt. Bei potentiometri-

scher Titration titriert man nach Einsetzen der pH-Elektrode unter vorsichtigem Rühren oder Umschwenken mit Natronlauge, c (NaOH) = 0,1 mol/L, bis zum pH-Wert 4,3 (falls der pH-Wert der Wasserprobe unter 4,3 liegt). Liegt der pH-Wert der Probe oberhalb 4,3, gibt man ca. 1 mL Kaliumnatriumtartrat-Lösung zu und titriert bis pH = 8,2. Die pH-Werte sollten etwa 2 min lang konstant bleiben. Man notiert die abgelesenen Volumina des Laugen-verbrauchs und wiederholt die Prozedur mit Natronlauge, c (NaOH) = 0,1 mol/L bzw. bei kleinem Verbrauch mit c (NaOH) = 0,02 mol/L, wobei man sofort die Gesamtmenge der bei der ersten Bestimmung verbrauchten Messlösung zusetzt.

Bei der Titration mit Hilfe von Farbindikatoren titriert man $K_{B\,4,3}$ unter Zusatz von 2 bis 3 Tropfen Methylorange von orange nach gelb und separat davon $K_{B\,8,2}$ nach Zusatz von 5 Tropfen Phenolphthalein-Lösung von farblos nach rosa.

Wasserproben mit hohem Gehalt an Kohlendioxid werden direkt in ein Titriergefäss mit Graduierung (notfalls: Becherglas mit Messskala oder Messzylinder) gegeben. Man legt eine definierte Menge Natronlauge, c (NaOH) = 0,1 mol/L, gemeinsam mit 1 mL Kaliumnatriumtartrat-Lösung vor und titriert mit Salzsäure, c (HCl) = 0,1 mol/L, zurück.

Störungen
Störungen durch oxidierbare oder hydrolysierbare Ionen von Eisen, Aluminium oder Mangan werden durch die zugesetzte Kaliumnatriumtartrat-Lösung verhindert. Kohlendioxidverluste während der Probennahme und Titration können den Wert von $K_{B\,8,2}$ verringern.

Färbung und Trübung der Wasserprobe sowie freies Chlor können stören. Die Vorbehandlung kann, wie im Kap. 5.2.9 (Säurekapazität) beschrieben, erfolgen. Verluste an Kohlendioxid während der Probennahme sollten vermieden werden, z. B. durch Eintauchen der Pipetten.

Auswertung
$K_{B\,4,3}$ und $K_{B\,8,2}$ werden wie folgt berechnet und in mol/L angegeben:

$$K_{B\,8,2} = V_1 \cdot c \cdot 1000/s$$
$$K_{B\,4,3} = V_2 \cdot c \cdot 1000/s$$

Dabei sind V_1 und V_2 die Volumina der verbrauchten Natronlauge bis zum pH-Wert von 4,3 bzw. 8,2 in mL, c die Konzentration der Natronlauge in mol/L und s das Volumen der Probe in mL.

Bei 100 ml Probenvolumen und dem Einsatz von Natronlauge, c (NaOH) = 0,1 mol/L, drückt der Zahlenwert des Verbrauchs an Lauge direkt die Basenkapazität $K_{B\,4,3}$ bzw. $K_{B\,8,2}$ aus.

5.2.11   Kalkaggressivität

Für eine erste Abschätzung der kalkaggressiven oder kalkabscheidenden Eigenschaften eines Rohwassers, das zu Trinkwasser aufbereitet werden soll, wurde der nachfolgend beschriebene Schnelltest entwickelt. Er beruht auf der Reaktion von gelöstem Kohlendioxid mit festem Calciumcarbonat.

Das Kalk-Kohlensäure-Gleichgewicht zwischen gelöstem Kohlendioxid und festem Calciumcarbonat lässt sich durch folgende Gleichungen beschreiben:

$$H_2CO_3 + H_2O \leftrightarrow H_3O^+ + HCO_3^-$$
$$HCO_3^- + H_2O \leftrightarrow H_3O^+ + CO_3^{2-}$$
$$CaCO_3 \leftrightarrow Ca^{2+} + CO_3^{2-}$$

Durch diese Reaktionen ergibt sich ein definierter pH-Wert in der Lösung. Gibt man zu einem nicht im Gleichgewicht befindlichen Wasser festes Calciumcarbonat, können folgende Erscheinungen auftreten:

- Der pH-Wert steigt an, d. h., die Wasserprobe ist kalkaggressiv;
- Der pH-Wert sinkt, d. h., die Wasserprobe ist kalkabscheidend.

Für viele Zwecke reicht der nachfolgend beschriebene Schnelltest zur raschen Beurteilung von Wässern aus. Für genaue Messungen (z. B. für die Dimensionierung von Entsäuerungsanlagen) sind andere Methoden erforderlich (s. Kap. 6.1.6 „Calciumcarbonatsättigung und Gleichgewichts-pH").

Anwendungsbereich ➔   Wasser

Geräte
pH-Messgerät mit Elektrode
Konisches Spitzgefäss aus Acrylglas, ca. 50 bis 100 mL Inhalt (Abb. 29), notfalls Becherglas
Thermometer

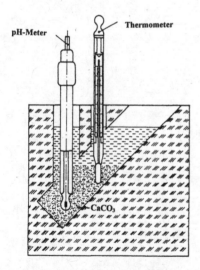

Abb. 29: Gefäss zu Bestimmung der Kalkaggressivität

Reagenzien und Lösungen
Marmorpulver, w (CaCO$_3$) = 99 %
Salzsäure, w (HCl) = 10 %

Messung
Die pH-Elektrode wird in die Spitze des konischen Gefässes getaucht. Man leitet so lange Probenwasser durch das Gefäss, bis sich der pH-Wert nicht mehr ändert. Dann gibt man Marmorpulver hinzu, bis die Spitze der Elektrode völlig bedeckt ist. Nach etwa zwei Minuten liest man den pH-Wert ab. Die Temperatur des Marmorpulvers sollte mit der des Wassers übereinstimmen. Nach jeder Messung reinigt man das Gefäss mit verdünnter Salzsäure.

Auswertung
Es wird die Differenz zwischen den beiden gemessenen pH-Werten beurteilt. Ein Wasser mit einem bis Δ pH $= \pm$ 0,04 wird als im Kalk-Kohlensäure-Gleichgewicht befindlich angenommen (Tab. 20).

Tab. 20: Einstufung der Kalkaggressivität von Wasser

pH-Anstieg	Aggressivität	pH-Abfall	Abscheidung
+ 0,04 bis + 0,1	nahezu Gleichgewicht	–0,04 bis –0,1	nahezu Gleichgewicht
+ 0,1 bis + 0,5	schwach aggressiv	–0,1 bis –0,5	Kalkabscheidung möglich
+ 0,5 bis + 1	aggressiv	–0,5 bis –1	kalkabscheidend
> + 1	stark aggressiv	< –1	stark kalkabscheidend

6 Labormessungen

Wasser- und Abwasserproben erfordern in der Regel keine besondere Probenvorbereitung. Wasserinhaltsstoffe, die sich leicht verändern können, erfordern besondere Aufmerksamkeit bei der Probennahme und der Probenaufbereitung (s. Kap. 4). Generell gilt, dass eine möglichst rasche Untersuchung nach Abschluss der Probennahme anzustreben ist, um Ergebnisverfälschungen zu vermeiden.

In manchen Wasserproben können Schwermetalle unterschiedlich stark als Komplexe an Huminstoffe gebunden sein. In solchen Fällen empfiehlt sich, die Probe nach Zugabe von Salpetersäure oder eines Salzsäure-Salpetersäure-Gemisches (1 : 3) vorsichtig auf ein geringeres Volumen einzudampfen und somit die Komplexbindung aufzubrechen. Ausserdem lassen sich durch Eindampfen auf geringere Volumina die Bestimmungsgrenzen senken, sofern nicht Probleme mit Matrixstörungen durch erhöhte Salzkonzentrationen auftreten. Auch an Trübstoffen adsorbierte Metalle werden durch diese Art der Vorbehandlung meist ionogen in Lösung gebracht.

Sollen bei der Untersuchung des Chemischen oder Biochemischen Sauerstoffbedarfs in Abwässern auch suspendierte Feststoffe in die Messung einbezogen werden, ist die Probe zu homogenisieren, z. B. mit einem Hochgeschwindigkeitsrührer.

Von Probenvorbereitung und -aufbereitung hängt das spätere Analysenergebnis ganz wesentlich ab. Deshalb ist immer anzugeben, ob Proben im Originalzustand untersucht oder ob sie homogenisiert, sedimentiert, zentrifugiert oder filtriert wurden. Beispielsweise kann durch das kurze Schütteln einer Abwasserprobe die gleichmässige Verteilung von absetzbaren und aufschwimmenden Stoffen nicht sichergestellt werden. Vielmehr ist ein Magnetrührer oder am besten ein Hochgeschwindigkeitsrührer für die Homogenisierung zu verwenden.

Eventuell erforderliche Vorbehandlungsschritte werden bei den jeweiligen Einzelbestimmungen beschrieben.

6.1 Chemische und physikalische Analysenmethoden

6.1.1 Adsorbierbare organische Halogenverbindungen (AOX)

Von allen organischen Halogenverbindungen sind Kohlenstoff-Chlor-Verbindungen die bedeutendste Stoffklasse. In Oberflächenwässern und manchen Trinkwässern treten Konzentrationen im Mikrogrammbereich auf. In Abwässern, insbesondere solchen mit industrieller Herkunft, sind Konzentrationen im Bereich > 1 mg/L nicht selten. Manche organischen Halogenverbindungen werden direkt in Gewässer oder Abwässer eingetragen, z. B. Pflanzenschutzmittelreste aus der Landwirtschaft oder Bestandteile von Gewerbe- bzw. Haushaltsreinigungsmitteln. Daneben entstehen unter ungünstigen Bedingungen Organochlorverbindungen bei der Chlorung von Trinkwasser (hier vor allem leichtflüchtige Substanzen in Gegenwart von Huminstoffen) oder beim Eintrag von chlorabspaltenden Reinigungs- und Desinfektionsmitteln ins Abwasser.

Für Routineuntersuchungen oder im Rahmen behördlicher Überwachungsaufgaben wird häufig mit dem Summenparameter AOX gearbeitet. Die Analysenmethode beruht auf der Adsorption von Organohalogenverbindungen an Aktivkohle. Dieser Vorgang ist jedoch nicht immer vollständig und hängt von den jeweiligen Moleküleigenschaften wie Polarität, molarer Masse und Art der funktionellen Gruppen ab. Leichtflüchtige halogenhaltige Lösemittel werden nur teilweise erfasst und sollten deshalb mit Gaschromatographie oder nach Ausgasung mit geeigneten Prüfröhrchen (letzteres nur Screeningverfahren) untersucht werden.

Die folgende Beschreibung der Schüttelmethode orientiert sich an DIN 38409 Teil 14 (DIN EN 1485). Statt einer mikrocoulometrischen oder ionenchromatographischen Bestimmung des Chlorids lassen sich auch klassische Bestimmungsmethoden verwenden, u. U. mit verminderter Genauigkeit.

Anwendungsbereich →   Wasser, Abwasser

Geräte
Verbrennungsapparatur, geeignet für AOX-Bestimmungen
Gerät zur mikrocoulometrischen Chloridbestimmung
Gerät für Membranfiltration, Filter 0,45 µm aus Polycarbonat
pH-Messgerät mit Elektrode
Schüttelmaschine

Reagenzien und Lösungen

Aktivkohle:	Speziell für AOX-Bestimmungen geeignet.
Nitrat-Stammlösung:	17 g Natriumnitrat werden in Wasser gelöst und die Lösung nach Zugabe von 2 mL konz. Salpetersäure auf 100 mL aufgefüllt.
Nitrat-Waschlösung:	50 mL der Stammlösung werden auf 1 L aufgefüllt.

Chlorid-Standard, β (Cl^-) = 1 mg/L

Kalibrierung und Messung
Man gibt in einem 250-mL-Erlenmeyerkolben 5 mL der Nitrat-Stammlösung zu 100 mL der Wasserprobe und stellt mit Salpetersäure auf den pH-Bereich 2 bis 3 ein. Die Konzentration der in der Probe enthaltenen organischen Stoffe sollte unter einem DOC-Gehalt von 10 mg/L ($\approx$ CSB von ca. 25 mg/ L), die Chloridkonzentration unter 1000 mg/L liegen. Gegebenenfalls ist zu verdünnen. Man gibt 50 mg Aktivkohle zu, schüttelt mindestens 1 h auf einer Schüttelmaschine und filtriert die Suspension über ein Membranfilter ab. Der Filterrückstand wird mehrfach mit 50 mL Nitratlösung ausgewaschen. Filter einschliesslich Rückstand werden noch feucht in ein Quarzschiffchen gelegt und vorsichtig in das Rohr der Verbrennungsapparatur geschoben. Die Verbrennung erfolgt bei 950 °C nach der Vorschrift des Geräteherstellers. Dabei werden die Verbrennungsgase in einem mit verdünnter Schwefelsäure gefüllten Absorptionsgefäss aufgefangen. Die Bestimmung der Chloridkonzentration erfolgt meist mikrocoulometrisch oder mit Hilfe der Ionenchromatographie. Eine Blindprobe, bestehend aus 50 mg unbeladener, mit Nitratlösung gewaschener Aktivkohle, wird in gleicher Weise untersucht.

Störungen

Chlorhaltige suspendierte Teile in der Probe können zu Überbefunden führen, desgleichen gelöstes Bromid oder Iodid. Flüchtige Stoffe können teilweise bereits bei Probennahme, Transport oder Homogenisierung entweichen, so dass Minderbefunde auftreten. Da bei DOC > 10 mg/L bzw. Cl^- > 1000 mg/L wegen möglicher Störungen verdünnt werden muss, lässt sich manchmal die untere Bestimmungsgrenze des Verfahrens von 10 µg/L nicht erreichen.

Auswertung

Der Gehalt adsorbierbarer organischer Halogenverbindungen in der Probe wird als Chorid bestimmt und als AOX in µg/L angegeben.

6.1.2 Ammonium

Ammoniumionen können in Wasser und Boden sowohl durch mikrobiellen Abbau stickstoffhaltiger organischer Verbindungen als auch unter definierten Bedingungen durch Nitratreduktion entstehen. Erhebliche Konzentrationen bis 50 mg/L treten in häuslichen Abwässern auf, sehr hohe Konzentrationen bis 1000 mg/L bei Sickerwässern aus Mülldeponien. Aus diesem Grund ist Ammonium mit Einschränkung als Verschmutzungsindikator bei Grundwasser oder Trinkwasser anzusehen.

Werden ammoniumhaltige Wässer über längere Zeit mit Sauerstoff in Kontakt gebracht, kann Ammonium mikrobiologisch über die Zwischenstufe Nitrit zu Nitrat oxidiert werden.

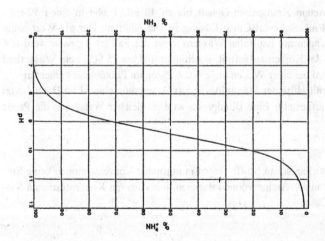

Abb. 30: Gleichgewicht zwischen freiem Ammoniak und Ammoniumionen in Abhängigkeit vom pH-Wert

In wässrigen Lösungen findet man ein Gleichgewicht zwischen freiem Ammoniak (fisch-toxisch) und Ammoniumionen in Abhängigkeit vom pH-Wert (Abb. 30).

Anwendungsbereich ➔   Wasser, Abwasser, Boden

Geräte
Spektralphotometer oder Filterphotometer mit Filter 655 nm
Wasserbad

Reagenzien und Lösungen

Salicylat-Citrat-Lösung:	32,5 g Na-salicylat ($C_7H_5O_3Na$) und 32,5 g Trinatriumcitrat ($C_6H_5O_7Na_3 \cdot 2\ H_2O$) werden in ca. 200 mL Wasser gelöst. Nach Zugabe von 0,243 g Dinatriumpentacyanonitrosyl-ferrat ($Na_2Fe(CN)_5NO \cdot 2\ H_2O$) wird auf 250 mL aufge-füllt. Die Lösung ist im Dunkeln etwa 2 Wochen haltbar.
Reagenzlösung:	3,2 g Natriumhydroxid werden in 50 mL Wasser gelöst. Man gibt nach Abkühlen 0,2 g Natriumdichlorisocyanurat ($C_3N_3Cl_2ONa$) zu und füllt auf 100 mL auf. Die Lösung muss täglich frisch hergestellt werden.
Ammonium- Standardlösung $\beta\ (NH_4^+) = 1$ g/L:	2,966 g Ammoniumchlorid (bei 105 °C getrocknet) werden mit Wasser zu 1 L aufgefüllt. Aus dieser Lösung stellt man die Verdünnungsreihe für die Kalibrierkurve auf.

Probenvorbereitung
Proben mit suspendierten Teilchen werden filtriert (Membranfilter mit Porenweite 0,45 μm). Bei gefärbten Wässern oder Abwässern kann eine Flockung mit Aluminiumsalzen helfen.

Kalibrierung und Messung
Man pipettiert je nach erwartetem Ammonium-Gehalt bis zu 40 mL Probe in einen 50-mL-Messkolben. Dann gibt man 4 mL Salicylat-Citrat-Lösung zu und schüttelt. Der pH-Wert sollte 12,6 betragen, was bei Messungen mit neutralen Wässern meist der Fall ist. Danach werden 4 mL Reagenzlösung zugefügt, der Kolben aufgefüllt, geschüttelt und bei 25 °C in ein Wasserbad gestellt. Nach einer Stunde wird bei einer Wellenlänge von 655 nm im Photometer gemessen.

Eine Kalibrierkurve wird mit Hilfe der Stammlösung aus Ammoniumchlorid im Bereich von 5 bis 50 μg/(40 mL Probe) aufgestellt. Eine Blindprobe wird in gleicher Weise wie die Probe behandelt.

Störungen
Die im Wasser enthaltenen anorganischen Stoffe zeigen in normalen Konzentrationen keine Stö-rungen. Auch Harnstoff stört nicht. Amine können dagegen in geringeren Konzentrationen Stö-rungen hervorrufen.

Auswertung
Die Auswertung erfolgt unter Zuhilfenahme der aufgestellten Kalibrierkurve.

6.1.3 Biochemischer Sauerstoffbedarf

Als biochemischen Sauerstoffbedarf (BSB) bezeichnet man die Menge an gelöstem Sauerstoff, die unter Mitwirkung von Mikroorganismen bei definierten Versuchsbedingungen die in der Wasserprobe vorhandenen organischen Stoffe zu oxidieren vermag. Der BSB ist ein empirischer Biotest, wobei die in der Probe vorherrschenden Milieubedingungen wie Temperatur, Sauerstoffkonzentration oder Bakterienart eine wesentliche Rolle spielen. Seine Reproduzierbarkeit ist aufgrund dieser und anderer Einflüsse deutlich geringer als die rein chemischer Untersuchungsmethoden. Trotz dieses Nachteils hat der BSB immer noch eine erhebliche Bedeutung bei der Beurteilung von verunreinigten Oberflächengewässern und von Abwasser. Für die Auslegung beim Bau von Kläranlagen ist er unverzichtbar.

Im Abwasser verläuft der biochemische Abbau häufig über zwei mehr oder weniger scharf getrennte Phasen: In der ersten Phase werden organische Stoffe abgebaut und in der zweiten Phase, die als Nitrifikationsphase bezeichnet wird, erfolgt Oxidation des Ammoniums zu Nitrit und schliesslich zu Nitrat durch die Aktivität der Bakterienarten Nitrosomas bzw. Nitrobacter. Diese Nitrifikation läuft nicht in jeder Wasser- oder Abwasserprobe ab, wodurch die Untersuchungsergebnisse mit Unsicherheiten behaftet sind. Man beobachtet Nitrifikation häufig bei geklärtem Abwasser, da sich in diesem bereits nitrifizierende Bakterien vermehrt haben. Um eine bessere Vergleichbarkeit bei Messserien zu erzielen, kann man die Nitrifikation durch Hemmstoffe weitgehend verhindern. Bei Untersuchungen von Oberflächenwässern sollte jedoch ohne Nitrifikationshemmer gearbeitet werden, da man meist die gesamte Sauerstoffzehrung und nicht nur die durch organische Stoffe hervorgerufene beurteilt. Zum BSB im Zusammenhang mit der Gewässergüte siehe Kap. 3.2.

Normalerweise wird für die Messung eine Reaktionszeit von 5 Tagen angesetzt (BSB_5). Im folgenden wird die Verdünnungsmethode beschrieben, bei der die Probe mit sauerstoffgesättigtem Verdünnungswasser versetzt wird. Es sind ausserdem manometrische Messsysteme im Handel, die brauchbare Ergebnisse liefern. Die Ergebnisse beider Verfahren sollten jedoch nicht miteinander verglichen werden. Vorgegebene Inkubationszeiten (z. B. BSB nach 5 Tagen) lassen sich nur mit erheblichen Einschränkungen in andere Zeiten umrechnen.

Neben den angesprochenen Verfahren sind Küvettentests für die BSB-Bestimmung auf dem Markt verfügbar, die sich besonders für Betriebslabors von Kläranlagen eignen.

Anwendungsbereich ➜   Wasser, Abwasser

Geräte
250-mL-Enghals-Glasflaschen mit Schliffstopfen
Einrichtung zur Temperierung auf 20 °C (Wasserbad, Inkubator)
Sauerstoffmessgerät mit Elektrode
pH-Messgerät mit Elektrode

Reagenzien und Lösungen

Nährsalz-Lösungen: a) 42,5 g Kaliumdihydrogenphosphat (KH_2PO_4) werden in ca. 700 mL Wasser gelöst und 8,8 g Natriumhydroxid zugefügt. Man gibt 2 g Ammoniumsulfat zu und füllt auf 1 L auf. Der pH-Wert wird auf 7,2 eingestellt.

b) 22,5 g Magnesiumsulfat ($MgSO_4 \cdot 7\ H_2O$) werden mit Wasser auf 1 L aufgefüllt.

c) 27,5 g Calciumchlorid ($CaCl_2 \cdot 6\ H_2O$) werden mit Wasser auf 1 L aufgefüllt.

d) 0,15g Eisen(III)-chlorid ($FeCl_3 \cdot 6\ H_2O$) werden mit Wasser auf 1 L aufgefüllt.

Verdünnungswasser: Es wird demineralisiertes Wasser verwendet. Man gibt von den Nährlösungen a) bis d) je 1 mL auf 1 L Wasser und belüftet mehrere Tage im Dunklen.

N-Allylthioharnstoff-Lösung: Ca. 1 mg N-Allylthioharnstoff ($C_4H_8N_2S$) wird mit Wasser auf 100 mL aufgefüllt. Die Lösung ist täglich frisch anzusetzen.

Probenvorbereitung

Der pH-Wert der Proben wird gegebenenfalls mit Salzsäure bzw. Natronlauge auf 7 bis 8 eingestellt. Feststoffe können in die Untersuchung einbezogen werden. Meist wird jedoch die 2 h abgesetzte Probe oder die filtrierte Probe untersucht. Gekühlte Proben werden vor der Untersuchung auf Raumtemperatur erwärmt.

Messung

Die Wasserprobe wird bis zu einem zu erwartenden BSB$_5$ von β (O_2) = 6 mg/L nicht verdünnt. Bei keimarmen Wässern wird 5 mL des Ablaufs einer biologischen Kläranlage oder ersatzweise 1 mL eines sedimentierten Rohabwassers zu 1 L des Verdünnungswassers gegeben. Es wird so verdünnt, dass nach 5 Tagen Inkubationszeit wenigstens 2 mg/L Sauerstoff verbraucht und andererseits 2 mg/L Sauerstoff-Restgehalt nicht unterschritten werden. Da der End-BSB nicht bekannt ist, werden mehrere Verdünnungen angesetzt, um in einem günstigen Konzentrationsbereich messen zu können. Ein bereits gemessener CSB-Wert kann für die Wahl der Verdünnung hilfreich sein, indem man diesen Wert durch 2 teilt und eine Verdünnung wie in Tab. 21 wählt.

Tab. 21: Verdünnungen bei der Bestimmung des Biochemischen Sauerstoffbedarfs

Erwarteter BSB$_5$, β (O_2) (mg/L)	Probenmenge auf 1 L aufgefüllt (mL)
bis 6	1000
4–12	500
10–30	200
20–60	100
40–120	50
100–300	20
200–600	10
400–1200	5
1000–3000	2
2000–6000	1

Nach dem Verdünnen mischt man und füllt die verdünnte Probe ohne Luftblasen vorsichtig in die Messflaschen. Nach kurzer Zeit werden eventuell vorhandene Blasen durch vorsichtiges Aufstossen der Flasche entfernt. Dann setzt man den Schliffstopfen auf, ohne dass Luftblasen zurückbleiben.

Die Sauerstoffkonzentration wird sofort in einer der zumindest 3 Probenansätze mit der Sauerstoffelektrode oder nach der Winkler-Methode bestimmt (s. Kap. 5.2.7). Die übrigen Flaschen werden 5 Tage im Dunkeln bei 20 °C aufbewahrt. Anschliessend wird die verbliebene Sauerstoffkonzentration gemessen. Eine Blindprobe, bestehend aus dem angeimpften Verdünnungswasser, wird parallel dazu bestimmt.

Störungen

Ein unerwünschter Sauerstoff-Verbrauch durch Nitrifikation kann durch Zugabe von 1 mL einer N-Allylthioharnstoff-Lösung verhindert werden. Freies Chlor, das in manchen Abwässern nach Abwasserchlorung enthalten ist, reagiert nach ca. 2 h Standzeit mit den organischen Abwasserinhaltsstoffen und stört dann nicht mehr. Chemische Reduktionsmittel (z. B. Eisen(II)-, Sulfit- oder Sulfid-Ionen) werden durch zweistündiges Stehenlassen und gelegentliches Umschütteln der Originalprobe oxidiert. Bakterientoxische Stoffe im Abwasser können den Abbau hemmen und niedrige BSB-Werte vortäuschen, obwohl genügend abbaubare organische Substanz vorliegt. In solchen Fällen sollten die Proben stärker verdünnt werden.

Auswertung

Der biochemische Sauerstoffbedarf, ausgedrückt als β (O_2), wird in mg/L angegeben und berechnet nach:

$$\beta\,(O_2) = A/B \cdot (C-D) + D$$

A Gesamtvolumen nach Verdünnung, mL
B Volumen der unverdünnten Probe, mL
C Sauerstoffverbrauch der Verdünnung nach 5 Tagen, mg/L
D Sauerstoffverbrauch des Verdünnungswassers nach 5 Tagen, mg/L

6.1.4   Bor

Bor kommt in natürlichen unbeeinflussten Wässern meist nur in sehr niedrigen Konzentrationen vor, während in Haushaltsabwässern Konzentrationen von mehreren mg/L durch die in Waschmitteln enthaltenen Perborate nicht selten sind. Für den Menschen sind diese geringen Borkonzentrationen nicht schädlich; dagegen können schon kleinere Konzentrationen in landwirtschaftlichem Bewässerungswasser eine schädliche Wirkung auf verschiedene Pflanzengattungen wie Citrusfrüchte oder Bohnen haben.

Im folgenden wird die Bestimmungsmethode mit Azomethin-H beschrieben.

Anwendungsbereich ➜   Wasser, Abwasser, Boden

Geräte
Spektralphotometer oder Filterphotometer mit Filter 414 nm

Reagenzien und Lösungen

Azomethin-H-Lösung:	1 g Azomethin-H-Natriumsalz ($C_{17}H_{12}NNaO_8S_2$) und 3 g L(+)-Ascorbinsäure ($C_6H_8O_6$) werden mit Wasser auf 100 mL aufgefüllt. Die Lösung ist in einer Kunststoffflasche im Kühlschrank ca. eine Woche haltbar.
Pufferlösung pH = 5,9:	25 g Ammoniumacetat, 25 mL Wasser, 8 mL Schwefelsäure, w (H_2SO_4) = 29 %, 0,5 mL Phosphorsäure, w (H_3PO_4) = 85 %, 100 mg Citronensäure ($C_6H_8O_7 \cdot H_2O$) und 100 mg EDTA-Natriumsalz ($C_{10}H_{14}N_2Na_2O_8 \cdot 2\ H_2O$) werden gemischt.
Reagenzlösung:	Gleiche Volumina Azomethin-H-Lösung und Pufferlösung pH = 5,9 werden vor der Analyse gemischt. Die Lösung wird im Kühlschrank aufbewahrt.
Borat-Standardlösung β (BO_3^{3-}) = 1 mg/L:	572 mg Borsäure (H_3BO_3) werden mit Wasser auf 1 L aufgefüllt. Von dieser Lösung werden 10 mL entnommen und auf 1 L aufgefüllt.

Probenvorbereitung
Trübstoffe sollten durch Filtration über ein Membranfilter (Porenweite 0,45 µm) entfernt werden.

Kalibrierung und Messung
0,5 bis 6 mL der Standardlösung werden in 50-mL-Messkolben gegeben und auf ca. 25 mL aufgefüllt. In gleicher Weise werden 25 mL der Probe in einen 50-mL-Messkolben pipettiert. Zu den Lösungen gibt man je 10 mL Reagenzlösung und misst die Extinktion bei 414 nm im Photometer.

Störungen
Eisenionen in Konzentrationen von mehr als 5 mg/L können Störungen verursachen.

Auswertung
Die Borkonzentration in der Probe wird unter Verwendung der erstellten Kalibrierkurve ermittelt.

6.1.5   Calcium und Magnesium

Calcium- und Magnesiumionen kommen in allen natürlichen Wässern vor und werden oft als Härtebildner bezeichnet. Als „Härte" eines Wassers wird seine Eigenschaft bezeichnet, aus Seifenlösungen unlösliche Calcium- und Magnesiumsalze der höheren Fettsäuren auszufällen. Vielfach verzichtet man völlig auf den Härtebegriff und gibt statt dessen nur die Calcium- und Magnesiumkonzentrationen in mol/L an.

Calcium- und Magnesiumcarbonate spielen eine wichtige Rolle bei der Bildung von Schutz-schichten im Rohrleitungsnetz.

Nachfolgend wird die komplexometrische Methode zur Bestimmung von Calcium- und Magnesiumionen beschrieben, wobei zum einen Calcium allein und zum anderen beide Elemente gemeinsam bestimmt werden. Magnesium ergibt sich dann rechnerisch aus der Differenz beider Messungen.

Anwendungsbereich ➜   Wasser

a) Bestimmung des Calciumgehalts

Geräte
Titrationseinrichtung

Reagenzien und Lösungen

EDTA-Lösung	3,725 g EDTA-Dinatriumsalz ($C_{10}H_{14}N_2O_8Na_2 \cdot 2\ H_2O$) werden mit Wasser auf 1 L aufgefüllt.
Indikatorverreibung:	1 g Calconcarbonsäure ($C_{21}H_{14}N_2O_7S \cdot 3\ H_2O$) werden mit 99 g wasserfreiem Natriumsulfat im Mörser verrieben.
Natronlauge:	8 g Natriumhydroxid werden in 100 mL Wasser gelöst.

Messung
100 mL der Wasserprobe werden nacheinander mit 2 mL Natronlauge und 0,2 g Indikatorver-reibung versetzt. Man titriert rasch mit der EDTA-Lösung bis zum Farbumschlag von rot nach blau.

Störungen
Barium- und Strontiumionen werden bei dieser Methode miterfasst. Bei Anwesenheit einiger Schwermetalle wird der Farbumschlag unscharf.

Störungen durch Eisen- und Manganionen bis ca. 5 mg/L lassen sich durch Zugabe von 2 bis 3 mL Triethanolamin ($C_6H_{15}NO_3$) weitgehend beheben.

Auswertung
Der Calciumgehalt der Wasserprobe wird wie folgt berechnet:

$$c\ (Ca^{2+}) = A \cdot C_E/B$$

c   Stoffmengenkonzentration der Probe an Calciumionen, mmol/L
A   Volumen der verbrauchten EDTA-Lösung, mL
B   Probenvolumen, mL
C_E Stoffmengenkonzentration der EDTA-Lösung, mmol/L
   hier: *c* (EDTA) = 0,01 mol/L =10 mmol/L

b) Bestimmung der Summe von Calcium- und Magnesiumionen

Geräte
Titrationseinrichtung

Reagenzien und Lösungen

EDTA-Lösung:	Wie unter a) beschrieben
Pufferlösung pH = 10:	6,75 g Ammoniumchlorid und 0,05 g EDTA-Dinatrium-magnesium-Salz ($C_{10}H_{12}N_2O_8Na_2Mg$) werden in 57 mL Ammoniak, w (NH_3) = 25 %, gelöst und mit Wasser auf 100 mL aufgefüllt.
Indikatorlösung:	0,5 g Eriochromschwarz T werden in 100 mL Triethanol-amin gelöst.

Probenvorbereitung
Trübstoffe werden vor der Bestimmung über ein Membranfilter abfiltriert (Porenweite 0,45 µm).

Messung
100 mL Probe werden mit 4 mL Pufferlösung und 3 Tropfen Indikatorlösung versetzt. Dann titriert man rasch mit der EDTA-Lösung bis zum Umschlag von rot nach blau. Es empfiehlt sich, eine erste Titration möglichst rasch durchzuführen, da bei einer langsamen Titration Störungen durch Carbonatausfällungen auftreten.

Bei der zweiten Titration gibt man sofort ca. 0,5 mL weniger von der EDTA-Lösung zu 100 mL Probe als bei der ersten Titration verbraucht wurden. Nach Zugabe von Pufferlösung und Indikator titriert man bis zum Farbumschlag von rot nach blau.

Störungen
Wie unter a) beschrieben.

Auswertung
Der Gesamtgehalt an Magnesium- und Calciumionen in der Wasserprobe berechnet sich nach:

$$c\ (Ca^{2+} + Mg^{2+}) = A/B \cdot C_E$$

c Summe der Stoffmengenkonzentrationen an Calcium- und Magnesiumionen, mmol/L
A verbrauchte EDTA-Lösung, mL
B Probenvolumen, mL
C_E Stoffmengenkonzentration der EDTA-Lösung, mol/L
   hier: c (EDTA) = 0,01 mol/L =10 mmol/L

c) Berechnung des Magnesiumgehaltes

Zur Berechnung des Magnesiumgehaltes der Probe wird das Ergebnis der Messung a) vom Ergebnis der Messung b) subtrahiert.

6.1.6   Calciumcarbonatsättigung und Gleichgewichts-pH

Die kalkabscheidenden und kalkauflösenden Eigenschaften des Wasssers werden vor allem bestimmt durch das chemische Gleichgewicht zwischen Calciumcarbonat, Kohlendioxid und den Ionen der Kohlensäure, daneben von anderen Konstituenten wie Magnesium, Sulfat und Chlorid, deren Species und Gleichgewichtskonstanten. Bedeutung erhält das Gleichgewicht bei der Beurteilung der Korrosion metallischer und mineralischer Werkstoffe und bei Fragen der Wasseraufbereitung. Entsprechend der Trinkwasserverordnung von 1991 muss der pH-Wert eines abgegebenen Trinkwassers zwischen 6,5 und 9,5 liegen. Ausserdem darf er den pH-Wert der Calciumcarbonatsättigung nicht unterschreiten. Mehrere Bestimmungsverfahren mit unterschiedlichem Anspruch und Genauigkeit sind in Gebrauch: a) Tillmans-Kurve; b) Verfahren nach DIN 38 408-C10-1; c) Berechnung der Calcitsättigung unter Berücksichtigung der Komplexbildung.

Anwendungsbereich ➔   Wasser

a) Tillmans-Kurve

Dieses Verfahren wird nach wie vor zur groben Ermittlung des Gleichgewichts-pH benutzt (Abb. 31). Man benötigt die Messwerte für die Säurekapazität bis pH 4,3 ($K_{S\,4,3}$) und die Basenkapazität bis pH 8,2 ($K_{B\,8,2}$), wobei durch näherungsweise Gleichsetzung von

$$K_{S\,4,3} \approx [HCO_3^-] \approx m$$
$$K_{B\,8,2} \approx [CO_2] \approx -p$$

die gewünschten pH-Werte graphisch ermittelt werden. Definitionsgemäss gilt die Kurve für eine Wassertemperatur von 25 °C, die Ionenstärke 0 mol/L und für einen Wert von $m-2[Ca^{2+}]$ von 0 mol/L.

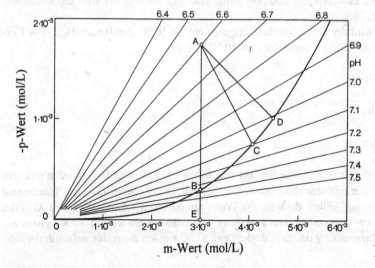

Abb.31:: Tillmans-Kurve (Frimmel et al., 1993)

Auf der Abszisse ist der m-Wert (entspricht ungefähr der Konzentration an Hydrogencarbonationen), auf der Ordinate der negative p-Wert (entspricht ungefähr der CO_2-Konzentration) aufgetragen. Wässer, deren m-Wert und $-p$-Wert durch die eingezeichnete Kurve beschrieben werden, befinden sich beim jeweiligen pH-Wert im Zustand der Calcitsättigung. Oberhalb der Gleichgewichtskurve liegende $m/-p$-Koordinaten bedeuten kalklösende Eigenschaften, unter der Kurve liegende Werte dagegen kalkabscheidende Eigenschaften. Für die Entsäuerung eines Wassers, dessen $m/-p$-Wertepaar sich bei Punkt A befindet, sind 3 Lösungen möglich:

Ausgasen von CO_2:

Der m-Wert ändert sich dabei nicht, so dass beim senkrecht unter A gelegenen Punkt B die Kalksättigung erreicht wird. Die pH-Differenz gibt den Sättigungsindex SI an. Bei weiterem CO_2-Entzug würde das Wasser kalkabscheidend, z. B. in Punkt E.

Dosieren von Lauge:

Das Wasser wird dabei durch Zugabe von Natronlauge oder Calciumhydroxid entsäuert. Da pro Mol reagierendes Kohlendioxid 1 Mol Hydrogencarbonat gebildet wird, bleibt $m-p$ konstant (Vorzeichen von p beachten), die Gerade hat die Steigung -1. Die Kalksättigung der Tillmans-Kurve wird deshalb in Punkt C erreicht. Überdosieren kann zur Kalkabscheidung führen.

Filtrieren über Marmor:

Bei dieser Art der Entsäuerung werden pro Mol Kohlendioxid 2 Mol Hydrogencarbonat gebildet, d. h., $m-2\,p$ bleibt konstant, die Gerade hat die Steigung $-1/2$ und trifft die Tillmans-Kurve in Punkt D.

b) Verfahren nach DIN 38 408-C10-1

Bei der näherungsweisen Ermittlung des Gleichgewichts-pH werden die Werte für Wassertemperatur, Calciumkonzentration, Säurekapazität und elektrische Leitfähigkeit benötigt. Bei diesem nach Langelier als pH_L bezeichneten pH-Wert würde sich das Wasser ohne Änderung der Hydrogencarbonat- und Calciumionenkonzentration im Gleichgewicht mit Calcit ($CaCO_3$) befinden. Die Differenz zwischen pH_L und dem gemessenen pH des Wassers wird als Sättigungsindex SI bezeichnet.

Aus Tabelle 22 wird der tiefstmögliche Sättigungs-pH für 10 °C abgelesen ($pH_{L,10}$). Der Korrekturfaktor a für eine andere Temperatur t als 10 °C beträgt

$$a = 0{,}01 \cdot (10-t).$$

pH_L wird dann nach

$$pH_L = pH_{L,10} + a$$

berechnet. Die Tabelle ist nicht anwendbar bei sehr hohen Chlorid- oder Sulfatkonzentrationen, u. a. erkennbar an einer erhöhten elektrischen Leitfähigkeit. In der oberen Zeile der Tabelle sind die Werte für $pH_{L,10}$ aufgeführt, darunter die Werte für die elektrische Leitfähigkeit K_{M10} des Modellwassers bei 10 °C in µS/cm. Die Tabelle ist anwendbar, wenn $K_{25} < 2{,}1 \cdot K_{M10}$ bzw. $K_{10} < 1{,}5 \cdot K_{M10}$. Zur Umrechnung der Leitfähigkeit auf 10 °C werden die rechts aufgeführten Faktoren benutzt.

Tab. 22: pH-Werte der Calcitsättigung ($pH_{L,10}$) eines Wassers bei 10 °C in Abhängigkeit von Säurekapazität und Calciumkonzentration

Ca in mg/l	Ca in mmol/l	0,25	0,5	0,75	1	1,25	1,5	2	2,5	3	3,5	4	5	6	7	8
10	0,25	9,65	9,18	8,98	8,84											
		54	59	75	91											
20	0,5	9,28	8,88	8,69	8,54	8,44	8,36	8,24								
		112	106	104	119	135	150	181								
40	1,0	9,00	8,61	8,41	8,27	8,17	8,08	7,96	7,87	7,80						
		222	216	210	204	198	204	234	264	294						
50	1,25	8,92	8,53	8,32	8,19	8,08	8,00	7,88	7,78	7,71	7,65	7,60				
		276	270	264	258	252	246	260	290	319	349	379				
60	1,5	8,85	8,46	8,26	8,12	8,02	7,93	7,81	7,71	7,64	7,58	7,52	7,44			
		330	323	317	311	305	299	286	315	345	374	403	461			
80	2,0	8,74	8,36	8,16	8,02	7,92	7,83	7,70	7,61	7,53	7,47	7,41	7,33	7,26	7,20	
		435	428	422	416	409	403	390	378	394	423	451	509	566	624	
100	2,5	8,67	8,28	8,08	7,94	7,84	7,76	7,63	7,53	7,45	7,38	7,33	7,24	7,17	7,11	7,06
		538	531	525	518	512	505	492	480	467	470	499	556	612	669	725
120	3			8,02	7,88	7,78	7,70	7,57	7,47	7,39	7,32	7,26	7,17	7,10	7,04	7,00
				626	619	613	606	593	580	567	554	545	601	657	713	769
160	4				7,79	7,69	7,60	7,47	7,37	7,29	7,23	7,17	7,07	7,00	6,94	6,89
					818	811	805	791	778	765	751	738	711	745	801	856
200	5						7,53	7,40	7,30	7,22	7,16	7,10	7,00	6,92	6,86	6,81
							999	986	972	958	945	931	904	877	885	940
280	7								7,20	7,12	7,05	7,00	6,90	6,82	6,75	6,70
									1351	1337	1323	1308	1280	1252	1224	1196

t (°C)	f_{25}
0	1,918
1	1,857
2	1,800
3	1,745
4	1,693
5	1,643
6	1,596
7	1,551
8	1,508
9	1,467
10	1,428
11	1,390
12	1,354
13	1,320
14	1,287
15	1,256
16	1,225
17	1,196
18	1,168
19	1,141
20	1,116
21	1,091
22	1,067
23	1,044
24	1,021
25	1,000
26	0,979
27	0,959
28	0,940
29	0,921
30	0,903

c) Berechnung der Calcitsättigung unter Berücksichtigung der Komplexbildung

Für eine genaue Berechnung unter Berücksichtigung der Species der verschiedenen, im Wasser enthaltenen Konstituenten sowie der Carbonato- und Sulfatokomplexe von Calcium und Magnesium gibt es mehrere, kommerziell verfügbare Rechenprogramme. Die meisten beruhen auf den in DIN 38 408-C10-1 beschriebenen chemischen Zusammenhängen (ausführliche Darstellung z. B. in Eberle u. Donnert, s. Literatur). Die Benutzung erfolgt interaktiv über Menüs, die neben der eigentlichen Berechnung eine Reihe von Optionen zur Datenein- und -ausgabe bieten. Vorhandene Wasserdaten können als Datenfiles gespeichert und vom Programm bei Bedarf aufgerufen werden.

Die Möglichkeiten der Berechnung von Daten zur Calcitsättigung und von Parametern für die Wasseraufbereitung sind in Tabelle 23 zusammengefasst. Das Programm (hier: BWASATW2) überprüft dabei die Plausibilität verschiedener Messgrössen, ermittelt Hilfsgrössen wie die Ionenstärke und den *m*-Wert und berechnet danach aus der günstigsten von drei Varianten die Calcitsättigungs-Daten.

Tab. 23: Messwerte eines Beispiel-Trinkwassers und berechnete Daten zur Calcitsättigung

Messgrössen	gemessene Daten	Bemerkungen
Temperatur, °C	9,6	
el. Leitfähigkeit, μS/cm	384	(bei 25 °C)
pH-Wert	7,30	
Säurekapazität, mmol/L	3,27	(bei 25 °C)
Basenkapazität, mmol/L	0,38	
Natrium, mg/L	6,90	
Kalium, mg/L	1,96	
Calcium, mg/L	60,12	
Magnesium, mg/L	12,15	
Chlorid, mg/L	12,4	
Sulfat, mg/L	28,8	
Nitrat, mg/L	9,30	
Härte, mmol/L	2,00	
daraus berechnete Wasserdaten		
Ionenstärke, mmol/L	6,38	
m-Wert	3,25	(aus pH und Σ starker Elektrolyte berechnet)
Gesamt-Kohlensäure, mmol/L	3,60	
Ladungsbilanz, mmol/L	0,00	
berechnete Daten zur Calcitsättigung		
pH-Wert	7,39	
pH_L	7,61	(Langelier-pH)
PI, mmol/L	0,75	(Pufferungsintensität $= \Delta m / \Delta pH$)
SI_c	−0,22	(Calcit-Sättigungsindex bei Bewertungstemp.)
pH_c	7,55	(pH-Wert nach Gleichgewichtseinstellung mit Calcit)
D_c, mmol/L	0,103	(Calcitzugabe bzw. -entzug bis pH_c)
pH_s (CaO)	7,58	(Sättigungs-pH nach Einstellung mit CaO)
D (CaO) mmol/L	0,061	(Zugabe von CaO für $SI_c = 0$)
pH_s (NaOH)	7,59	(Sättigungs-pH nach Einstellung mit NaOH)
D (NaOH), mmol/L	0,130	(Zugabe von NaOH für $SI_c = 0$)
pH_a (CO_2)	7,61	(Sättigungs-pH nach Ausgasen von CO_2)
D (CO_2), %	−41,6	(CO_2-Ausgasmenge für $SI_c = 0$)
$CO_{2\ zug}$, mmol/L	0,212	(„zugehörige Kohlensäure" n. Tillmans)
$CO_{2\ ang}$, mmol/L	0,141	(„angreifende Kohlensäure" n. Tillmans)
Ca^{2+}/Ca_{tot}, %	95,13	(Anteil des freien Calciums)
SI (atm CO_2)	1,27	(„Sättigungsindex" des CO_2, d. h. Logarithmus des Quotienten aus dem berechneten Gleichgewichts-CO_2-Partialdruck und dem Partialdruck der Atmosphäre (0,35 hPa))

6.1.7   Chemischer Sauerstoffbedarf

Der chemische Sauerstoffbedarf (CSB) ist die Menge Sauerstoff, die bei einer Oxidation der Probe unter definierten Bedingungen verbraucht wird. Der Umfang der Oxidation hängt von der Art der oxidierbaren Substanzen, dem pH-Wert, der Temperatur, der Reaktionszeit, der Konzentration des Oxidationsmittels und Reaktionsbeschleunigern ab.

Kaliumpermanganat wird seit langem als Oxidationsmittel zur Bestimmung organischer Stoffe in Wasser und Abwasser eingesetzt. Das Verfahren ist einfach, hat jedoch den Nachteil, dass Stoffe wie einige Aminosäuren, Ketone oder gesättigte Carbonsäuren nicht oder nur teilweise oxidiert werden. Deshalb hat diese Methode nur für gering verschmutzte Oberflächengewässer oder Trinkwasser als Übersichtsmethode noch eine gewisse Bedeutung. Die Reaktion erfolgt in saurer Lösung:

$$MnO_4^- + 8\,H^+ + 5e^- \;\rightarrow\; Mn^{2+} + 4\,H_2O$$

Die CSB-Bestimmung mit Kaliumdichromat hat eine besondere Bedeutung bei der Untersuchung von Abwässern, da nach dem Abwasserabgabengesetz in Deutschland der CSB die Abgabenhöhe mit bestimmt. Dieses Verfahren ermöglicht eine genauere Bestimmung des chemischen Sauerstoffbedarfs als die Oxidation mit Kaliumpermanganat. Die Reaktion lautet:

$$Cr_2O_7^{2-} + 14\,H^+ + 6\,e^- \;\rightarrow\; 2\,Cr^{3+} + 7\,H_2O$$

Mit diesem Oxidationsmittel werden mit wenigen Ausnahmen alle organischen Stoffe fast vollständig oxidiert. Konzentrationen von etwa 10 bis 15 mg/L, ausgedrückt als Sauerstoff β (O_2), können noch sicher bestimmt werden. Daneben werden auch einige anorganische Ionen oxidiert (z. B. Nitrit, Sulfit, Fe(II)-Ionen).

Für die Ergebnisbeurteilung ist wichtig, dass der CSB keine Berechnung der Menge organischer Stoffe zulässt, deren anteilsmässige Zusammensetzung in der Probe unbekannt ist. Verschiedene Substanzen benötigen für eine vollständige Oxidation unterschiedlich viel Oxidationsmittel. Einige Beispiele:

Oxalsäure ($C_2H_2O_4$):   0,18 mg O_2 je mg Substanz
Essigsäure ($C_2H_4O_2$):   1,07 mg O_2 je mg Substanz
Phenol (C_6H_6O):   2,38 mg O_2 je mg Substanz.

Für häusliche Abwässer wird oft m (CSB) = 1,2 mg je mg organisches Material gesetzt.

Neben der Beschreibung des $KMnO_4$-Verbrauchs und des DIN-CSB (Dichromat-Verfahren) wird ein CSB-Küvettentest besprochen, der häufig in Betriebslabors verwendet wird.

Anwendungsbereich ➜   Wasser, Abwasser, Boden (s. Kap. 6.3.1.4)

a) Kaliumpermanganat-Verbrauch

Geräte
Titrationseinrichtung

Reagenzien und Lösungen

Kaliumpermanganat-Lösung: lier-	3,1608 g Kaliumpermanganat werden mit frisch destillier-

tem Wasser auf 1 L aufgefüllt. Hiervon werden 100 mL entnommen und diese wiederum auf 1 L aufgefüllt. Der Titrationsfaktor der Lösung wird mit Oxalsäure-Lösung stets neu vor der Verwendung eingestellt. Lösungen werden in dunklen Flaschen aufbewahrt.

Oxalsäure-Lösung: 6,3033 g Oxalsäure ($C_2H_2O_4 \cdot 2\ H_2O$) werden mit frisch destilliertem Wasser unter Zusatz von 50 mL konzentrierter Schwefelsäure auf 1 L aufgefüllt. Hiervon werden 100 mL unter Zugabe von 50 m L konzentrierter Schwefelsäure auf 1 L aufgefüllt. Diese Lösung ist in dunklen Flaschen bis zu einem halben Jahr haltbar.

Schwefelsäure,   100 mL konzentrierter Schwefelsäure werden vorsichtig zu
w (H_2SO_4) = 36 %   200 mL Wasser gegeben. Die noch heisse Lösung wird mit $KMnO_4$-Lösung bis zur auftretenden Rosafärbung versetzt.

Probenvorbereitung

Die Messung sollte möglichst bald nach der Probennahme erfolgen. Die zum Sieden verwendeten Glasgefässe sind vor Staub geschützt aufzubewahren.

Messung

Zur Einstellung des Titers der $KMnO_4$-Lösung erhitzt man 100 mL destilliertes Wasser nach Zusatz von Siedeperlen mit 5 mL Schwefelsäure w (H_2SO_4) = 36 % zum Sieden. Man gibt $KMnO_4$-Lösung bis zur schwachen Rosafärbung, danach 20 mL Oxalsäure zu und titriert mit $KMnO_4$-Lösung wieder bis schwach rosa. Der Verbrauch x sollte zwischen 19 und 21 mL liegen. Der Titer t berechnet sich nach

$$t = 20/x.$$

Zur Bestimmung gibt man 100 mL Probe (oder eine geringere Menge, die mit Wasser auf 100 mL aufgefüllt wurde) in einen Erlenmeyerkolben und versetzt mit 5 mL Schwefelsäure w (H_2SO_4) = 36 %. Der Kolben wird mit einer Kühlbirne oder einem Uhrglas abgedeckt und in ca. 5 min zum Sieden gebracht. Man pipettiert in der Siedehitze 20 mL Kaliumpermanganat-Lösung zu und lässt 10 min schwach sieden. Danach gibt man 20 mL Oxalsäure-Lösung zu und erhitzt bis zur vollständigen Entfärbung. Die ca. 80 °C heisse Lösung wird anschliessend mit Kaliumpermanganat-Lösung bis zu einer ca. 30 s beständigen Rosafärbung titriert. Der Verbrauch sollte etwa zwischen 4 und 12 mL liegen. Liegt er höher oder war die Probe schon vor Zugabe der Oxalsäure-Lösung entfärbt, wiederholt man die Messung mit einem kleineren Probenvolumen. Ein Blindwert mit 100 mL Verdünnungswasser wird parallel dazu gemessen.

Störungen

Schwefelwasserstoff, Sulfide und Nitrit stören zwar, werden aber im sauren Milieu entfernt. Chloridkonzentrationen von mehr als 300 mg/L können stören. In solchen Fällen wird die Probe verdünnt.

Auswertung

Der KMnO$_4$-Verbrauch β (KMnO$_4$) wird in mg/L angegeben

$$\beta \text{ (KMnO}_4) = (a–b) \cdot f \cdot 316 \text{ mg}/V$$

a Verbrauch KMnO$_4$-Lösung für die Probe, mL
b Verbrauch KMnO$_4$-Lösung für die Blindprobe, mL
f Titer der KMnO$_4$-Lösung
V Probenvolumen, mL

b) Kaliumdichromat-Verbrauch (Kurzzeit-Verfahren nach DIN 38 409, Teil 43)

Geräte

Zylindrische Reaktionsgefässe (z. B. 30 cm Höhe, 3 cm i. D.) mit Schliff und Luftkühler
Aluminiumheizblock oder Heizbad, thermostatisierbar
Titrationseinrichtung

Reagenzien und Lösungen

Silbersulfat-Lösung:	80 g Silbersulfat werden in 1 L konzentrierter Schwefelsäure gelöst.
Kaliumdichromat-Lösung:	4,9031 g Kaliumdichromat (K$_2$Cr$_2$O$_7$) (2 h bei 105 °C getrocknet) werden mit Wasser zu 1 L gelöst.
Ammoniumeisen(II)-sulfat-Lösung:	98 g Ammoniumeisen(II)-sulfat (Fe(NH$_4$)$_2$(SO$_4$) · 6 H$_2$O) werden in Wasser gelöst. Man gibt 20 mL konzentrierte Schwefelsäure zu und füllt auf 1 L auf. Der Titer dieser Lösung wird vor Verwendung mit K$_2$Cr$_2$O$_7$-Lösung eingestellt.
Ferroin-Indikator-Lösung:	0,98 g Ammoniumeisen(II)-sulfat und 1,485 g 1,10- Phenanthrolin (C$_{12}$H$_8$N$_2$ · H$_2$O) werden mit Wasser auf 100 mL aufgefüllt.
Quecksilber(II)-sulfat-Lösung:	15 g Quecksilber(II)-sulfat werden in Wasser gelöst. Nach Zugabe von 10 mL konzentrierter Schwefelsäure wird auf 100 mL aufgefüllt. Die Lösung eignet sich zur Maskierung von Chlorid bis 1000 mg/L.

Probenvorbereitung

Die Bestimmung sollte möglichst bald nach der Probennahme erfolgen. Glasgeräte sind staubfrei zu halten. Schliffe dürfen nicht gefettet werden. Abwässer werden meist nach zweistündiger Absetzzeit untersucht.

Kalibrierung und Messung

Zur Einstellung des Titrationsfaktors der Ammoniumeisen(II)-sulfat-Lösung werden 10 mL der konzentrierteren Kaliumdichromat-Lösung auf 100 mL verdünnt. Man gibt 30 mL konzentrierte Schwefelsäure zu, kühlt ab und titriert unter Zugabe von 3 Tropfen Ferroin-Indikator mit Ammoniumeisen(II)-sulfat-Lösung. Aus dem Verbrauch x (in mL) errechnet sich der Titer t nach

$$t = 10/x.$$

Der Titer ist täglich zu überprüfen.

Zur Bestimmung gibt man 20 mL Probe (oder einen aliquoten Teil, verdünnt auf 20 mL), 10 mL Kaliumdichromat-Lösung und 2,5 mL Quecksilbersulfat-Lösung zusammen. Einige Siedeperlen und 40 mL konz. Schwefelsäure werden über den Kühler zugegeben.Man erhitzt zum Sieden und fügt 5 min nach Siedebeginn 5 mL Silbersulfat-Lösung durch den Kühler zu und lässt erneut 10 min sieden. Man kühlt 5 Minuten bei Lufttemperatur ab, füllt vorsichtig 50 mL Wasser durch den Kühler und lässt im Wasserbad auf Raumtemperatur abkühlen. Nach Zugabe von 3 Tropfen Ferroin-Indikator wird der Überschuss an Kaliumdichromat mit Ammoniumeisen(II)-sulfat-Lösung zurücktitriert. Der Indikator schlägt beim Endpunkt von blaugrün nach rotbraun um. Eine Blindprobe, bestehend aus 20 mL Verdünnungswasser, wird in gleicher Weise wie die Probe behandelt.

Liegen Chlorid-Konzentrationen der Probe unter 100 mg/L, ist keine Zugabe von Quecksilbersulfat-Lösung erforderlich.

Die Güte der Methode kann durch Kaliumphthalat überprüft werden. Hierzu werden 425,1 mg Kaliumphthalat (bei 105 °C getrocknet) zu einem Liter gelöst. Diese Lösung hat einen CSB-Sollwert von β (O_2) = 500 mg/L.

Störungen

Die Störungen durch Chloridionen können wie oben beschrieben behoben werden.

Auswertung

Der CSB, ausgedrückt als Sauerstoff β (O_2) (in mg/L) wird nach folgender Gleichung berechnet:

$$\beta\left(O_2\right) = \frac{(a-b) \cdot T \cdot 2000}{V}$$

a Verbrauch der Ammoniumeisen(II)-sulfat-Lösung für den Blindwert, mL
b Verbrauch der Ammoniumeisen(II)-sulfat-Lösung für die Probe, mL
T Titrationsfaktor der Ammoniumeisen(II)-sulfat-Lösung
V Probenvolumen, mL

c) CSB-Küvettentest (z. B. Dr. Lange, Macherey u. Nagel)

Die Messung des CSB mit einem Küvettentest nutzt die unterschiedlichen Absorptionsmaxima von Cr(VI) (gelb) und Cr(III) (grün).

Der Aufschluss erfolgt unter den gleichen Bedingungen wie bei DIN 38409, Teil 41, d. h. 2 Stunden bei 148 °C. Die Lösung wird bei 620 nm im Photometer gemessen. Der Vorteil des Küvettentest liegt vor allem im geringen Verbrauch der Gefahrstoffe Quecksilber, Silber und Schwefelsäure. Gebrauchte Küvetten werden vom Hersteller zurückgenommen und dort aufgearbeitet.

6.1.8   Chlorid

Chlorid kommt in allen natürlichen Wässern vor, wobei die Konzentrationen je nach den geochemischen Bedingungen erheblich schwanken können. Besonders hohe Konzentrationen treten in Wässern in der Nähe von Salzlagerstätten auf. Ins Abwasser gelangen grössere Mengen Chloride u. a. durch Fäkaleinleitungen. Aus diesem Grunde kann Chlorid in Verbindung mit anderen Parametern als Verschmutzungsindikator dienen, wenn seine natürliche geologische Herkunft auszuschliessen ist. In niedrig mineralisierten Trinkwässern verursachen Chloridkonzentrationen von 250 mg/L bereits einen Salzgeschmack, bei Anwesenheit grösserer Mengen von Calcium- und Magnesiumionen erst bei ca. 1000 mg/L.

Im folgenden wird die volumetrische Bestimmung mit Silbernitrat unter Verwendung von Kaliumchromat als Endpunktindikator beschrieben.

Anwendungsbereich →   Wasser, Abwasser, Boden

Geräte
Titrationseinrichtung

Reagenzien und Lösungen

Silbernitrat-Lösung:	4,791 g Silbernitrat werden mit Wasser auf 1 L aufgefüllt. Die Lösung wird in einer braunen Glasflasche aufbewahrt. 1 mL entspricht 1 mg Chloridionen.
Natriumchlorid-Lösung:	1,648 g Natriumchlorid (2 Stunden bei 105 °C getrocknet) werden mit Wasser auf 1 L aufgefüllt. 1 mL dieser Lösung enthält 1 mg Chlorid-Ionen.
Kaliumchromat-Lösung:	10 g Kaliumchromat werden in Wasser gelöst und auf 100 mL aufgefüllt.

Probenvorbereitung
Bei pH-Werten unter 5 gibt man wenig Calciumcarbonat zu und schüttelt. Bei pH-Werten über 9,5 titriert man die Probe zunächst gegen Phenolphthalein mit Schwefelsäure, c (H_2SO_4) = 0,1 mol/L, und gibt dann die dabei ermittelte Säuremenge einer zweiten Probe gemeinsam mit etwas Calciumcarbonat zu.

Messung
100 mL der Probe (oder eine kleinere Menge bei höheren Chloridkonzentrationen) werden in einem Erlenmeyerkolben mit 1 mL Kaliumchromat-Lösung versetzt und auf einer weissen Unterlage mit Silbernitrat bis zum Farbumschlag von grünlichgelb nach rötlichbraun titriert.

Eine Blindprobe mit destilliertem Wasser wird in gleicher Weise wie die Probe behandelt.

Störungen

Bromid, Iodid oder Cyanid werden bei dieser Methode miterfasst. Sulfit, Sulfid und Thiosulfat können folgendermassen entfernt werden:

Nach vorsichtigem Ansäuern der Probe mit Schwefelsäure lässt man einige Minuten sieden, gibt 3 mL Wasserstoffperoxid, w (H_2O_2) = 10 % zu und lässt erneut 15 Minuten sieden. Man ergänzt den Verdunstungsverlust, gibt tropfenweise Natronlauge, c (NaOH) = 1 mol/L bis zur schwachen Alkalität zu und lässt noch einmal kurz sieden. Dann filtriert man ab und verfährt wie oben beschrieben weiter.

Gefärbte Wasserproben werden mit Aktivkohle entfärbt und anschliessend filtriert.

Auswertung

Die Chlorid-Konzentration β (Cl⁻), angegeben in mg/L, wird nach folgender Gleichung berechnet:

$$\beta \text{ (Cl⁻)} = (A{-}B) \cdot 1000 \text{ mg/}C$$

A verbrauchtes Volumen Silbernitrat-Lösung für die Probe, mL
B verbrauchtes Volumen Silbernitrat-Lösung für die Blindprobe, mL
C Probenvolumen, mL

6.1.9   Chromat

Chromate sind als Salze der Chromsäure (H_2CrO_4) wichtige industrielle Einsatzchemikalien. Beim Ansäuern chromathaltiger Lösungen bilden sich zunächst Dichromate und unter stark sauren Bedingungen Polychromate. In diesen Verbindungen liegt Chrom in der 6wertigen Form vor. Von vielen organischen Stoffen wird gelöstes Cr(VI) zu schwerlöslichem Cr(III) reduziert.

Die Warmblüter-Toxizität von Cr(VI)-Verbindungen ist gegenüber Cr(III)-Verbindungen 100 bis 1000 mal höher. Manche löslichen Chromate sind mutagen.

Die Analyse orientiert sich an DIN 38 405, Teil 24. Dabei können Chrom(VI)-Konzentrationen bis 3 mg/L erfasst werden. Das Verfahren beruht auf der Oxidation von 1,5-Diphenylcarbazid zu 1,5-Diphenylcarbazon, das mit Chrom einen roten Farbstoffkomplex bildet.

Anwendungsbereich ➔   Wasser, Abwasser

Geräte

Spektralphotometer oder Filterphotometer mit Filter 550 nm
pH-Messgerät mit Elektrode
Membranfiltergerät mit Filtern (Porenweite 0,2 μm)

Reagenzien und Lösungen

Pufferlösung: 456 g Dikaliumhydrogenphosphat ($K_2HPO_4 \cdot 3\ H_2O$)
                                          werden in 1 L Wasser gelöst; pH-Wert auf 9,0 einstellen.

Aluminiumsulfat-Lösung:	247 g Aluminiumsulfat ($Al_2(SO_4)_3 \cdot 18H_2O$) werden in 1 L Wasser gelöst.
Diphenylcarbazid-Lösung:	1 g 1,5-Diphenylcarbazid werden in in 100 mL Aceton gelöst. Nach Zugabe von 1 Tropfen Eisessig wird in eine braune Flasche gefüllt (bei 4 °C ca. 2 Wochen haltbar).
Chrom(VI)-Lösungen:	2,829 g Kaliumdichromat werden in Wasser gelöst und im Messkolben auf 1 L aufgefüllt. 10 mL dieser Stammlösung werden im Messkolben auf 1 L aufgefüllt.

Phosporsäure, w (H_3PO_4) = 87 %

Kalibrierung und Messung

Sofort nach der Entnahme gibt man 10 mL Puffer zu 1 L Probe, misst den pH-Wert und stellt ggf. mit Natronlauge oder Phosphorsäure auf 7,5–8,0 ein. Danach gibt man 1 mL Aluminiumsulfat-Lösung zu, schüttelt und stellt mit Phosphorsäure auf pH 7,0–7,2 ein.

100 mL der so vorbehandelten Probe werden membranfiltriert. Nach Verwerfen eines Vorlaufs werden 50 mL (bei höheren Cr(VI)-Konzentrationen weniger) in einen 100-mL-Messkolben überführt. Man gibt 2 mL Phosphorsäure und 2 mL Diphenylcarbazid-Lösung zu und füllt mit Wasser auf. Nach 5 bis 10 min Standzeit misst man die Extinktion bei 550 nm gegen Wasser.

Eine Blindprobe mit Wasser wird in gleicher Weise wie die Probe behandelt. Eine Kalibrierkurve wird durch Messung der Extinktion gleichbehandelter, jedoch nicht filtrierter Chromatlösungen mit Konzentrationen innerhalb des erforderlichen Messbereichs erstellt.

Störungen

Eine rasche Untersuchung der Proben nach der Probennahme ist wichtig. Oxidierende oder reduzierende Stoffe können stören. Bei Anwesenheit oxidierender Stoffe fügt man am Ende der Vorbehandlung 1 mL Natriumsulfit-Lösung (10 %) zu und prüft mit Sulfitpapier, ob ein Überschuss vorhanden ist. Im zweiten o. a. Arbeitsschritt gibt man sofort 1 mL Natriumhypochlorit-Lösung (ca. 150 g/L Cl_2) zur Probe, um den Sulfitüberschuss bzw. andere reduzierende Stoffe zu entfernen. Danach fügt man 10 g Natriumchlorid zu und leitet 40 min lang Luft durch die Probe (Abzug!).

Weist die Probe nach Filtration noch eine Eigenfärbung auf, wird eine zweite filtrierte und vorbehandelte Probe in gleicher Weise, allerdings ohne Zugabe von Diphenylcarbazid, aufgearbeitet und die bei 550 nm gemessene Extinktion vom obigen Messwert abgezogen.

Störungen ergeben sich bei Nitrit-Konzentrationen von > 20 mg/L sowie bei sehr hohen Ammoniumkonzentrationen.

6.1.10   Cyanide

Cyanide werden bei manchen industriellen und gewerblichen Prozessen benutzt (Härtereien, Galvanikbetriebe) oder freigesetzt (Kokereien) und können z. B nach Störfällen ins Abwasser oder in Gewässer gelangen.

Für Wasserorganismen sind Cyanidionen toxisch, während viele komplex gebundene Cyanide nur eine geringe Toxizität aufweisen. Durch Umlagerungen können aus komplex gebundenen Cyaniden Cyanidionen freigesetzt werden, so dass eine Beurteilung der toxischen Wirkung von Wasserproben ohne den Einsatz von biologischen Tests oft schwierig ist.

Konventionell unterscheidet man nach DIN 38 405, Teil 13, zwischen „Gesamt-Cyanid" und „leicht freisetzbarem Cyanid". Andere Bezeichnungen wie „freies Cyanid" oder „mit Chlor zerstörbares Cyanid" sind deshalb zu vermeiden. Unter Gesamtcyanid versteht man die Summe der einfachen und komplex gebundenen Cyanide, die unter den Bedingungen des Verfahrens Cyanwasserstoff abspalten. Leicht freisetzbare Cyanide umfassen Verbindungen mit CN-Gruppen, die bei Raumtemperatur und pH 4 Cyanwasserstoff freisetzen.

Das Auftreten von Cyaniden im Grundwasser, Oberflächenwasser und Trinkwasser deutet auf Abwasser- oder Abfalleinflüsse hin und sollte stets Anlass für Erkundungs- und Abhilfemassnahmen sein. Im Rohwasser zur Trinkwasseraufbereitung und im Trinkwasser dürfen Cyanidkonzentrationen von 0,05 mg/L nicht überschritten werden.

Anwendungsbereich →   Wasser, Abwasser

a) Gesamt-Cyanid

Geräte
Destillationsapparatur mit 500-mL-Dreihalskolben, Rückflusskühler, Absorptionsgefäss (Abb. 32), Einfülltrichter, Saugpumpe, Waschflasche, Durchflussmessgerät, Heizeinrichtung
Spektralphotometer oder Filterphotometer mit Filter 580 nm

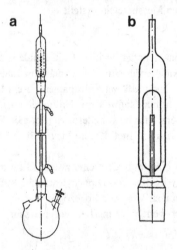

Abb. 32: Destillationsapparatur (a), Absorptionsgefäss (b)

Reagenzien und Lösungen

Zinn(II)-chlorid-Lösung:	50 g Zinnchlorid ($SnCl_2 \cdot 2\ H_2O$) werden in 40 mL Salzsäure, $c\ (HCl) = 1$ mol/L, gelöst und mit Wasser auf 100 mL aufgefüllt.
Kupfersulfat-Lösung:	20 g Kupfersulfat ($CuSO_4 \cdot 5\ H_2O$) werden in Wasser gelöst und die Lösung auf 100 mL aufgefüllt.

Chloroform-
Phenolphthalein-Lösung:

Zink-Cadmiumsulfat-
Lösung:

Pufferlösung pH = 5,4:

Chloramin-T-Lösung:

Barbitursäure-
Pyridin-Reagenz:

Cyanid-Standardlösung
β (CN$^-$) = 10 mg/L:

Salzsäure:

Natronlauge:

0,03 g Phenolphthalein werden in 90 mL Ethanol gelöst und anschliessend mit 10 mL Chloroform versetzt.

10 g Zinksulfat (ZnSO$_4$ · 7 H$_2$O) und 10 g Cadmiumsulfat (3 CdSO$_4$ · 8 H$_2$O) werden mit Wasser auf 100 mL aufgefüllt.

6 g Natriumhydroxid werden in 50 mL Wasser gelöst und danach mit 11,8 g Bernsteinsäure (C$_4$H$_6$O$_4$) versetzt. Anschliessend füllt man mit Wasser auf 100 mL auf.

1 g Chloramin-T (C$_7$H$_7$SO$_2$NClNa) wird in 100 mL Wasser gelöst. Die Lösung ist ca. 1 Woche haltbar.

3 g Barbitursäure (C$_4$H$_4$N$_2$O$_3$) werden in einen 50 mL Messkolben gegeben, mit etwas Wasser vermischt und mit 15 mL Pyridin versetzt. Man gibt unter Schütteln so viel Wasser zu, bis sich die Barbitursäure vollständig gelöst hat, fügt 3 mL Salzsäure, w (HCl) = 25 % zu und füllt mit Wasser zur Marke auf. Das Reagenz ist im Kühlschrank 1 Woche haltbar.

25 mg Kaliumcyanid werden in 1 L Natronlauge, c (NaOH) = 1 mol/L, gelöst.

w (HCl) = 25 % und c (HCl) = 1 mol/L.

w (NaOH) = 20 % und c (NaOH) = 1 mol/L.

Probenvorbereitung

Nach der Probennahme gibt man zu 1 L Probe 5 mL Natronlauge, c (NaOH) = 1 mol/L, 10 mL Chloroform-Phenolphthalein-Lösung sowie 5 mL Zinn(II)-chlorid-Lösung. Bei Rotfärbung wird tropfenweise Salzsäure, c (HCl) = 1 mol/L, bis zur Entfärbung zugesetzt. Tritt keine Rotfärbung auf, gibt man tropfenweise Natronlauge, c (NaOH) = 1 mol/L, bis zur Rotfärbung zu. Anschliessend fügt man 10 mL Zink-Cadmiumsulfat-Lösung zu und bewahrt die Probe bis zur Untersuchung dunkel und kühl auf. Vor der Untersuchung einer Teilprobe ist der Behälter gut zu schütteln.

<u>Kalibrierung und Messung</u>

Man füllt 10 mL Natronlauge, c (NaOH) = 1 mol/L, in das Absorptionsgefäss ein und schliesst die Saugleitung an. Die angesaugte Luft wird durch eine Waschflasche geleitet, die mit 100 mL Natronlauge, c (NaOH) =1 mol/L, gefüllt ist.

Dann gibt man nacheinander 30 mL demineralisiertes Wasser, 10 mL Kupfersulfatlösung, 2 mL Zinnchloridlösung, 100 mL Wasserprobe (bzw. Aliquot auf 100 mL aufgefüllt) und 10 mL Salzsäure, w (HCl) = 25 %, in den Zersetzungskolben, saugt Luft mit ca. 20 L/h durch die Apparatur und lässt 1 h leicht sieden. Zur Bestimmung der Cyanidionen überführt man den Inhalt des Absorptionsgefässes anschliessend in einen 25-mL-Messkolben, spült nach und füllt mit Wasser bis zur Marke auf. Aus diesem Kolben werden 10 mL entnommen und in einen anderen 25-mL-Messkolben überführt. Danach gibt man 2 mL Pufferlösung, 4 mL Salzsäure, c (HCl) = 1 mol/L, und 1 mL Chloramin-T-Lösung zu und lässt 5 min stehen. Nach Zugabe von 3 mL Barbitursäure-Pyridin-Reagenz füllt man mit Wasser zur Marke auf und misst nach 20 min bei 580 nm gegen eine Vergleichslösung, die die genannten Substanzen in gleichen Konzentrationen enthält. Eine Blindprobe mit destilliertem Wasser wird wie die Probe dem gesamten Bestimmungsverfahren unterworfen.

Auswertung
Die Konzentration des Gesamt-Cyanids in der Wasserprobe, angegeben in mg/L, wird nach der folgenden Gleichung berechnet:

$$\beta \text{ (Gesamt-Cyanid)} = (A–B) \cdot 2500/e \cdot V$$

A Cyanid-Gehalt der Probe, mg
B Cyanid-Gehalt der Blindprobe, mg
e Faktor aus der Volumenvermehrung durch die Konservierung, $e = 0{,}97$
V Probenvolumen, mL

b) leicht freisetzbares Cyanid

Geräte
Destillationsapparatur wie unter a) beschrieben

Reagenzien und Lösungen
Pufferlösung, pH = 4:   80 g Kaliumhydrogenphthalat ($C_8H_5O_4K$) werden in 920 mL erwärmtem Wasser gelöst.

EDTA-Lösung: 100 g EDTA-Natriumsalz ($C_{10}H_{14}N_2O_8Na \cdot 2\ H_2O$) werden in 940 mL erwärmtem Wasser gelöst.

Die weiteren Lösungen wie bei a).

Probenvorbereitung
Wie unter a) beschrieben.

Kalibrierung und Messung
Man füllt 10 mL Natronlauge, c (NaOH) = 1 mol/L, in das Absorptionsgefäss und stellt einen Luftstrom von 30 bis 60 L/h ein. Dann gibt man 10 mL Zink-Cadmiumsulfat-Lösung, 10 mL EDTA-Lösung, 50 mL Pufferlösung sowie 100 mL der geschüttelten Probe zu. Man stellt mit Salzsäure auf pH = 4 ein, verbindet den Kolben mit einer Waschflasche (gefüllt mit 100 mL Natronlauge, c (NaOH) = 1 mol/L) und saugt 4 h Luft mit einem Strom von 60 L/h durch die Lösung. Eine Blindprobe wird in gleicher Weise wie die Probe behandelt.
Kalibrierung, Messung und Auswertung erfolgen in gleicher Weise wie unter a) beschrieben.

Störungen
Bei Anwesenheit höherer Konzentrationen von Sulfid, Sulfit, Thiosulfat, Carbonat, Nitrat, Nitrit und Ammonium ist mit Störungen des Verfahrens zu rechnen.
Kupferionen beschleunigen die Zersetzung eventuell vorhandener Hexacyanoferrate und verhindern den Übertritt von Schwefelwasserstoff in das Absorptionsgefäss. Der Zinn(II)-Zusatz dient einerseits der Bildung von Kupfer(I)-Ionen und verhindert andererseits die Bildung unerwünschten Chlorcyans oder von Cyanaten. Die Zersetzung von Hexacyanoferraten (II und

III) ist so auch bei höheren Eisen(II)- und Eisen(III)-Konzentrationen vollständig. Der Zink- und Cadmiumzusatz dient der Stabilisierung von Hexacyanoferraten gegen teilweise Zersetzung bzw. als Sulfidakzeptor, die EDTA-Zugabe führt zur Freisetzung des Cyanwasserstoffs aus Nickelcyano-Komplexen. Die im Verfahren angegebene Reihenfolge der Zugabe der Lösungen ist einzuhalten.

6.1.11   Dichte

Reines Wasser besitzt bei einer Temperatur von 4 °C und einem Luftdruck von 1013 hPa seine grösste Dichte. Bei Erwärmung über 4 °C dehnt es sich aus, ebenso zwischen 4 °C und 0 °C. Art und Menge von im Wasser gelösten oder suspendierten Stoffen können die Dichte verändern. Beim Trinkwasser werden die Abweichungen normalerweise vernachlässigt, nicht jedoch bei Mineralwässern, Grundwässern oder Abwässern, die eine grössere Menge gelöster Stoffe enthalten können. Erfolgt bei deren Untersuchung eine vorherige Volumenmessung statt einer Wägung, ist das Volumen mit der Dichte zu multiplizieren.

Anwendungsbereich ➜   Wasser, Abwasser

a) Pyknometrische Bestimmung

Geräte
Pyknometer von 20 - 100 mL Inhalt mit verengtem, graduierten Kolbenhals
Thermostat

Probenvorbereitung
Ungelöste Stoffe werden durch Filtration über ein Faltenfilter entfernt.

Messung
Die Probe wird blasenfrei in das trockene Pyknometer bis etwa zur Marke gefüllt, ca. 1 h im Thermostat auf 20 °C temperiert und bis zur Marke aufgefüllt. Das aussen trockene Gefäss wird auf 1 mg genau gewogen, entleert, gereinigt und mit Wasser von 20 °C erneut zur Marke aufgefüllt. Das gefüllte Gefäss wird nach kurzer Temperierung auf 20 °C erneut gewogen.

Auswertung
Die Flüssigkeitsdichte D_{20} (g/cm^3) wird nach folgender Formel berechnet:

$$D_{20} = \frac{\left(G_1 - G_L\right) \cdot 0{,}99820}{G_2 - G_L}$$

G_1 Gewicht des mit der Probe gefüllten Gefässes, g
G_2 Gewicht des wassergefüllten Gefässes, g
G_L Gewicht des leeren Gefässes, g
0,99820   Dichte des Wassers bei 20 °C

Bei Dichten unter 1 wird das Messergebnis auf vier Dezimalstellen angegeben, bei Dichten über 1 auf drei Dezimalstellen. Bei anderen Messtemperaturen als 20 °C wird der entsprechende Korrekturfaktor eingesetzt (Tab. 24).

Tab. 24 : Dichte des Wassers in Abhängigkeit von der Temperatur

Temperatur (°C)	Dichte ρ (kg/L)	Temperatur (°C)	Dichte ρ (kg/L)
0	0,99984	20	0,99820
5	0,99996	25	0,99704
10	0,99970	30	0,99564
15	0,99910	35	0,99403

b) Bestimmung mit der Waage nach Mohr-Westphal

Bei der Dichtebestimmung mit der Waage nach Mohr-Westphal wird ein Senkkörper von bekanntem Volumen V (meist 1 cm^3) mit einem feinen Draht an der dafür vorgesehenen Halterung befestigt und sein Gewicht auf dem anderen Waagenbalken mit Gegengewichten austariert. Nach Eintauchen des Körpers in die auf 20 °C temperierte Wasserprobe wird der durch den Auftrieb verursachte scheinbare Gewichtsverlust durch Auflegen eines Gewichtes auf den Waagenbalken kompensiert. Abb. 33 zeigt die wesentlichen Teile der Mohr-Westphalschen Waage.

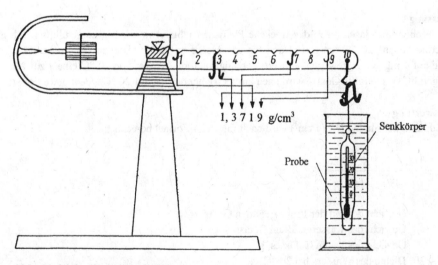

Abb. 33: Mohr-Westphalsche Waage

Messung

Die auf 20 °C temperierte Probe wird in den Standzylinder gefüllt. Der Senkkörper wird an den Haken der Waage gehängt, wobei ca. 1,5 cm Flüssigkeit überstehen sollte. Dann hängt man den 1-g-Reiter direkt an den Haken über dem Senkkörper. Ist das Gewicht der Senkkörperseite zu gering, setzt man weitere Reiter in die erste bis neunte Kerbe der Waage, bis Gleichgewicht erreicht ist. Die aufgesetzten Einzelgewichte werden addiert:

- Bei Auflage eines 1-g-Reiters auf den Haken und Gleichgewicht der Waage bedeutet dies bei einem Senkkörpervolumen von 1 cm³: $D_{20} = 1$ g/cm³.
- Auflage eines 1-g-Reiters auf die 1. bis 9. Kerbe gibt die erste Stelle nach dem Komma an, d. h. Kerbenziffer ≅ Ziffer.
- Entsprechendes gilt für 0,1-g- und 0,01-g-Reiter.

Auswertung

Die Dichte bei 20 °C wird berechnet nach:

$$D_{20} = G \cdot 0,99820/V$$

c) Aräometrische Bestimmung

Die aräometrische Dichtebestimmung erfolgt bei 20 °C durch Eintauchen von Präzisionsspindeln in einen mit der Wasserprobe gefüllten Messzylinder. Die Spindeln sollten trocken und fettfrei sein. Die Dichte wird direkt an der Spindel abgelesen.

6.1.12   Eisen (Gesamt-Eisen und Eisen(II))

Unter anaeroben Bedingungen kann der Gehalt von Fe^{2+}-Ionen vor allem im Grundwasser und in Abwässern mehrere mg/L betragen, während in meist aeroben Oberflächengewässern die Konzentrationen selten über 0,3 mg/L liegen. Fe^{2+}-Ionen werden relativ rasch durch Zutritt von Luftsauerstoff oxidiert. Hierbei bildet sich zunächst gelbbraunes kolloidales Eisen(III)-hydroxid, das anschliessend als braunes Hydroxid ausfällt.

$$2\ Fe^{2+} + \tfrac{1}{2}\,O_2 + 2\,H^+ \rightarrow 2\ Fe^{3+} + H_2O$$

Im Trink- und Brauchwasser ist Eisen unerwünscht, da Eisenhydroxid sich in Rohrleitungen ablagern kann und ausserdem die Wassernutzung bei höheren Mengen Eisen problematisch wäre (metallischer Geschmack, Flecken in Textilien nach dem Waschen).

Bei der Untersuchung auf Eisen wird zwischen Gesamt-Eisen und Eisen(II) unterschieden. Man unterscheidet ausserdem zwischen Gesamt-Eisen, d. h. der Summe von gelöstem und ungelöstem Eisen und dem gesamten gelösten Eisen, d. h. der Summe von Eisen(II)- und Eisen(III)-Verbindungen.

Anwendungsbereich ➔   Wasser, Abwasser

a) Gesamt-Eisen

Geräte
Spektralphotometer oder Filterphotometer mit Filter 520 nm.

Reagenzien und Lösungen

2,2`-Dipyridyl-Lösung:	0,1 g 2,2`-Dipyridyl ($C_{10}H_8N_2$) werden mit Wasser zu 100 mL gelöst.
Eisen(III)-Standard-lösungen, β_1 (Fe^{2+}) = 100 mg/L, β_2 (Fe^{2+}) = 10 mg/L:	100 mg Eisendraht werden in einem 1-L-Messkolben mit 20 mL H_2O und 5 mL Salzsäure, w (HCl) = 36 %, unter Erwärmen gelöst. Nach dem Abkühlen füllt man mit Wasser auf 1 L auf. 100 mL dieser Lösung werden mit Wasser auf 1 L aufgefüllt. Die verdünnte Lösung ist täglich frisch herzustellen.

Salzsäure, w (HCl) = 25 %
Salpetersäure, w (HNO_3) = 65 %
Natriumacetat ($C_2H_3O_2Na \cdot 3\ H_2O$)
Ascorbinsäure ($C_6H_8O_6$)

Probenvorbereitung
Für die Bestimmung des Gesamt-Eisens stellt man die Probe am Ort der Entnahme mit Salzsäure auf pH 1 ein.

Soll das gesamte gelöste Eisen bestimmt werden, filtriert man unmittelbar nach der Probennahme durch ein mittelhartes Papierfilter und säuert das Filtrat bis pH 1 an.

Schwerlösliche Eisenverbindungen müssen aufgeschlossen werden: Man gibt in einem Becherglas zu 50 mL Probe 5 mL Salpetersäure, w (HNO_3) = 65 %, und 10 mL Salzsäure, w (HCl) = 25 %, und erhitzt auf ca. 80 °C, bis feste Partikel gelöst sind. Danach fügt man 2 mL konzentrierte Schwefelsäure zu und dampft ein, bis Schwefelsäuredämpfe auftreten. Nach Abkühlen gibt man 20 mL Wasser zu, filtriert falls nötig und füllt mit Wasser im Messkolben auf 100 mL auf.

Kalibrierung und Messung
In mehrere Messkolben gibt man jeweils so viel Standardlösung, dass eine Fe(III)-Konzentrationsreihe von 0,05 bis 1 mg/L vorliegt. Diese Lösungen werden wie die Probe selbst behandelt.

Zur Bestimmung des Gesamt-Eisens in den Proben werden 50 mL (oder ein kleineres Volumen) in einen 100-mL-Messkolben pipettiert und falls nötig auf pH = 2–3 gebracht. Nach Zugabe von 300 bis 500 mg Ascorbinsäure zur Reduktion von Fe^{3+} zu Fe^{2+} gibt man 20 mL 2,2`-Dipyridyl-Lösung zu, puffert durch Zugabe von 2 bis 5 g festem Natriumacetat auf pH = 5–6 und füllt auf 1 L auf. Danach misst man im Photometer bei 520 nm. Ein Blindwert wird in gleicher Weise wie die Probe behandelt.

Störungen
Kupfer, Zink und o-Phosphat können stören, wenn sie die Eisenkonzentration um das 10fache übersteigen.

Störende Cyanide werden meist durch die Säurezugabe entfernt. Bei Verdacht auf die Anwesenheit komplex gebundener Cyanide sollte nach dem beschriebenen Aufschlussverfahren gearbeitet werden.

Auswertung
Der Gehalt an Gesamt-Eisen wird mit Hilfe der erstellten Kalibrierkurve unter Berücksichtigung des Blindwertes bestimmt.

b) Eisen(II)

Geräte
Spektralphotometer oder Filterphotometer mit Filter 520 nm.

Reagenzien und Lösungen

2,2`-Dipyridyl-Lösung:	Wie unter a) beschrieben.
Eisen(II)-Standardlösungen,	0,7022 g Ammoniumeisen(II)-sulfat ($(NH_4)_2Fe(SO_4)_2 \cdot 6H_2O$)
β_1 (Fe^{2+}) = 100 mg/L,	werden mit Wasser zu 1 L gelöst. 100 mL dieser Lösung
β_2 (Fe^{2+}) = 10 mg/L:	werden mit Wasser auf 1 L verdünnt. Beide Lösungen
	müssen täglich frisch angesetzt werden.
Natriumacetat ($C_2H_3O_2Na \cdot 3 H_2O$)	

Probenvorbereitung
Bereits vor der Probennahme werden 20 mL 2,2`-Dipyridyl-Lösung in 100-mL Messkolben vorgelegt. Vor Ort werden dann je nach dem zu erwartenden Fe(II)-Gehalt 10 bis 75 mL Probe mit einer Pipette in den Messkolben gegeben.

Kalibrierung und Messung
Mehrere 100-mL-Messkolben werden mit je 20 mL 2,2`-Dipyridyl-Lösung versetzt. In diese Kolben gibt man dann jeweils so viel frische Standardlösung, dass sich eine Fe(II)-Konzentrationsreihe von 0,05 bis 1 mg/L ergibt. Nach dem Auffüllen misst man die Extinktionen bei 520 nm im Photometer.

Zur Bestimmung von Fe^{2+}-Ionen in den Proben wird ein gewähltes Probenvolumen in gleicher Weise behandelt. Falls der pH-Wert der Lösung nicht zwischen 3 und 9 liegt, wird mit wenig Natriumacetat gepuffert. Eine Blindprobe wird parallel zur Probe gemessen.

Störungen
Trübe Lösungen sind vor der Bestimmung möglichst rasch zu filtrieren.

Auswertung
Der Gehalt an Fe^{2+}-Ionen wird mit Hilfe der erstellten Kalibrierkurve unter Berücksichtigung des Blindwertes ermittelt.

6.1.13 Flockungstest (Jar-Test)

Kolloide oder feinsuspendierte Stoffe im Rohwasser für die Trinkwasseraufbereitung können manche Behandlungsverfahren wie Sedimentation oder Filtration stören. Durch Zugabe von Flockungsmitteln, vor allem Eisen- oder Aluminiumsalzen, können die stabilisierenden (meist elektronegativen) Kräfte der dispergierten Partikel überwunden werden. Danach bilden sich unter Rühren zunächst Mikroflocken, daraus bei vermindertem Energieeintrag Makroflocken, die sich leicht abtrennen lassen. Zur Unterstützung der Flockung und Verbesserung der Flockeneigenschaften werden manchmal zusätzlich Flockungshilfsmittel eingesetzt, z. B. Polyacrylamide.

Für die Auslegung von Flockungsanlagen sind Vorversuche erforderlich, da pH-Wert, Säurekapazität, Ionenstärke, Art und Menge der Flockungsmittel und Flockungshilfsmittel, Energieeintrag und Verweildauer für die günstigste Flockung zu ermitteln sind. Der standardisierte Flockungstest (engl.: *jar test*) ist daher ein wichtiges Hilfsmittel für Entwurf und Optimierung von Wasser- und Abwasserbehandlungsanlagen.

Anwendungsbereich ➜   Wasser

Geräte
Reihenrührwerk mit zumindest 6 Rührern, stufenlos einstellbar von 0–100 min^{-1}
graduierte Bechergläser, Volumen 1–2 L (je nach Gerätetyp)

Reagenzien und Lösungen

Aluminiumsulfat-Lösung,	1,95 g Aluminiumsulfat ($Al_2(SO_4)_3 \cdot 18\ H_2O$) bzw. 1,74 g
$w\ (Al_2(SO_4)_3) = 1\ \%$:	$Al_2(SO_4)_3 \cdot 14\ H_2O$) werden mit Wasser zu 100 mL gelöst.
Eisensulfat-Lösung,	1,83 g Eisensulfat ($FeSO_4 \cdot 7\ H_2O$ bzw. 1,41 g
$w\ (FeSO_4$ oder $Fe_2(SO_4)_3) = 1\ \%$:	$Fe_2(SO_4)_3 \cdot 9\ H_2O$) werden mit Wasser zu 100 mL gelöst.
Calciumhydroxid-Suspension,	Wird mit CO_2-freiem Wasser (kochen!) angesetzt.
$w\ (Ca(OH)_2) = 1\ \%$:	
Polyelektrolyt-Lösungen, 0,05 %	Ansätze nach Herstellerangabe.
Schwefelsäure, $w\ (H_2SO_4) = 1\ \%$	

Messung
Nach Befüllen der Bechergläser mit der Rohwasserprobe gibt man rasch das zu prüfende Flockungsmittel in steigenden Konzentrationen zu: z. B. 1 mL der Aluminiumsulfat-Lösung (= 10 mg/L $Al_2(SO_4)_3$) in das erste Glas, 2 mL in das zweite, u. s. w. Nach Eintauchen der Rührer wird 1 min bei 60–100 min^{-1} gerührt (Rührgeschwindigkeit je Versuchsreihe exakt festlegen), danach noch 20 min bei 30 min^{-1}. Das Auftreten erster sichtbarer Flocken ist festzuhalten, ebenso nach der Rührphase der Absetzvorgang innerhalb von 20 min, Farbe, Trübung und pH-Wert der überstehenden Flüssigkeit. Ca. 100 mL des Überstandes werden ausserdem über ein Papierfilter abfiltriert und im Filtrat ebenfalls Farbe und Trübung bestimmt.

Soll zusätzlich Art und optimale Konzentration von Flockungshilfsmitteln bestimmt werden, wird der günstigste Ansatz des Flockungsversuchs (evtl. Flockungsmittelmenge etwas unter Optimum) mit jeweils steigenden Konzentrationen des zu prüfenden Flockungshilfsmittels versetzt. Dabei werden 1 mg/L selten überschritten. Zum Vergleich wird ein Becherglas nur mit Flockungsmittel ohne Zusatz von Flockungshilfsmittel angesetzt.

Besonders bei Rohwässern mit geringer Pufferkapazität liegt der pH-Wert manchmal ausserhalb des für die Flockung mit Aluminiumsalzen günstigen Bereichs von 6–8 oder er sinkt durch die Hydrolyse des zugegebenen Flockungsmittels ab. Nach Zugabe der gleichen Optimalkonzentrationen von Flockungsmittel/Flockungshilfsmittel in die Versuchsgefässe werden durch Zugabe von Calciumhydroxid-Suspension bzw. Schwefelsäure verschiedene pH-Werte, z. B. von 5,0 bis 8,0, eingestellt.

Ergänzende Informationen und Auswertung
Die obige Arbeitsbeschreibung ist lediglich als ein Beispiel zu verstehen. Parameter wie pH-Wert, Alkalität, Rührgeschwindigkeit und -zeit, Dosierung von Flockungsmittel und Flockungshilfsmittel sollten in Serienversuchen variiert werden, um die optimalen Flockungsbedingungen bei möglichst niedrigem Chemikalieneinsatz zu finden. Durch einen Faktorenversuchsplan lässt sich die Zahl der einzelnen Versuche systematisch eingrenzen (s. Literaturliste: z. B. Doerffel). Folgende Hinweise sind bei der Beurteilung der Ergebnisse von Flockungsversuchen und deren Übertragung in den Wasserwerksbetrieb zu beachten:

- Die Wassertemperaturen sollten beim Versuch denen des Rohwassers entsprechen.
- Durch Zugabe von 0,40 mg/L $Ca(OH)_2$ pro mg/L $Al_2(SO_4)_3$ lässt sich die Alkalität der Probe auf gleicher Höhe halten.
- Eine erste Beurteilung der Flockungsqualität wird qualitativ vorgenommen, z. B.: schlecht, befriedigend, gut, hervorragend.
- Die durchschnittliche Verweilzeit des aufzubereitenden Wassers im Flockungs- und Absetzbecken des Wasserwerks kann als Orientierungswert für die Laborversuche dienen.
- Verschiedene Suspensa erfordern u. U. unterschiedliche Flockungsbedingungen. Bei Suspensamischungen sind manchmal Kompromisse bei deren Festlegung erforderlich.
- Bei Übertragung der Laborergebnisse in den Wasserwerksbetrieb werden zunächst diejenigen Versuchsparameter erprobt, die die Trübung bei geringstem Aufwand und Chemikalienverbrauch entfernen.
- Ein *up-scaling* der Versuchsergebnisse des Labors in die Dimension einer Grossanlage gelingt nicht immer einwandfrei.

6.1.14.   Fluorid

Fluoride können in Abwässern von Unternehmen der Aluminium-, Keramik-, Glas- und Emailindustrie sowie in Prozessabwässern von Betrieben der Halbleiterfertigung vorkommen. In manchen Grundwässern treten geogen erhöhte Fluoridkonzentrationen auf, die nach Nutzung als Trinkwasser zu Fluorosen (Schädigung des Kalkhaushalts von Lebewesen) führen können.

Die Fluoridbestimmung kann bei Wasserproben mit geringen Matrixeinflüssen meist direkt mit Hilfe einer ionensensitiven Elektrode vorgenommen werden (Ausnahme: komplex gebundene Fluoride). In allen anderen Fällen ist vor der Messung ein alkalischer Aufschluss mit anschliessender Destillation erforderlich. Ausserdem wird ein einfaches photometrisches Verfahren beschrieben.

Anwendungsbereich ➔   Wasser, Abwasser

a) Fluoridmessung mit ionensensitiver Elektrode

Geräte
mV-Messgerät (Auflösung 0,1 mV) mit Fluorid-Elektrode
pH-Messgerät mit Elektrode
Magnetrührer
Thermostatisiereinrichtung, Temperaturbereich 20–30 °C
Nickelschale, ca. 0,5 L
Nickeltiegel, ca. 50 mL
Destillationsapparatur zur Wasserdampfdestillation (Apparatur nach Seel)

Reagenzien und Lösungen

TISAB-Pufferlösung (total ionic strength adjustment buffer):	300 g Natriumcitrat ($C_6H_5O_6Na_3$) werden in Wasser gelöst. Danach gibt man 22 g 1,2-Cyclohexylendinitrilotetraessigsäure ($C_{14}H_{22}N_2O_8 \cdot H_2O$) und 60 g Natriumchlorid zu und füllt auf 1 L auf. Aufbewahrung in Kunststoffflasche.
Fluorid-Standardlösung, β (F⁻) = 1000 mg/L:	2,210 g Natriumfluorid (1 h bei 120 °C getrocknet) werden in Wasser zu 1 L gelöst. Die Lösung wird in einer Kunststoffflasche aufbewahrt.

Schwefelsäure, w (H_2SO_4) = 72 %
Phosphorsäure, w (H_3PO_4) = 87 %
Natriumhydroxid, fest

Kalibrierung und Messung
Direktbestimmung
25 mL TISAB-Puffer und 25 mL Probe werden zusammengegeben; ggf. muss man mit Salzsäure oder Natronlauge auf pH = 5,8 einstellen (Verdünnung berücksichtigen). Die Lösung wird auf 25 ± 0,5 °C temperiert.

Man taucht die Fluorid-Elektrode unter Rühren in die Lösung. Ändert sich die Spannung ca. 5 min um nicht mehr als 0,5 mV, wird der Rührer abgeschaltet und der Messwert abgelesen. Eine Messreihe des Fluorid-Standards (0,2 bis 10 mg/L) wird wie die Probe behandelt. Die Auswertung erfolgt mit Hilfe einer Kalibrierkurve.

Anorganisch gebundenes Gesamtfluorid
Vorbehandlung:
Man gibt 500 mL Probe in eine Nickelschale und stellt mit Natronlauge auf pH = 11–12 ein. Nach Eindampfen auf ca. 30 mL überführt man in einen Nickeltiegel und dampft vorsichtig zur Trockene ein. Der Rückstand wird mit 2 g Natriumhydroxid überschichtet und der Tiegel auf 400–500 °C erhitzt. Danach löst man die Schmelze in Wasser.
Destillation:
Man gibt max. 50 mL der vorbehandelten Lösung in den Destillationskolben, schliesst diesen an die Apparatur an und gibt 60 mL Schwefelsäure und 10 mL Phosphorsäure über einen Tropftrichter zu. Der Kühlerablauf tropft in einen 500-mL-Messkolben, in dem sich 20 mL Natronlauge, c (NaOH) = 1 mol/L, befinden. Der Kolben wird erhitzt, bis die Temperatur 155 °C erreicht. Nach Siedebeginn leitet man Wasserdampf ein und destilliert etwa 450 mL Lösung über.

Der Inhalt des Messkolbens wird mit Salzsäure gegen Methylrot neutralisiert und mit Wasser zur Marke aufgefüllt. Fluorid wird, wie unter „Direktbestimmung" beschrieben, gemessen.

Störungen
Zur Verbesserung der Gleichgewichtseinstellung wird die Fluorid-Elektrode eine Stunde vor der Messung in eine wässrige Lösung mit einer Fluoridkonzentration von 0,2 mg/L gestellt. Bei der Messung ist der Zusammenhang zwischen angezeigter Spannung und Logarithmus der Fluorid-konzentration in der Probe im Bereich 0,2 bis 2000 mg/L linear.

Bei Abwasserproben werden unspezifische Matrixeinflüsse oder Störungen durch einige Kationen mit Hilfe der Destillation behoben.

b) Einfache photometrische Fluoridbestimmung

Diese Bestimmungsmethode eignet sich nur für klare und farblose Wasserproben.

Geräte
ca. 10 Nessler-Röhrchen, 100 mL
Bürette oder Tropfpipette

Regenzien und Lösungen

Salzsäure/Schwefelsäure- Mischung:	100 mL Salzsäure, w (HCl) = 36 %, und 33 mL konz. Schwefelsäure werden nacheinander vorsichtig und unter Rühren in 800 mL Wasser gegeben.
Zirconiumoxychlorid-Reagenz:	0,3 g Zirconiumoxychlorid (ZrOCl$_2$ · 8 H$_2$O) werden in einem 1-L-Messkolben in etwa 50 mL Wasser gelöst. Man fügt eine Lösung von 0,07 g Alizarinrot S (Na-Alizarin- sulfonat) in 50 mL Wasser zu und füllt mit der Salzsäure/ Schwefelsäure-Mischung auf 1 L auf. Diese Lösung ist nach 1 h gebrauchsfertig und ca. 6 Monate haltbar.

Natriumarsenit-Lösung:	0,5 g Natriumarsenit (NaAsO$_2$) werden in 100 mL Wasser gelöst.
Fluorid-Standardlösung β (F$^-$) = 10 mg/L:	Die Lösung wird durch Verdünnen der in a) aufgeführten Standardlösung, β (F$^-$) = 1000 mg/L, hergestellt.

Kalibrierung und Messung
In 7 Nessler-Röhren gibt man jeweils ein Volumen von 0 bis 12 mL der Fluorid-Standardlösung und füllt mit Wasser zur Marke auf, so dass sich in den Gefässen Lösungen mit Fluoridkonzentrationen von 0 bis 1,2 mg/L befinden. Danach werden in 3 weitere Nessler-Gefässe 100, 50, 25 und 12,5 mL der Wasserprobe gegeben und auch diese Gefässe zur Marke aufgefüllt. Bei gechlortem Trinkwasser gibt man 1 Tropfen Natriumarsenit-Lösung zu (ausreichend für 1 mg/L Chlor in der Probe). Nach gründlichem Schütteln und Einstellen gleicher Temperatur in allen Gefässen (± 2 °C) gibt man rasch 5 mL Zirconiumoxychlorid-Reagenz in jedes Gefäss, schüttelt erneut und lässt 60 min stehen. Anschliessend werden die Farbintensitäten der gelben bis rosa Farbe der Probe (bzw. deren Verdünnung) mit der Farbe der Standardmessreihe verglichen.

Störungen
Wasserinhaltsstoffe, die die nachfolgenden Konzentrationen (mg/L) überschreiten, können die Fluoridbestimmung stören:

Chlorid	2000
Sulfat	300
Phosphat	5
Eisen	2
Aluminium	0,25
Säurekapazität	400 (als $CaCO_3$) ≈ 4 mol/L.

6.1.15   Gelöste und ungelöste Stoffe

Gelöste und ungelöste Stoffe eines Wassers werden durch Filtration voneinander getrennt. Als abfiltrierbare Stoffe werden ungelöste Stoffe bezeichnet, die sich bei Filtration durch ein mittelhartes Filter abtrennen lassen und nach 2stündiger Trocknung bei 105 °C gewogen werden.

Mit dem Abdampfrückstand erfasst man anorganische und organische Stoffe, die bei Temperaturen bis 105 °C nicht flüchtig sind.

Der Glührückstand erfasst solche Stoffe, die nach einstündigem Glühen bei dunkler Rotglut (600 bis 650 °C) gewogen werden. Der Glühverlust ergibt sich als Differenz zwischen Abdampfrückstand und Glührückstand. Er ist bedingt durch organische Stoffe und durch Zersetzung anorganischer Salze wie Nitrate, Carbonate und Hydrogencarbonate.

Der Gesamtsalzgehalt von Wässern kann durch Aufgabe der Probe auf einen Kationenaustauscher mit anschliessender Säuretitration bestimmt werden.

Anwendungsbereich →   Wasser, Abwasser, Boden (Trockenrückstand und Glührückstand)

a) Abfiltrierbare Stoffe

Geräte
Glastrichter oder Filtertiegel G2
Papierfilter, mittelhart

Messung
Zur Filtration verwendet man soviel Probenmenge, dass mindestens 10 mg Filterrückstand verbleiben. Man wäscht mit Wasser nach, trocknet bei 105 °C (Papierfilter im Wägeglas: 2 h, Filtertiegel: ca. 20 min) und lässt vor der Wägung im Exsikkator abkühlen.

Auswertung
Die Konzentration β der abfiltrierbaren Stoffe (mg/L) wird berechnet nach:

$$\beta \text{ (abfiltrierbare Stoffe)} = m \cdot 1000/V$$

m Auswaage des Rückstandes, mg
V Probenvolumen, mL

b) Abdampfrückstand

Geräte
Wasserbad oder Laborheizstrahler
Porzellanschale (ca. 15 cm Durchmesser)

Messung
Mindestens 100 mL der durch ein mittelhartes Papierfilter filtrierten Wasserprobe werden in der Porzellanschale zur Trockene eingedampft. Die Schale wurde zuvor bei 105 °C getrocknet und gewogen. Das Abdampfen kann portionsweise erfolgen. Anschliessend trocknet man bei 105 °C bis zur Gewichtskonstanz. Bei Bodenproben werden 5 bis 10 g lufttrockener Feinboden in einer Porzellanschale bis zur Gewichtskonstanz bei 105 °C getrocknet.

Auswertung
Die Konzentration β des Abdampfrückstandes (mg/L) berechnet sich nach:

$$\beta \text{ (Abdampfrückstand)} = m \cdot 1000/V$$

m Auswaage des Rückstandes, mg
V Probenvolumen, mL

c) Glührückstand

Geräte
Porzellanschale (15 cm Durchmesser)
Muffelofen

Reagenzien und Lösungen
Ammoniumnitrat-Lösung: 1 g Ammoniumnitrat wird in 100 mL Wasser gelöst.

Messung
Die (vor Verwendung bei 600 °C geglühte und gewogene) Porzellanschale mit dem Abdampfrückstand wird eine Stunde bei 600 °C geglüht. Falls schwarze Rückstände nach dem Glühen auftreten, feuchtet man diese nach Abkühlen mit einigen Tropfen Ammoniumnitrat-Lösung an, trocknet vorsichtig und glüht nochmals 10 min bei 600 °C. Nach Abkühlen im Exsikkator erfolgt die Wägung.
   Bei Bodenproben wird der Trockenrückstand in der Porzellanschale bis zur Gewichtskonstanz bei 600 °C geglüht.

Auswertung
Die Konzentration β_1 und β_2 von Glührückstand und Glühverlust (mg/L) berechnet sich nach

$$\beta_1 \text{ (Glührückstand)} = m_1 \cdot 1000/V$$
$$\beta_2 \text{ (Glühverlust)} = (m-m_1) \cdot 1000 \text{ mg}/V$$

m_1 Auswaage des Glührückstandes, mg
m Auswaage des Abdampfrückstandes, mg
V Probenvolumen, mL

---

d) Gesamtsalzgehalt

Geräte
Glas-Säule mit Ablasshahn (ca. 1 cm i. D., ca. 20 cm hoch)
Glaswolle
pH-Indikatorpapier
Titriereinrichtung

Reagenzien und Lösungen
Stark saurer Kationenaustauscher
Natronlauge, c (NaOH) = 0,1 mol/L
Methylrot-Indikatorlösung
Schwefelsäure, w (H_2SO_4) = 12 %

Messung
Ca. 5 mL Kationenaustauscherharz werden 30 Minuten mit Wasser vorgequollen und vorsichtig in die Säule gegeben. Zur Konditionierung bzw. Regeneration werden ca. 20 mL Schwefelsäure, w (H_2SO_4) = 12 %, bei einem Durchfluss von 1 mL/min auf die Säule gegeben. Man spült so lange mit Wasser nach, bis der pH-Wert des Spülwassers erreicht ist.

Zur Messung gibt man ca. 50 mL der filtrierten Wasserprobe bei einem Durchfluss von 1 mL/min auf die Säule. Nach zweimaligem Waschen mit je 10 mL demineralisiertem Wasser titriert man die Vorlage mit Natronlauge, c (NaOH) = 0,1 mol/L, gegen Methylrot. Die Kapazität des Austauschers ist bei diesem Verfahren zu berücksichtigen. Sie liegt bis zum Durchbruch etwa bei 0,9 Milligrammäquivalenten pro mL Austauscherharz.

Auswertung
Das Ergebnis kann auf die Konzentration β des einwertigen Kations Na^+ (in mg/L) umgerechnet werden:

$$\beta\ (Na^+) = V_1 \cdot 2{,}23 \cdot 1000\ \text{mg} \cdot \text{mL}^{-1}/V$$

V_1 verbrauchte Menge Natronlauge, c (NaOH) = 0,1 mol/L, mL
V Probenvolumen, mL

1 mg Na^+ entspricht 2,62 mg NaCl.

6.1.16   Gesamter organisch gebundener Kohlenstoff (TOC) und gelöster organisch gebundener Kohlenstoff (DOC)

Unter dem TOC (*total organic carbon*) versteht man die Summe des organisch gebundenen Kohlenstoffs in einer Wasserprobe, während der DOC (*dissolved organic carbon*) nur den gelösten Anteil einer Probe umfasst. Wässer enthalten ausserdem meist Carbonate, d. h. anorganisch gebundenen Kohlenstoff, der entweder vor der Bestimmung entfernt oder separat bestimmt und vom ermittelten Gesamt-Kohlenstoff abgezogen wird.

Die Verfahrensgrundlage der TOC- und DOC-Bestimmung beruht auf der vollständigen Oxidation des Kohlenstoffs organischer Substanzen im Wasser zu Kohlendioxid. Dies erfolgt thermisch durch Verbrennen bei hohen Temperaturen oder durch UV-Bestrahlung bei Normaltemperatur. Danach wird das gebildete CO_2 bei den meisten kommerziellen Geräten durch Infrarot-Spektrometrie bestimmt. Da es sich nicht um eine Absolutbestimmung handelt, ist die Kalibrierung des Verfahrens notwendig. Bei Proben, die ungelöste Stoffe enthalten, wird der TOC am besten durch Verbrennung bestimmt. Nach Filtration durch ein 0,45-μm-Membranfilter lässt sich in der gleichen Probe auch der DOC bestimmen. Neben der instrumentellen Bestimmung wird ein Küvettentest beschrieben, der sich besonders für die Betriebsanalytik eignet.

Anwendungsbereich ➜   Wasser, Abwasser

Geräte
TOC/DOC-Analysator (Gase nach Herstellerangaben)
Ultraschallgerät zur Homogenisierung der Wasserproben

Reagenzien und Lösungen

Phthalat-Standardlösungen β_1 (Pht) = 1000 mg/L β_2 (Pht) = 100 mg/L:	2,125 g Kaliumhydrogenphthalat ($C_8H_5O_4K$) werden in Wasser gelöst und im 1-L-Messkolben zur Marke aufgefüllt. Die Lösung ist ca. 4 Wochen bei 4 °C haltbar. 100 mL dieser Lösung werden mit Wasser im Messkolben auf 1 L aufgefüllt. Die Lösung ist bei 4 °C ca. 1 Woche haltbar.
Natriumcarbonat-Lösung β (Na_2CO_3) = 1000 mg/L:	4,404 g Natriumcarbonat (1 h bei 250 °C getrocknet) werden in Wasser gelöst und im 1-L-Messkolben aufgefüllt. Die Lösung ist bei 4 °C ca. 4 Wochen haltbar.

Probenvorbereitung
Zur Bestimmung des TOC wird die Probe im Ultraschallbad 10 min homogenisiert. Zur Bestimmung des DOC filtriert man über ein zuvor gut gewaschenes Membranfilter von 0,45 μm Porenweite.

Kalibrierung und Messung
Zur Kalibrierung des Gerätes mit den o. a. Lösungen wird innerhalb des erwarteten Messbereichs der Proben eine 5-Punkt-Kalibrierung empfohlen. Hierzu werden die erforderlichen Mengen Standardlösung aufgegeben. Die Durchführung der Messung sollte nach Angaben des Geräteherstellers vorwiegend innerhalb des linearen Bereichs der Kalibrierkurve erfolgen.

In manchen Geräten wird zur besseren Verbrennung der Proben ein Katalysator verwendet. Da der Gleichgewichtsdampfdruck erst oberhalb von 908 °C (bei Normaldruck) erreicht wird, sollte die Verbrennung bei höheren Temperaturen stattfinden. Flüchtige organische Verbindungen werden nach diesem Verfahren unvollständig erfasst.

Messung mit einem TOC-Küvettentest (z. B. Dr. Lange)
Das Prinzip des Küvettentests beruht auf der nasschemischen Oxidation des TOC. Der anorganische Kohlenstoff (TIC) wird durch Ansäuern in CO_2 überführt. Dieses diffundiert während des Aufschlusses bei 100 °C durch eine halbdurchlässige Membran in eine Indikatorlösung. Die dabei auftretende Farbänderung des Indikators wird photometrisch ausgewertet.

Bei der Austreibmethode wird vor Bestimmung des TOC der TIC quantitativ entfernt. Dieses Verfahren ist vorteilhaft, wenn mehr TIC als TOC vorhanden ist: Die Probe wird angesäuert, 5 min gerührt und zusammen mit dem Aufschlussreagenz in die Küvette gegeben. Nach Verbinden mit der Indikatorküvette schliesst man 2 h bei 100 °C im Thermostat auf. Die Färbung der Indikatorküvette wird im Photometer gemessen.

Die Differenzmethode ist günstiger bei Proben, die mehr TOC als TIC oder die leichtflüchtige organische Verbindungen enthält: In der ersten Küvette wird die Summe von TOC und TIC, in der zweiten Küvette nur der TIC bestimmt. Der TOC ergibt sich dann als Differenz der Ergebnisse beider Messungen.

6.1.17   Huminstoffe

Huminstoffe entwickeln sich in natürlichen Böden und Gewässern als höhermolekulare Zwischen- und Endprodukte biochemischer Abbaureaktionen. In Oberflächengewässern findet man meist Konzentrationen zwischen 1 und 5 mg/L (Wasser erscheint farblos), in wenigen Fällen wie bei Schwarzwasserflüssen tropischer Gebiete bis zu 50 mg/L (Gelbfärbung). Die Konzentrationen in Grundwässern liegen meist unter 1 mg/L. Von der Gesamtmenge der löslichen Huminstoffe der meisten Oberflächengewässer bestehen etwa 80 % aus Fulvosäuren, der Rest aus Huminsäuren. In Kläranlagen werden Huminstoffe in der biologischen Behandlungsstufe neu gebildet, wodurch der Ablauf meist gelblich erscheint.

Bei der Trink- und Brauchwasseraufbereitung können Huminstoffe stören:

- Bei der Filtration über Aktivkohle werden durch höhermolekulare Huminsäuren aktive Flächen der Kohle belegt.
- Die Flockungsgeschwindigkeit im Rohwasser wird vermindert.
- Huminstoffe bilden nach der Trinkwasserchlorung unerwünschte Haloforme.

Im allgemeinen stellt die Farbtiefe ein Mass für den Zersetzungsgrad von Huminstoffen dar. Die Extinktion nimmt bei abnehmender Wellenlänge zu, so dass als Kennwert für die Huminstoffe oft der Quotient aus 468 nm und 644 nm berechnet wird ($Q_{4/6}$-Wert). Die gemessenen Extinktionen stellen jedoch nur Relativwerte dar.

Anwendungsbereich ➜   Wasser

Geräte
Zentrifuge
Spektralphotometer oder Filterphotometer mit Filtern 468 und 644 nm
Gerät für Membranfiltration, Membranfilter mit Porenweite 0,45 μm
pH-Meter mit Elektrode

Reagenzien und Lösungen
Salzsäure, c (HCl) = 1 mol/L
Natronlauge, c (NaOH) = 0,1 mol/L
Standard-Huminsäure (z. B. Merck)

Kalibrierung und Messung
Die membranfiltrierte Wasserprobe wird unter Rühren mit Salzsäure, c (HCl) = 1 mol/L, bis pH
= 1 versetzt. Danach lässt man die Lösung über Nacht stehen, dekantiert vorsichtig die überste-
hende Flüssigkeit ab und überführt den aus Huminsäuren bestehenden Rückstand in ein Zentri-
fugenglas. Man reinigt ihn durch mehrfaches Spülen mit auf pH = 1 angesäuertem Wasser, bis
der zentrifugierte Überstand klar bleibt. Der Rückstand wird in einem Wägegläschen bei 105 °C
getrocknet und gewogen.

   Die Extinktionen des Überstandes nach Säurefällung (= Fulvosäuren) und die in Natronlauge
wiederaufgelösten Huminsäuren des Niederschlags können ausserdem bei 468 und 644 nm
photometrisch gemessen werden. Als Vergleichslösung dient eine kommerziell erhältliche Standard-Huminsäure.

6.1.18   Kalium

Die Konzentration von Kalium in natürlichen Wässern erreicht selten Werte von mehr als 20
mg/L, während in manchen Abwässern und vor allem in Sickerwässern aus Abfalldeponien sehr
hohe Konzentrationen auftreten, die diejenigen des Natriums oft übertreffen.

Anwendungsbereich ➜   Wasser, Abwasser, Boden

Geräte
Flammenphotometer mit Filter 768 nm.

Reagenzien und Lösungen

Kalium-Standardlösungen	1,907 g Kaliumchlorid (getrocknet bei 105 °C) werden
β_1 (K$^+$) = 100 mg/L	mit Wasser auf 1 L aufgefüllt. Diese Lösung enthält
β_2 (K$^+$) = 10 mg/L:	β (K$^+$) = 1000 mg/L. Man stellt aus ihr durch entsprechen-
	des Verdünnen Standardlösungen her, die β_1 (K$^+$) =
	100 mg/L bzw. β_2 (K$^+$) = 10 mg/L enthalten. Die Lösungen
	werden in Flaschen aus Kunststoff aufbewahrt.

Probenvorbereitung

Wasserproben werden vor der Messung filtriert, um ein Verstopfen der Ansaugeinrichtung des Photometers bei der Bestimmung zu vermeiden.

Zur Bestimmung des leichtverfügbaren Kaliums in Böden schüttelt man 15 min 1 Teil lufttrockenen Boden mit 10 Teilen Wasser und bestimmt Kalium im filtrierten Extrakt.

Kalibrierung und Messung

Eine Kalibrierkurve wird erstellt, indem die Emissionsintensitäten von Standards bei 768 nm in dem erwünschten Arbeitsbereich (z. B. 0 bis 1 mg/L oder 0 bis 10 mg/L) gemessen werden. Anschliessend misst man die Probe sowie eine Blindprobe.

Störungen

Bei Anwesenheit von Sulfat, Chlorid oder Bicarbonat in grösseren Konzentrationen können Störungen auftreten. Mit der Standardadditionsmethode können derartige Probleme weitgehend behoben werden: Man fügt der Probe mit unbekanntem Kaliumgehalt bekannte Mengen Kalium zu. Trägt man die gemessene Intensität gegen die zugefügte Menge Kalium auf und verlängert die Gerade bis zum Schnittpunkt im negativen Achsenabschnitt, entspricht der dort abgelesene Wert der Kaliumkonzentration der unbekannten Lösung (Abb. 34).

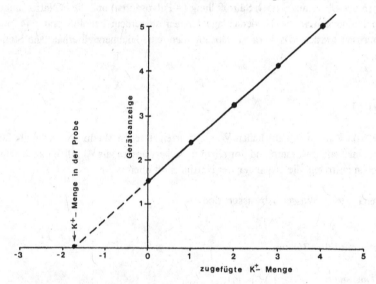

Abb. 34: Verfahren der Standardaddition

Durch Vergleich dieser Geraden mit der Geraden, die sich beim Einsatz reiner Standardlösungen ergibt, lässt sich auf mögliche Störungen oder Matrixeinflüsse schliessen.

Auswertung

Die Auswertung erfolgt unter Verwendung der hergestellten Kalibrierkurve.

6.1.19   Kieselsäure

Silicium kommt in allen Gesteinen und Sedimenten vor. Durch Verwitterungsprozesse können Siliciumverbindungen, z. B. Kieselsäure, aus diesen Stoffen gelöst werden und so in den Wasserkreislauf gelangen. Kieselsäure kann in gelöster, kolloidaler oder suspendierter Form auftreten. Ihre Konzentration in natürlichen Wässern liegt häufig zwischen 0 und 20 mg/L, während in stärker mineralisierten Grundwässern auch höhere Konzentrationen auftreten können. In industriellem Brauchwasser ist Kieselsäure unerwünscht, da sich oft Ablagerungen in Rohrleitungen oder Kesseln bilden.

Kieselsäure ($Si(OH)_4$) ist nur bei einem pH-Wert von 3,2 kurze Zeit beständig. Sonst geht sie unter Wasserabspaltung in Orthokieselsäure ($H_6Si_2O_7$), dann in Polykieselsäuren und schliesslich in Metakieselsäure ($H_2SiO_3)_n$, über. Ihre Löslichkeit verringert sich mit steigender Molekülgrösse und zunehmender Wasserabspaltung. $Si(OH)_4$ ist in Wasser leicht löslich, während SiO_2 als letztes Glied in der Kette verschiedener Kieselsäuren in Wasser nicht mehr löslich ist.

Die folgende Methode beschreibt die Bestimmung der reaktiven „löslichen" Kieselsäure nach Reaktion mit Molybdat.

Anwendungsbereich ➜   Wasser

Geräte
Spektralphotometer oder Filterphotometer mit Filter 812 bzw. 650 nm

Reagenzien und Lösungen

Ammoniummolybdat-Lösung:	10 g Ammoniummolybdat ($(NH_4)_6Mo_7O_{24} \cdot 4\ H_2O$) werden unter Erwärmen mit Wasser auf 100 mL aufgefüllt. Nach Filtration und Einstellen auf pH = 7 bewahrt man die Lösung in einer Kunststoffflasche auf.
Oxalsäure-Lösung:	10 g Oxalsäure ($C_2H_2O_4 \cdot 2\ H_2O$) werden mit Wasser auf 100 mL aufgefüllt.
Natriumcarbonat-Lösung:	25 g Natriumcarbonat (wasserfrei) werden in 1 L Wasser gelöst.
Kieselsäure-Standardlösung β (SiO_2) = 10 mg/L:	Es werden entweder käufliche Standardlösungen benutzt oder, falls diese nicht verfügbar sind, Standards wie folgt hergestellt: 1 g Siliciumdioxid (SiO_2) wird in einem Platintiegel ca. 1 h auf 1100 °C erhitzt und dann nach Abkühlen mit 5 g Natriumcarbonat (wasserfrei) versetzt. Anschliessend wird bei Rotglut erhitzt, bis die Mischung schmilzt. Nach Beendigung der Gasentwicklung erhitzt man bei heller Rotglut für weitere 10 min. Nach Abkühlen löst man die Schmelze in Wasser und füllt auf 1 L auf. Die Lösung wird in einer Kunststoffflasche aufbewahrt. Sie enthält β (SiO_2) = 1000 mg/L. Von dieser Lösung werden 10 mL entnommen und auf 1 L aufgefüllt.
Salzsäure, w (HCl) = 20 %	

Probenvorbereitung

Vor der Bestimmung der gelösten Kieselsäure wird die Probe über ein Membranfilter (Porenweite 0,45 μm) filtriert. Soll auch kolloidale Kieselsäure bestimmt werden, ist die Probe aufzuschliessen. Hierzu gibt man 100 mL gemeinsam mit 20 mL Natriumcarbonat-Lösung in eine Platinschale und dampft vorsichtig auf 80 mL Restvolumen ein. Man überführt in einen 100-mL-Messkolben, gibt 5 mL Salzsäure, w (HCl) = 20 %, zu und füllt mit Wasser auf.

Kalibrierung und Messung

Zwischen 1 und 10 mL der Kieselsäure-Standardlösung werden abgenommen und auf 50 mL aufgefüllt. Die Lösungen werden gemeinsam mit 50 mL der Probe untersucht, indem man 1 mL Salzsäure, w (HCl) = 20 %, und 2 mL Ammoniummolybdat-Lösung zusetzt. Nach Mischen gibt man 1,5 mL Oxalsäure-Lösung zu und mischt erneut. Nach 5 min wird im Photometer bei 812 oder 650 nm gemessen. Bei Wellenlänge 650 nm sollten wegen der geringeren Empfindlichkeit der Messung 0 bis 30 mL Standard zur Erstellung der Kalibrierkurve eingesetzt werden. Eine Blindprobe wird in gleicher Weise wie die Probe behandelt.

Störungen

Phosphate, Eisen und Sulfide können stören. Durch die Zugabe von Oxalsäure wird die Störung durch Phosphat vermindert. Störungen durch Färbung können durch photometrische Vergleichsmessungen kompensiert werden.

Auswertung

Der Gehalt an Kieselsäure wird durch die Verwendung der erstellten Kalibrierkurve ermittelt.

6.1.20   Kjeldahl-Stickstoff

Unter Kjeldahl-Stickstoff versteht man die Summe aus Ammoniumstickstoff und solchen organischen stickstoffhaltigen Verbindungen, die sich unter den Bedingungen des Kjeldahlaufschlusses in Ammonium umwandeln lassen. Rechnerisch lässt sich der organische Stickstoffanteil durch Subtraktion des Ammoniumgehalts vom Gehalt des Kjeldahl-Stickstoffs ermitteln.

Geringe Konzentrationen an löslichen organischen Stickstoff-Verbindungen können durch Zersetzungsprozesse organischen Materials in natürliche Wässer gelangen. Eine enzymatische Weiterreaktion zum Ammonium ist möglich. In Abwässern lassen sich meist höhere Konzentrationen organischer Stickstoffverbindungen nachweisen.

Anwendungsbereich ➜   Wasser, Abwasser, Boden

Geräte

Kjeldahlkolben, 350 mL
Destillationsapparatur mit 1-L-Kolben, Liebigkühler, Heizeinrichtung

Reagenzien und Lösungen

Natriumhydroxid-Lösung: 400 g Natriumhydroxid werden in 1 L Wasser gelöst.

Reaktionsgemisch:	5 g Selen, 5 g Kupfersulfat (wasserfrei), 250 g Natrium-sulfat (wasserfrei) werden im Mörser gemischt und danach trocken aufbewahrt.

Phenolphthalein-Lösung: 1 g Phenolpthalein wird in 100 mL Ethanol gelöst und mit 100 mL Wasser versetzt.

Mischindikator-Lösung: a) 30 mg Methylrot werden in 100 mL Ethanol gelöst;
b) 100 mg Methylenblau werden in 100 mL Wasser gelöst;
100 mL Lösung a) werden mit 15 mL Lösung b) gemischt.

Schwefelsäure, konzentriert
Schwefelsäure, c (H_2SO_4) = 0,025 mol/L

Messung

100 mL Wasserprobe werden in den Kjeldahlkolben gegeben und mit 1 g Reaktionsgemisch sowie 10 mL Ethanol versetzt. Bei Böden werden 1 bis 5 g luftgetrockneter Feinboden für die Bestimmung verwendet. Nach Umschütteln gibt man 10 mL konzentrierte Schwefelsäure zu und erhitzt zum Sieden, bis die Farbe hellgrün ist und keine schwarzen Partikel mehr vorhanden sind. Danach lässt man noch 30 min sieden. Durch diese Prozedur werden Nitrit und Nitrat entfernt. Nach Abkühlen und Verdünnen mit Wasser auf ein Gesamtvolumen von ca. 300 mL überführt man die Lösung in den 1-L-Kolben der Destillationsapparatur und spült den Kjeldahlkolben zweimal nach. Man fügt einige Tropfen Phenolphthalein-Lösung und soviel Natronlauge zu, bis der Kolbeninhalt rot gefärbt ist.

Nach Verbinden des Kolbens mit der Destillationsapparatur werden ca. 200 mL abdestilliert, wobei das Ablaufrohr des Kühlers in das Absorptionsmittel eintaucht. Anschliessend bestimmt man die Ammoniumkonzentration je nach dem ursprünglichen Stickstoffgehalt titrimetrisch oder photometrisch. Bei Stickstoffkonzentrationen bis β (N) = 10 mg/L wird die photometrische Methode bevorzugt, während bei mehr als β (N) = 10 mg/L meist die titrimetrische Methode Verwendung findet.

Titrimetrische Bestimmung:
Man fängt das Destillat wird in einem 250-mL-Messkolben auf, in dem 50 mL Wasser vorgelegt werden. Von dieser Lösung werden 100 mL entnommen, mit 3 Tropfen Mischindikatorlösung versetzt und mit Schwefelsäure, c (H_2SO_4) = 0,025 mol/L, von violett nach grün titriert. Eine Blindprobe aus Wasser wird in gleicher Weise titriert.

Photometrische Bestimmung:
50 mL des auf 250 mL aufgefüllten Destillats werden nach dem unter „Ammonium" (s. Kap. 6.1.2) beschriebenen Verfahren bestimmt.

Störungen

Verschiedene aromatische und heterocyclische stickstoffhaltige Verbindungen werden durch die beschriebene Methode nicht vollständig erfasst.

Auswertung

Titrimetrische Bestimmung:
Die Konzentration β an Kjeldahl-N, in mg/L, berechnet sich nach:

$$\beta \text{ (Kjeldahl-N)} = a \cdot b \cdot 700 \text{ mg} \cdot \text{mL}^{-1}/c \cdot d$$

a   Verbrauch an c (H_2SO_4) = 0,025 mol/L, mL

b   entnommene aliquote Menge des Destillats, mL

c   Probenvolumen, mL

d   Gesamtvolumen des Destillats, mL

Photometrische Bestimmung:

Die Auswertung wird unter Verwendung einer erstellten Kalibrierkurve vorgenommen.

6.1.21   Kohlenwasserstoffe

In Oberflächenwasser und Abwasser, nach manchen Schadensfällen auch im Grundwasser, können Verunreinigungen durch aliphatische Kohlenwasserstoffe auftreten. Diese Stoffklasse besteht im wesentlichen aus lipophilen, geraden oder verzweigten Kohlenwasserstoffketten mit gesättigten oder ungesättigten Bindungen. Beispiele sind Mineralöle und -fette, Ottokraftstoffe, einige technische Lösemittel, tierische und pflanzliche Öle, Fette und Wachse. Die Stoffe können entweder gelöst, als Emulsion oder als Phase vorliegen. Oberflächenaktive Stoffe wie Tenside begünstigen in der Regel die Bildung von Emulsionen. Im Rohwasser für die Trinkwassergewinnung verursachen Kohlenwasserstoffe schon in sehr geringen Mengen eine Geruchs- und Geschmacksbeeinträchtigung und sind daher unbedingt zu vermeiden. Bei der Abwasserableitung können aus organischen Ölen und Fetten durch Verseifung Fettsäuren freigesetzt werden, die eine aggressive Wirkung auf Betonrohre haben.

Nach DIN 38409 lassen sich konventionell unterscheiden:

a) Schwerflüchtige lipophile Stoffe mit einem Siedepunkt > 250 °C:

Durch Extraktion der Wasserprobe werden alle mit dem gewählten Lösemittel extrahierbaren Stoffe abgetrennt und nach Abdampfen des Lösemittels gravimetrisch bestimmt. Bei Stoffen mit Siedepunkten < 250 °C treten methodenbedingt mehr oder weniger grosse Minderbefunde auf. Messergebnisse, die unter Verwendung verschiedener Extraktionsmittel gewonnen wurden, sollten nicht miteinander verglichen werden.

b) Alle in 1,1,2-Trichlortrifluorethan ($C_2Cl_3F_3$) extrahierbaren und nach Abtrennung der polaren Stoffe verbleibenden Substanzen:

Die Kohlenwasserstoffe werden durch Extraktion abgetrennt und die mitextrahierten polaren Stoffe durch das polare Adsorptionsmittel Aluminiumoxid entfernt. Für die Bestimmung der Kohlenwasserstoffe mit Infrarotspektrometrie benutzt man die charakteristische Lichtabsorption der CH_3-, CH_2- und CH-Gruppen. Das spezifische spektrale Absorptionsmass ist dabei von der Zusammensetzung des Kohlenwasserstoffgemischs abhängig. Aromaten werden nur in geringem Umfang erfasst.

c) Alle in 1,1,2-Trichlortrifluorethan extrahierbaren Stoffe, die durch Schwerkraft direkt abscheidbar sind:

Die Methode dient vor allem der Bestimmung der als Phase im Abwasser vorliegenden Kohlenwasserstoffe sowie der Bemessung und Überwachung von Abscheidern für Leichtflüssigkeiten bei Konzentrationen von 5 mg/L bis 10 g/L.

Die nachfolgend beschriebenen Verfahren erlauben in der Regel keine Rückschlüsse auf definierte Komponentenklassen oder Einzelverbindungen.

a) Gravimetrische Methode

Die Extraktion erfolgt vorzugsweise mit 1,1,2-Trichlortrifluorethan. Das (unbrennbare) Lösemittel kann durch Hexan oder Petrolether ersetzt werden, wobei auf die leichte Entflammbarkeit dieser Stoffe hinzuweisen ist. Eine Differenzierung zwischen verseifbaren Ölen und Fetten (pflanzlich und tierisch) und nicht verseifbaren mineralischen Komponenten ist möglich.

Anwendungsbereich ➜   Wasser, Abwasser

Geräte
Schütteltrichter, 1 L
Wasserbad
Zentrifuge
Kolben mit Schliff, 250 mL
Rückflusskühler

Reagenzien und Lösungen

1,1,2-Trichlortrifluorethan	Alternativ n-Hexan bzw. Petrolether.
(C$_2$Cl$_3$F$_3$)	
Alkoholische Kalilauge	Als Alkohol wird Ethanol verwendet.
c (KOH, alkoh.) = 0,1 mol/L:	
Ethylalkohol	

Probenvorbereitung
Die Proben sollten in Glasflaschen entnommen werden, die zuvor mit Lösemittel gereinigt wurden.

Messung
Die Extraktion erfolgt in der Probenflasche durch ca. 1minütiges Schütteln mit 25 mL Lösemittel. Nach Phasentrennung pipettiert man die wässrige Phase in eine zweite Flasche ab, in der sich bereits 25 mL Lösemittel befinden, und schüttelt erneut 1 min. Die wässrige Phase wird danach verworfen. Man überführt die Extrakte in einen 1-L-Scheidetrichter und wäscht die Flaschen mit Lösemittel nach. Der Rest der wässrigen Phase (bzw. bei Einsatz von Trichlortrifluorethan die Lösemittelphase) wird abgelassen. Das Lösemittel wird anschliessend durch ein Papierfilter, in das zur Trocknung etwas wasserfreies Natriumsulfat gefüllt wird, in eine gewogene und gewichtskonstante Glasschale (besser: Platinschale) filtriert. Bei Emulsionsbildung wird zentrifugiert. Man dampft das Lösemittel bei ca. 80 °C auf dem Wasserbad ab, trocknet die Schale 5 min bei 105 °C, lässt im Exsikkator abkühlen und bestimmt die Masse des Rückstands.

Sollen Seifen mitbestimmt werden, wird die Probe zuvor auf pH = 1–2 angesäuert, um freigesetzte Fettsäuren gemeinsam mit Ölen und Fetten extrahieren zu können. Man kann die Seifen auch getrennt von Ölen und Fetten bestimmen, indem die bereits extrahierte Probe angesäuert und erneut extrahiert wird.

Zur Trennung verseifbarer Öle und Fette von unverseifbaren Komponenten nimmt man den Rückstand in der Schale mit Ethanol auf, überführt in einen 250-mL Schliffkolben und gibt 50 mL alkoholische Kalilauge zu. Man lässt 60 min unter Rückfluss sieden, überführt den Kolbeninhalt in einen Scheidetrichter, spült den Kolben mit 10 bis 50 mL Lösemittel nach und extrahiert durch Schütteln im Scheidetrichter. Man trennt beide Phasen und extrahiert die alkoholische Kalilauge erneut durch Zugabe von Lösemittel. Danach werden die vereinigten Lösemittelextrakte über Papierfilter in eine Schale filtriert und behandelt wie oben beschrieben. Der beim Eindampfen der Lösemittelextrakte verbleibende Rückstand enthält die unverseifbaren Anteile der Öle und Fette.

Störungen

Die Bestimmung ist relativ unspezifisch, da verschiedene Komponenten wie Emulgatoren, Wachse oder Detergentien teilweise oder vollständig mitextrahiert werden können.

Emulsionen können die Bestimmung erheblich beeinträchtigen. Man kann sie durch Zugabe von Natriumsulfat, durch Ansäuern oder Zentrifugieren brechen.

Bei stark verunreinigten Wässern oder Schlämmen dampft man die Probe auf dem Wasserbad ein, überführt den Rückstand quantitativ in eine Extraktionshülse und extrahiert mehrere Stunden in einer Soxhlet-Apparatur. Der Extrakt wird dann in gleicher Weise wie oben beschrieben behandelt.

Auswertung

Die Konzentration β der extrahierbaren Öle und Fette, in mg/L, lässt sich folgendermassen berechnen:

$$\beta \text{ (extrahierbare Öle und Fette)} = a/V$$

a Gewicht des Extraktionsrückstandes, mg
V Probenvolumen, L

b) Infrarotspektrometrisches Verfahren

Mit 1,1,2-Trichlortrifluorethan extrahierbare Kohlenwasserstoffe können mit Infrarotspektrometrie über die Extinktionen der CH-Schwingungen bei 2958 cm^{-1} (CH$_3$-Bande), 2924 cm^{-1} (CH$_2$-Bande) und 3030 cm^{-1} (aromatische CH-Bande) quantitativ erfasst werden. Mitextrahierte polare Kohlenwasserstoffe wie pflanzliche Öle, höhere Alkohole, Ketone oder Ester lassen sich mit Hilfe eines säulenchromatographischen Trennschrittes mit dem Adsorbens Aluminiumoxid quantitativ oder zumindest teilweise abtrennen.

Anwendungsbereich ➜   Wasser, Abwasser

Geräte

Infrarotspektralphotometer mit Flüssigkeitsküvetten aus Quarz
Rührwerk (z. B. Ultraturrax), Schüttelmaschine oder Magnetrührer
Scheidetrichter, 250 mL
Chromatographie-Säule nach DIN 38409, Teil 18: 10 cm hoch, 2 cm ⌀, Glasfritte unten

Reagenzien und Lösungen

Aluminiumoxid: 100–200 μm (70–150 mesh ASTM), neutral, Akt. Stufe I

1,1,2-Trichlortrifluorethan

Natriumsulfat, wasserfrei

Referenzsubstanz: z. B. Squalan ($C_{30}H_{62}$)

Kalibrierung und Messung

1 L Wasserprobe (bei höheren Kohlenwasserstoffkonzentrationen ein geringeres Volumen) werden nach Probennahme in einer Steilbrustflasche aus Glas mit 25 mL Trichlortrifluorethan versetzt und im Labor 10 min geschüttelt (bei einem Hochgeschwindigkeitsrührer reichen 30 s). Zur besseren Phasentrennung kann vorher mit Schwefelsäure auf pH = 1 angesäuert werden. Nach Phasentrennung hebert man den grössten Teil der oberen, wässrigen Phase ab und überführt den Rest in einen Scheidetrichter. Die Probenflasche wird mit wenig Lösemittel nachgespült. Beim Auftreten einer stabilen Emulsion wird die organische Phase zentrifugiert. Nach erneuter Phasentrennung im Scheidetrichter gibt man die organische Phase über einen mit ca. 10 g Natriumsulfat gefüllten Faltenfilter auf die mit 8 g Aluminiumoxid gefüllte Trennsäule und lässt die Flüssigkeit in einen 50-mL-Messkolben ab. Wenig Lösemittel zum Spülen der Gefässe wird in gleicher Weise über Filter, Trennsäule und von dort in den Messkolben gegeben. Nach Auffüllen zur Marke ist die Flüssigkeit messbereit. Die im Extrakt enthaltene Menge an Kohlenwasserstoffen sollte 10 mg nicht überschreiten; andernfalls ist zu verdünnen.

Die IR-Messung wird nach den Angaben des Geräteherstellers in einer Quarzküvette bei 3200 bis 2700 cm^{-1} durchgeführt. Die Kalibrierung kann bei bekannten, in der Probe vorliegenden Kohlenwasserstoffen durch ein gleich zusammengesetztes Kalibriergemisch erfolgen. Ist die Zusammensetzung der extrahierten Stoffe nicht bekannt, wird häufig die Substanz Squalan als Standard benutzt.

Auswertung

Die Auswertung der Untersuchungsergebnisse erfolgt gemäss DIN 38409, Teil 18. Da mit IR-Spektrometern oft die Transmission T bestimmt wird, ist diese nach $E = -\lg T$ in die jeweilige Extinktion umzurechnen.

Ottokraftstoff (bzw. Benzinmischungen (mg/L):

$$pOK = \frac{(1300 \cdot V_{TE})}{(d \cdot V_p)} \cdot (E_1/c_1 + E_2/c_2 + E_3/c_3)$$

Mineralölähnliche Kohlenwasserstoffmischungen (mg/L):

$$pM = \frac{(1400 \cdot V_{TE})}{(d \cdot V_p)} \cdot (E_1/c_1 + E_2/c_2)$$

pOK Massenkonzentration der Probe (Ottokraftstoffe), mg/L

pM Massenkonzentration der Probe (Mineralölkohlenwasserstoffe), mg/L

V_{TE} Volumen des zur Extraktion eingesetzten Extraktionsmittels, mL

d Schichtdicke der absorbierenden Lösung, cm

V_p Volumen der Probe, mL

E_1 Extinktion der CH_3-Bande bei 3,38 μm (ν = 2958 cm^{-1})

c_1 Gruppenextinktionskoeffizient der CH_3-Bande ermittelt zu 8,3 mL/mg · cm aus einer Anzahl von Mineralölprodukten

E_2 Extinktion der CH_2-Bande bei 3,42 μm (ν = 2924 cm^{-1})

c_2 Gruppenextinktionskoeffizient der CH_2-Bande ermittelt zu 5,4 mL/mg · cm

E_3 Extinktion der CH-Bande bei 3,30 μm (ν = 3030 cm^{-1})

c_3 Gruppenextinktionskoeffizient der CH-Bande ermittelt zu 0,9 mL/mg · cm

Beispiel: Ottokraftstoff

$$pOK = \frac{1300 \cdot 25\,mL}{1000\,mL \cdot 1cm} \cdot \left(0,5\,mg \cdot cm/8,3\,mL + 0,52\,mg \cdot cm/5,4\,mL + 0,25\,mg \cdot cm/0,9\,mL\right)$$

$$= 14\ mg/L$$

Störungen

Bei dem Verfahren handelt es sich um eine Summenbestimmungsmethode, die im Regelfall keine Rückschlüsse auf definierte Komponentenklassen oder Einzelverbindungen erlaubt. In Einzelfällen wird dieses Verfahren auch als Screening-Methode verwandt, um festzustellen, ob überhaupt relevante Mengen von Kohlenwasserstoffen in den Proben vorhanden sind. Ausserdem ist folgendes zu beachten:

- Während der Aufarbeitung sind Substanzverluste niedrigsiedender Komponenten möglich.
- Durch die Adsorption auf Aluminiumoxid werden die im Extrakt enthaltenen polaren oder aromatischen Verbindungen mehr oder weniger quantitativ von den restlichen Komponenten abgetrennt und bei der IR-spektroskopischen Messung nicht miterfasst. Da jedoch auch bestimmte aromatische Komponenten einen ausgeprägt lipophilen Charakter haben, kann die beschriebene „Extraktreinigung" zu Fehlinterpretationen führen.
- Bei Verwendung des Verfahrens ohne Aluminiumoxid-Trennschritt ist die Interpretation der Messwerte problematisch, da kaum abgeschätzt werden kann, welche Stoffklassen das Ergebnis beeinflussen.
- Gemeinsam mit dem Messergebnis sollten angegeben werden: Extraktionsmittel, Art und Dauer der Extraktion, durchgeführte Trennung, Art der Bezugssubstanz (z. B. Squalan oder Kohlenwasserstoffgemisch).

c) Direkt abscheidbare lipophile Leichtstoffe

Leichtflüssigkeiten wie Benzin, Heizöl, Dieselöl oder Schmieröl liegen je nach dem Grad ihrer Dispergierung in direkt abscheidbarer, emulgierter oder gelöster Form vor. Als direkt abscheidbare lipophile Leichtstoffe bezeichnet man den Anteil, der sich infolge seiner Dichte und seines Dispersitätsgrades unmittelbar, d. h. ohne weitere physikalisch-chemische Vorbehandlung, abscheidet. In Tab. 25 sind für einige Mineralölprodukte Dichte und Wasserlöslichkeit zusammengefasst.

Tab. 25: Dichte und Wasserlöslichkeit einiger Mineralölprodukte

Stoff	Dichte (15 °C) (g/cm³)	Löslichkeit in Wasser (20 °C) (mg/L)
Benzin (Ottokraftstoff)	0,71–0,79	100–150
Benzol	0,88	1800
Dieselkraftstoff	0,82–0,86	~ 20
Getriebeöl	0,89–0,94	~ 1
Heizöl EL	0,82–0,86	5–20
Heizöl S	0,90–1,05	< 1
Kerosin	0,75–0,84	5 -10
Naphta (Rohbenzin)	0,70–0,76	~ 15
Paraffinöl	0,88–0,90	~ 1
Petroleum	~ 0,80	5–10
Toluol	0,87	580
o-Xylol	0,87	180

**Anwendungsbereich → **   Abwasser

Geräte
5 bis 10 Abscheidegefässe (1 L) mit Ablasshahn und Glasstopfen, Graduierung bis 50 mL im verjüngten unteren Teil
Laborwaage, max. Belastung 3000 ± 1 g

Probennahme
5 bis 10 Einzelproben werden hintereinander direkt mit den Abscheidegefässen entnommen. Bei Leichtstoffabscheidern ist darauf zu achten, dass die Entnahmestellen den gesamten Inhalt repräsentieren. Aus Fliessgewässern und Abwasserkanälen erfolgt die Probennahme an Stellen ausreichender Turbulenz, wobei die Entnahme einer repräsentativen Probe hier nur schwer möglich ist.

Messung
Vor der Probennahme werden die Leergewichte der 5 bis 10 Abscheidegefässe ohne Stopfen bestimmt. Sofort nach Entnahme von ca. 1 L Probenvolumen werden die gefüllten, getrockneten Gefässe erneut gewogen und das Volumen unter Berücksichtigung der Wasserdichte aus der Gewichtsdifferenz berechnet.

Nach 15 ± 1 min Abscheidezeit nach der Entnahme (bei aufgesetztem Stopfen) wird jedes Gefäss gleichmässig abgelassen, bis die Phasengrenze noch erkennbar bleibt, und das Volumen der organischen Phase abgelesen. Für die meisten Untersuchungen reicht die Genauigkeit der

Direktablesung aus. Bei kleinen Volumina der organischen Phase oder bei höheren Anforderungen an die Messgenauigkeit gibt man je 40 mL Trichlortrifluorethan in die Abscheidegefässe, schüttelt und filtriert nach Phasentrennung die (untere) organische Phase über 10 g wasserfreies Natriumsulfat in einen 50-mL-Messkolben. Das Abscheidegefäss wird mit 10 mL Lösemittel nachgespült.

Die Bestimmung der „direkt abscheidbaren lipophilen Leichtstoffe" kann dann nach den oben unter a) oder b) beschriebenen Methoden vorgenommen werden. Auch die aus den Abscheidegefässen abgelassenen wässrigen Phasen können nach den Methoden a) oder b) auf ihren gelösten und emulgierten Anteil schwerflüchtiger lipophiler Stoffe bzw. Kohlenwasserstoffe untersucht werden.

6.1.22   Kupfer

In natürlichen unbeeinflussten Wässern kommt Kupfer höchstens im Bereich von wenigen µg/L vor. In mit Kupfer kontaminierten Gewässern können Konzentrationen von 0,1 bis 0,2 mg/L bereits toxisch auf niedere Wasserorganismen wirken. Höhere Konzentrationen im Trinkwassernetz werden meist durch Korrosion von Kupferleitungen verursacht. Dabei sind Konzentrationen bis zu 3 mg/L nach längerer Standzeit des Wassers nicht selten.

Nachfolgend wird eine relativ einfach durchzuführende photometrische Bestimmungsmethode beschrieben, deren Störanfälligkeit allerdings grösser ist als das apparativ aufwendigere Verfahren der Atomabsorptionsspektrometrie (s. Kap. 6.1.30).

Anwendungsbereich ➜   Wasser

Geräte
Spektralphotometer oder Filterphotometer mit Filter 440 nm
Scheidetrichter 250 mL

Reagenzien und Lösungen
DDTC-Lösung: 1 g Diethyldithiocarbaminat-Na ($C_5H_{10}NS_2Na$) werden in
                                    100 mL Wasser gelöst. Die Lösung ist nur wenige Tage
                                    haltbar.
Kupfer-Standardlösung   1 g metallisches Kupfer wird in 10 mL Salpetersäure,
β (Cu) = 10 mg/L: w (HNO_3) = 30 %, gelöst und mit Wasser auf 1 L aufge-
                                    füllt. Von dieser Lösung werden 10 mL entnommen und auf
                                    1 L aufgefüllt.
Citronensäure-Lösung, w ($C_6H_8O_7$) = 20 %
Schwefelsäure, w (H_2SO_4) = 35 %
Ammoniumchlorid-Lösung, w (NH_4Cl) = 20 %
Chloroform

Kalibrierung und Messung
Von der Kupfer-Standardlösung werden mehrere Volumina von 0 bis 30 mL entnommen (entsprechend m (Cu) = 0 bis 0,3 mg) und in gleicher Weise wie die Wasserprobe behandelt.

Man gibt 100 mL Probe (gegebenenfalls auf 100 mL auffüllen) in einen Scheidetrichter, gibt 1 mL Citronensäure-Lösung, w ($C_6H_8O_7$) = 20 %, 0,5 mL Schwefelsäure, w (H_2SO_4) = 35 %, 0,5 mL Ammoniumchlorid-Lösung, w (NH_4Cl) = 20 %, und 10 mL Chloroform zu und schüttelt einige min. Anschliessend verwirft man die organische Phase. Dann gibt man 2 mL DDTC-Lösung sowie 25 mL Chloroform zu und schüttelt erneut 3 min. Anschliessend filtriert man die organische Phase und misst bei 440 nm im Photometer.

Störungen
Höhere Konzentrationen an Zink und anderen Schwermetallen können Störungen verursachen. Der mit Chloroform extrahierte Kupferkomplex ist lichtempfindlich, so dass die Messung unmittelbar nach der Extraktion vorgenommen werden muss.

Auswertung
Der Gehalt an Kupfer wird unter Verwendung der erstellten Kalibrierkurve ermittelt.

6.1.23   Mangan

In sauberen Oberflächengewässern tritt Mangan häufig in Konzentrationen von einigen Zehntel mg/L auf; unter anaeroben Bedingungen kann die Konzentration dagegen 1 mg/L überschreiten. Im Wasserversorgungsnetz ist Mangan im allgemeinen unerwünscht, da es ebenso wie Eisen (und häufig mit diesem Element zusammen) zu oxidischen Verkrustungen führen kann. Ausserdem wirken sich bereits geringe Mengen geschmacklich ungünstig aus. Die Entfernung von Mangan aus dem Rohwasser für Zwecke der Trinkwasserversorgung bereitet grössere Schwierigkeiten als die Entfernung des Eisens. Normalerweise wird das Wasser belüftet und anschliessend über eingearbeiteten Filterkies gegeben, der bereits feste Manganverbindungen auf der Kornoberfläche ausgebildet hat.

Zur Manganbestimmung kann z. B. die Reaktion mit Formaldoxim oder die Oxidation zum Permanganation durch Peroxodisulfat genutzt werden. Bei relativ sauberen Wässern wird man die erste Methode heranziehen, während bei verunreinigten und gefärbten Wässern die zweite Methode günstiger ist.

Anwendungsbereich ➜   Wasser, Abwasser

a) Bestimmung mit Formaldoxim

Geräte
Spektralphotometer oder Filterphotometer mit Filter 480 nm

Reagenzien und Lösungen
Formaldoxim-Lösung: 4 g Hydroxylammoniumchlorid ($NH_2OH \cdot HCl$) und 0,8 g
                                  Paraformaldehyd $(CHOH)_x$ werden mit Wasser auf 100 mL
                                  aufgefüllt.
Ammoniumeisen(II)-sulfat-Lösung: 0,14 g Ammoniumeisen(II)-sulfat $((NH_4)_2Fe(SO_4)_2 \cdot 6 H_2O)$

	werden gemeinsam mit 1 mL konzentrierter Schwefelsäure mit Wasser auf 100 mL aufgefüllt.
EDTA-Lösung:	40 g EDTA-Natriumsalz ($C_{10}H_{14}O_8N_2Na_2 \cdot 2\,H_2O$) werden in 100 mL Wasser gelöst.

Hydroxylammoniumchlorid-Lösg.:	10g Hydroxylammoniumchlorid ($NH_2OH \cdot HCl$) werden mit Wasser auf 100 mL aufgefüllt.
Ammoniak-Lösung:	75 mL Ammoniak-Lösung, w (NH_4OH) = 25 %, werden mit 25 mL Wasser gemischt.

Mangan-Standardlösungen β_1 (Mn) = 100 mg/L, β_2 (Mn) = 10 mg/L:	308 mg Mangansulfat ($MnSO_4 \cdot H_2O$) werden in Wasser gelöst und nach Zugabe von 3 mL konzentrierter Schwefelsäure auf 1 L aufgefüllt. 100 mL dieser Lösung werden mit Wasser auf 1 L aufgefüllt.

Probenvorbehandlung

Bei Calcium- und Magnesiumkonzentrationen über 300 mg/L ergeben sich erhöhte Messwerte, so dass verdünnt werden muss.

Trübstoffe werden vor der photometrischen Messung abzentrifugiert.

Messung

50 mL der Wasserprobe werden nacheinander unter Schütteln mit 5 mL Formaldoxim-Lösung, 5 mL Ammoniumeisen(II)-sulfat-Lösung, 5 mL Ammoniak-Lösung und nach 5 min mit 5 mL EDTA-Lösung sowie 5 mL Hydroxylammoniumchlorid-Lösung versetzt. Nach frühestens 1 h wird die Extinktion der Lösung bei 480 nm bestimmt. Eine Blindprobe wird in gleicher Weise wie die Probe behandelt.

Störungen

Störungen durch Eisen(II)-Ionen werden durch den Einsatz von EDTA und Hydroxylammoniumchlorid verhindert.

Bei Phosphatkonzentrationen von mehr als 10 mg/L und gleichzeitiger Anwesenheit von Calciumionen können Minderbefunde auftreten.

Bei gefärbten Proben wird die unten beschriebene zweite Methode angewendet.

Auswertung

Die Auswertung erfolgt unter Verwendung einer Kalibrierkurve.

b) Bestimmung als Permanganat

Geräte

Spektralphotometer oder Filterphotometer mit Filter 525 nm

Reagenzien und Lösungen

Reaktionslösung:	7,5 g Quecksilbersulfat werden in 40 mL Salpetersäure, w (HNO_3) = 65 %, und 20 mL Wasser gelöst. Man gibt 20 mL o-Phosphorsäure, w (H_3PO_4) = 85 %, und 3,5 mg Silbersulfat zu und füllt mit Wasser auf 100 mL auf.

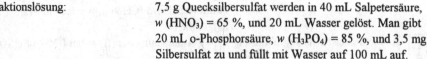

Mangan-Standardlösung: Wie unter a) beschrieben
Ammoniumperoxodisulfat $(NH_4)_2 S_2O_8$

Probenvorbereitung

Die Probe sollte bereits nach der Probennahme angesäuert werden, um das Ausfällen unlöslicher Manganverbindungen zu verhindern. Da Permanganationen mit Reduktionsmitteln reagieren, müssen diese vor der Bestimmung entfernt werden. Trübstoffe werden abfiltriert. Organische Stoffe (ab 60 mg/L $KMnO_4$-Verbrauch) werden durch Oxidation mit Salpetersäure entfernt. Hierzu dampft man 100 mL der Probe nach Zugabe von 1 mL konzentrierter Schwefelsäure und 1 mL Salpetersäure, w (HNO_3) = 65 %, ein, bis weisse Dämpfe auftreten. Bei Braunfärbung verdünnt man mit etwas Wasser und gibt mehrfach kleine Mengen Salpetersäure zu. Dann nimmt man den Rückstand mit etwas verdünnter Salpetersäure auf und füllt mit Wasser auf 100 mL auf.

Kalibrierung und Messung

Zu 90 mL der eventuell vorbehandelten Probe gibt man 5 mL der Reaktionslösung sowie 1 g festes Ammoniumperoxodisulfat. Man lässt 1 min sieden, kühlt unter fliessendem Wasser ab und verdünnt mit Wasser auf 100 mL. Anschliessend misst man bei 525 nm im Photometer. Eine Blindprobe wird in gleicher Weise wie die Probe behandelt.

Störungen

Störungen durch Trübstoffe und grössere Mengen gelöster organischer Stoffe werden wie oben beschrieben entfernt.

   Chloridionen werden bis ca. 1000 mg/L durch die zugegebenen Quecksilberionen maskiert. Bei grösseren Chloridkonzentrationen muss die Probe in der oben beschriebenen Weise vorbehandelt werden.

Auswertung

Die Auswertung erfolgt unter Verwendung der erstellten Kalibrierkurve.

6.1.24   Natrium

Natrium ist Hauptbestandteil vieler natürlicher Wässer mit Konzentrationen von bis zu mehreren hundert mg/L. Hohe bis sehr hohe Konzentrationen findet man in häuslichen Abwässern, manchen Industrieabwässern, Deponiesickerwässern und im Meerwasser. Auch im Regenwasser findet man je nach Entfernung von der Meeresküste noch nachweisbare Konzentrationen. In Böden arider Zonen spielt der Gehalt an Natriumionen eine besondere Rolle bei Problemen der Bodenversalzung.

Anwendungsbereich ➔   Wasser, Abwasser, Boden

Geräte
Flammenphotometer mit Filter 589 nm

Reagenzien und Lösungen

Natrium-Standardlösungen   2,542 g Natriumchlorid (getrocknet bei 105 °C) werden

β_1 (Na) = 100 mg/L,   mit Wasser auf 1 L aufgefüllt. Diese Lösung enthält β (Na)

β_2 (Na) = 10 mg/L: = 1000 mg/L. Man stellt aus dieser Lösung durch ent-

                                  sprechendes Verdünnen Standardlösungen her, die β_1 (Na) =

                                    100 mg/L, bzw. β_2 (Na) = 10 mg/L enthalten. Die Lösun-

                                    gen werden in Flaschen aus Kunststoff aufbewahrt.

Probenvorbereitung

Getrübte Wasserproben werden vor der Messung filtriert, um das Verstopfen der Ansaugeinrichtung der Apparatur bei der Messung zu vermeiden.

    Zur Bestimmung des leichtverfügbaren Natriums in Böden schüttelt man 1 Teil lufttrockenen
Boden mit 10 Teilen destilliertem Wasser und bestimmt Natrium im filtrierten Extrakt.

Kalibrierung und Messung

Zur Aufstellung der Kalibrierkurve werden die Emissionsintentsitäten von Standards bei 589 nm
in dem erwünschten Arbeitsbereich (z. B. 0 bis 1 mg/L oder 0 bis 10 mg/L) gemessen. Anschliessend misst man die Probe und eine Blindprobe. Alternativ kann zur Behebung eventueller Matrixstörungen nach dem Standard-Additionsverfahren gearbeitet werden (s. Abb. 34, Kap.
6.1.18). Hierzu gibt man der Probe mit unbekanntem Natriumgehalt verschiedene bekannte
Mengen Natrium hinzu. Trägt man die gemessene Intensität gegen die zugefügte Natriumkonzentration auf und verlängert die Gerade bis zum Schnittpunkt im negativen Achsenabschnitt, so
ist der dort abgelesene Wert die Natriumkonzentration der unbekannten Lösung.

    Durch Vergleich dieser Geraden mit der Geraden, die sich beim Einsatz reiner Standardlö-
sungen ergibt, kann auf mögliche Störungen oder Matrixeinflüsse geschlossen werden.

Störungen

Bei Anwesenheit von Sulfat, Chlorid oder Bicarbonat in Konzentrationen von mehr als 1000
mg/L können Störungen auftreten. Mit der Methode der Standardaddition können derartige
Probleme weitgehend behoben werden.

Auswertung

Die Auswertung erfolgt unter Verwendung der hergestellten Kalibrierkurve.

6.1.25   Nitrat

Nitrat kommt in vielen natürlichen Wässern in Konzentrationen zwischen 1 und 10 mg/L vor.
Erhöhte Konzentrationen deuten häufig auf Einflüsse stickstoffhaltiger Dünger hin, da Nitratio-
nen im Boden nur schlecht adsorbiert werden und leicht ins Grundwasser gelangen. In Abläufen
moderner Kläranlagen findet man meist hohe Nitratkonzentrationen, da Ammoniumstickstoff
mikrobiologisch ganz oder teilweise nitrifiziert wird. Dagegen sind in Rohabwässern die Nitratkonzentrationen gering. Für die Beurteilung der Selbstreinigungskraft von Gewässern und die
Beurteilung von Nährstoffbilanzen in Oberflächenwasser und im Boden ist Nitrat von grosser

Bedeutung. Im folgenden wird die photometrische Bestimmung mit Natriumsalicylat beschrieben.

Anwendungsbereich ➜ Wasser, Abwasser, Boden

Geräte
Spektralphotometer oder Filterphotometer mit Filter 420 nm
Wasserbad oder Sandbad
Porzellanschalen (8 bis 10 cm ⌀)

Reagenzien und Lösungen

Natriumsalicylat-Lösung:	0,5 g Natriumsalicylat (C$_7$H$_5$O$_3$Na) werden mit Wasser auf 100 mL aufgefüllt; Lösung täglich frisch ansetzen.
Alkalische Seignettesalz-Lösung:	400 g Natriumhydroxid und 60 g Kaliumnatriumtartrat (C$_4$H$_4$O$_6$KNa · 4 H$_2$O) werden mit Wasser zu 1 L gelöst.
Nitrat-Standardlösungen, (β_1 (NO$_3^-$) = 1000 mg/L, β_2 (NO$_3^-$) = 10 mg/L):	1,6307 g Kaliumnitrat werden mit Wasser zu 1 L gelöst; hiervon werden 10 mL abgenommen und auf 1 L aufgefüllt.
Schwefelsäure, konzentriert	

Probenvorbereitung
Die Probe sollte möglichst rasch untersucht werden (besonders bei Abwasserproben). Stärkere Färbungen können häufig durch Fällung mit Aluminiumhydroxid entfernt werden (s. Kap. 6.1.2).

Kalibrierung und Messung
Zur Kalibrierung werden 0,01 bis 0,5 mg/L Nitrat durch Zugabe entsprechender Volumina der Standardlösungen in Porzellanschalen gegeben. Danach gibt man 2 mL Natriumsalicylat-Lösung zu und dampft auf dem Wasserbad vorsichtig ein. Der Rückstand wird 2 h bei ca. 100 °C getrocknet. Nach dem Abkühlen gibt man 2 mL konzentrierte Schwefelsäure zu, lässt 10 min stehen und fügt dann 15 mL Wasser und 15 mL alkalische Seignettesalz-Lösung zu. Anschliessend überführt man die Lösung in einen 100-mL-Messkolben, füllt auf und bestimmt die Nitratkonzentration photometrisch innerhalb von 10 min bei 420 nm. Mit den erhaltenen Werten wird eine Kalibrierkurve aufgestellt.

Zur Bestimmung in der Wasserprobe setzt man ein Probenvolumen je nach der zu erwartenden Nitratkonzentration ein. Bei mehr als 100 mg/L muss verdünnt werden. Die weitere Durchführung gleicht der Behandlung der Standardlösung. Parallel zur Probe wird eine Blindprobe gemessen.

Für die Bestimmung des Nitrats im Boden wird ein Extrakt (1 : 10) mit demineralisiertem Wasser durch zweistündiges Schütteln hergestellt und dieser wie oben beschrieben untersucht. Trübe Lösungen sind vor der Messung zu filtrieren.

Störungen

Störungen bei Anwesenheit von mehr als 200 mg/L Chlorid können durch Verdünnen behoben werden. Nitrit stört ab 1 mg/L und wird durch Zugabe von 50 mg Ammoniumsulfat zur Probe, Eindampfen und Weiterverarbeiten des Abdampfrückstandes entfernt.

Auswertung

Die Nitratkonzentration wird mit Hilfe der erstellten Kalibrierkurve unter Berücksichtigung des Blindwertes ermittelt.

6.1.26   Nitrit

Nitrit ist im allgemeinen in unbelasteten Gewässern nicht oder nur in sehr geringen Konzentrationen vorhanden. Bei der mikrobiellen Nitrifikation von Ammonium zum Nitrat tritt es als Zwischenprodukt z. B. dann auf, wenn das an der Reaktion beteiligte Bakterium *Nitrobacter* durch Sauerstoffmangel oder bakterizide Wirkung von Störstoffen gehemmt wird. Nitrit wirkt schon in Konzentrationen von weit unter 1 mg/L auf viele Organismen giftig. In der Trinkwasserverordnung wurde deshalb ein Grenzwert von 0,1 mg/L festgesetzt.

Anwendungsbereich ➜   Wasser, Abwasser

Geräte
Spektralphotometer oder Filterphotometer mit Filter 540 nm

Reagenzien und Lösungen

Reagenz-Lösung:	Man löst 0,5 g Sulfanilamid ($C_6H_8N_2O_2S$) und 0,05 g N-(1-naphthyl)-ethylendiamin-dihydrochlorid ($C_{12}H_{16}Cl_2N_2$) in 25 mL Wasser und 10,5 mL Salzsäure, w (HCl) = 36 %. Man gibt 13,6 g Natriumacetat ($C_2H_3O_2Na \cdot 3\ H_2O$) zu und füllt auf 50 mL auf. Die Lösung ist einige Monate stabil.
Nitrit-Standardlösungen, β_1 (NO_2^-) = 1000 mg/L, β_2 (NO_2^-) = 1 mg/L:	1,50 g Natriumnitrit (1 Stunde bei 105 °C getrocknet) werden mit Wasser zu 1 L gelöst. Die Lösung ist bei 4 °C ca. 1 Monat haltbar. 1 mL dieser Lösung wird mit Wasser auf 1 L aufgefüllt; sie ist täglich frisch anzusetzen.

Probenvorbereitung

Die Bestimmung sollte innerhalb weniger Stunden nach der Probennahme durchgeführt werden. In jedem Fall ist die Probe bis zur Untersuchung kühl zu lagern. Zur Entfernung von Färbungen und kolloidalen Trübungen kann mit Aluminiumhydroxid geflockt werden (s. Kap. 6.1.2). Bei pH-Werten > 10 oder einer Basenkapazität von mehr als 6 mmol/L wird mit verdünnter Salzsäure auf pH = 6 eingestellt.

Kalibrierung und Messung
Für die Kalibrierung werden 1 bis 25 mL der verdünnten Nitrit-Standardlösung in 50-mL-Messkolben pipettiert, auf ca. 40 mL verdünnt und mit 2 mL Reagenzlösung versetzt. Nach Auffüllen, Mischen und anschliessender 15minütiger Standzeit wird bei 540 nm gemessen.

Anschliessend werden 40 mL der Probe (oder bei höheren Nitritkonzentrationen eine kleinere Menge, die auf ca. 40 mL aufgefüllt wird) untersucht. Der pH-Wert der Lösung sollte zwischen 1,5 und 2 liegen. Die Untersuchung erfolgt wie oben beschrieben. Eine Blindprobe wird in gleicher Weise wie die Probe behandelt.

Störungen
Eventuell in der Laborluft vorhandene Stickstoffoxide können das Ergebnis verfälschen. Störend wirken starke Oxidations- oder Reduktionsmittel (z. B. aktives Chlor, Sulfit) in höheren Konzentrationen.

Auswertung
Die Nitritkonzentration wird mit Hilfe der erstellten Kalibrierkurve unter Berücksichtigung des Blindwertes ermittelt.

6.1.27   Phenolindex

Aromatische Kohlenwasserstoffe mit Hydroxygruppen am aromatischen Ring werden als Phenole bezeichnet. Je nach Anzahl der OH-Gruppen unterscheidet man ein-, zwei- oder mehrwertige Phenole. Sie treten in geringen Mengen in natürlichen Wässern auf, da sie als pflanzliche Inhaltsstoffe bei Zersetzungs- und Humifizierungsprozessen freigesetzt werden. Unbehandelte gewerbliche Abwässer einiger Branchen (z. B. Kokereien, Produktion von Kunstharzen oder Desinfektionsmitteln) enthalten erhebliche Phenolkonzentrationen.

Die Toxizität von Phenolen ist unterschiedlich und wird durch Art und Anordnung der funktionellen Gruppen im Molekül bestimmt. Bei der Trinkwasserchlorung können aus Huminstoffen Chlorphenole entstehen, die dem Wasser einen unangenehmen Geruch und Geschmack verleihen.

Analytisch bedeutsam ist die Einteilung in wasserdampfflüchtige und nicht wasserdampfflüchtige Phenole. Die Flüchtigkeit nimmt in der Reihenfolge Kresole, Xylenole, Phenol, Naphthol, Brenzcatechin, Hydrochinon und anderer mehrwertiger Phenole ab. Die Wasserdampfflüchtigkeit ist vom pH-Wert abhängig: erhöhte Flüchtigkeit bei niedrigem pH, geringe Flüchtigkeit bei hohem pH.

Das Verfahren zur Bestimmung des Phenolindex umfasst als Konventionsverfahren alle Phenole, die die unten beschriebenen Kupplungsreaktionen eingehen.

Anwendungsbereich ➜   Wasser, Abwasser

Probenvorbereitung
Die Probe wird entweder sofort nach der Entnahme mit Natriumhydroxid auf einen pH-Wert > 12 oder mit Salpetersäure auf einen pH-Wert von 3–4 eingestellt und gekühlt aufbewahrt.

a) Phenolindex ohne Destillation („Gesamt-Phenole")

Geräte
Spektralphotometer oder Filterphotometer mit Filter 530 nm
Scheidetrichter, 250 mL

Reagenzien und Lösungen

p-Nitranilin-Lösung:	700 mg p-Nitranilin ($C_6H_6N_2O_2$) werden in 150 mL Salzsäure, c (HCl) = 1 mol/L, gelöst und die Lösung mit Wasser auf 1 L aufgefüllt.
Natriumnitrit-Lösung, gesättigt:	Ca. 85,5 g Natriumnitrit werden bei 25 °C in 100 mL Wasser gelöst.
Phenol-Standardlösungen	1 g Phenol wird mit Wasser zu 1 L gelöst. Von dieser
β_1 (Ph.) = 10 mg/L,	Lösung werden durch Entnahme aliquoter Mengen die
β_2 (Ph.) = 1 mg L,	notwendigen Standards täglich frisch hergestellt.
β_3 (Ph.) = 0,1 mg/L:	

Natriumcarbonat-Lösung, c (Na_2CO_3) = 1 mol/L
Natronlauge, w (NaOH) = 30 %
n-Butanol

Kalibrierung und Messung
Mindestens 50 mL der Wasserprobe werden im Scheidetrichter mit 30 mL Natriumcarbonat-Lösung versetzt und ggf. mit Natronlauge auf pH = 11,5 eingestellt. Dann versetzt man 20 mL p-Nitranilin-Lösung mit einigen Tropfen Natriumnitrit-Lösung, gibt dieses Gemisch zur Probe und lässt 20 min stehen. Man extrahiert den gebildeten Farbstoff durch Schütteln mit 50 mL Butanol und trennt nach 10 min die wässrige Phase ab. Die Extinktion des Butanol-Extrakts wird bei 530 nm gegen eine parallel laufende Blindprobe gemessen. Zur Kalibrierung werden aus den Phenolstandards verschiedene Lösungen hergestellt, die den Konzentrationsbereich der Messung abdecken.

b) Phenolindex nach Destillation („wasserdampfflüchtige Phenole")

Geräte
Spektralphotometer oder Filterphotometer mit Filter 460 und 510 nm
Scheidetrichter, 1 L
Destillationsapparatur mit 1-L-Rundkolben, Liebigkühler, Heizeinrichtung, 500-mL-Messzylinder als Vorlage

Reagenzien und Lösungen

Aminoantipyrin-Lösung:	2 g 4-Amino-2,3-dimethyl-1-phenyl-3-pyrazolin-5-on ($C_{11}H_{13}N_3O$) werden in Wasser gelöst und die Lösung auf 100 mL aufgefüllt.
Pufferlösung, pH = 10,0:	34 g Ammoniumchlorid und 200 g Kaliumnatriumtartrat ($C_4H_4O_6KNa \cdot 4 H_2O$) werden in 700 mL Wasser gelöst, mit

	150 mL Ammoniak, w (NH_4OH) = 25 %, versetzt und mit Wasser auf 1 L aufgefüllt.
Pufferlösung, pH = 4,0:	151 g Dinatriumhydrogenphosphat ($Na_2HPO_4 \cdot 2\ H_2O$) und 142 g Citronensäure ($C_6H_8O_7 \cdot H_2O$) werden nach Auflösen mit Wasser auf 1 L aufgefüllt.
Kaliumhexacyanoferrat(III)-Lösung:	8 g Kaliumhexacyanoferrat(III) ($K_3[Fe(CN)_6]$) werden mit Wasser auf 100 mL aufgefüllt. Die Lösung wird lichtgeschützt aufbewahrt und ist ca. 1 Woche haltbar.

Phenol-Standardlösungen wie unter a) beschrieben
Natriumsulfat, wasserfrei
Kupfersulfat ($CuSO_4 \cdot 5\ H_2O$)
Eisen(III)-sulfat ($Fe_2(SO_4)_3$)
Trichlormethan (Chloroform)

Kalibrierung und Messung
500 mL der Probe (gegebenenfalls verdünnen) werden in den Destillationskolben gegeben und mit 0,5 g Kupfersulfat versetzt. Man schüttelt einige Male während 10 min und fügt 50 mL Pufferlösung pH = 4 zu. Falls nötig, wird auf pH = 4 eingestellt. Anschliessend destilliert man 400 mL in den Messzylinder, füllt mit Wasser auf 500 mL auf und überführt die Lösung zusammen mit 20 mL Pufferlösung pH = 10 in den Scheidetrichter. Man gibt 3 mL Aminoantipyrin-Lösung und nach kurzem Schütteln 3 mL Kaliumhexacyanoferrat-Lösung zu und schüttelt erneut. Nach 30 bis 60 min Standzeit (lichtgeschützt) extrahiert man den entstandenen Farbstoff durch 5minütiges Schütteln mit 25 mL Trichlormethan. Danach filtriert man die organische Phase über 5 g Natriumsulfat (wasserfrei) in einen 25-mL-Messkolben und füllt durch Nachwaschen mit Trichlormethan zur Marke auf. Die Farbintensität der Lösung wird im Photometer bei 460 nm gegen Trichlormethan als Vergleichslösung gemessen. Bei höheren Konzentrationen phenolischer Substanzen kann auf die Extraktion verzichtet werden. In solchen Fällen wird bei 510 nm gemessen und eine kleinere Menge der Probe eingesetzt.

Störungen
Oxidationsmittel in der Probe (z. B. Chlor, Chlordioxid) stören und können durch Zusatz von Ascorbinsäure entfernt werden. Bei Anwesenheit reduzierender Substanzen wird bei der Destillation eine kleine Menge Eisen(III)-sulfat zugesetzt. Bei einer Eigenfärbung des Wassers wird eine Blindprobe ohne Zusatz von Aminoantipyrin in gleicher Weise behandelt und vom Untersuchungsergebnis subtrahiert.

Auswertung
Die Phenolkonzentration wird mit Hilfe der erstellten Kalibrierkurve unter Berücksichtigung des Blindwertes ermittelt.

6.1.28 Phosphorverbindungen

Natürliche unbeeinflusste Wässer enthalten meist Konzentrationen an Gesamtphosphor von weniger als 0,1 mg/L. Belastete Oberflächengewässer enthalten dagegen höhere Phosphorkonzentrationen, hervorgerufen durch die Einleitung von Abwässern und Einwaschung von Düngemittelrückständen der Landwirtschaft. Bei einem Überangebot an Phosphor in stehenden Gewässern kommt es oft zur Eutrophierung, zur Verminderung der Sauerstoffkonzentration und damit zu Problemen bei der Wasseraufbereitung. Wegen der guten Adsorptionseigenschaften von Phosphorverbindungen an Bodenpartikel ist die Gefahr ihres Eintrags in tiefere Bodenschichten oder ins Grundwasser relativ gering.

Phosphorverbindungen treten in Wasser, Abwasser oder Boden in unterschiedlichen Species auf: als Gesamtphosphor, lösliches o-Phosphat, hydrolysierbares Phosphat und organisch gebundener Phosphor. Bei der Auswahl der Untersuchungsmethoden sind diese Species zu berücksichtigen.

Unter „o-Phosphat" versteht man Phosphate, die sich ohne vorherige Hydrolyse bestimmen lassen. Hydrolysiert man unter schwach sauren Bedingungen, wandeln sich kondensierte Phosphate in o-Phosphate um. Dabei werden zwangsläufig auch Teile organischer Phosphorverbindungen in anorganische Verbindungen umgewandelt. Als „organisch gebundener Phosphor" wird der nur bei starker Oxidation aufschliessbare Teil des Gesamtphosphors bezeichnet.

Bei Untersuchungen zur Eutrophierung von Gewässern ist die Bestimmung des gelösten o-Phosphats und des Gesamtphospors zu empfehlen: Bei höheren Konzentrationen von o-Phosphat bzw. des als o-Phosphat bestimmbaren Teils des Gesamtphosphors liegen immer günstige Eutrophierungsbedingungen vor. Bei ausschliesslich höheren Konzentrationen an Gesamtphosphor und nicht nachweisbarem o-Phosphat vermehren sich Organismen dagegen kaum.

Bei der Untersuchung von Trinkwässern und industriellen Brauchwässern (z. B. Dosierung von Phosphaten für den Korrosionsschutz) sollte die Summe aus o-Phosphat und kondensierten Phosphaten untersucht werden.

Anwendungsbereich ➜   Wasser, Abwasser, Boden

a) o-Phosphat

Geräte
Spektralphotometer oder Filterphotometer mit Filter 880 bzw. 700 nm

Reagenzien und Lösungen

Ammoniummolybdat-Lösung:	40 g Ammoniummolybdat ($(NH_4)_6Mo_7O_{24} \cdot 4\ H_2O$) werden mit Wasser auf 1 L aufgefüllt.
Ascorbinsäure-Lösung:	2,6 g L(+)Ascorbinsäure ($C_6H_8O_6$) werden in 150 mL Wasser gelöst. Die Lösung muss täglich frisch angesetzt werden.
Kaliumantimon(III)-oxidtartrat-Lösung:	2,7 g Kaliumantimon(III)-oxidtartrat ($K(SbO)C_4H_4O_6$ $\cdot$ 2 H_2O) werden in Wasser gelöst und auf 1 L aufgefüllt.
Reaktionsgemisch:	250 mL Schwefelsäure, w (H_2SO_4) = 25 %, 75 mL Ammoniummolybdat-Lösung und 150 mL Ascorbinsäure-Lösung werden gemischt. Man gibt 25 mL Kaliumantimon(III)-oxidtartrat-Lösung zu und mischt erneut. Die Lösung sollte täglich frisch angesetzt und gekühlt aufbewahrt werden.
Phosphat-Standardlösung β (PO_4^{3-}) = 1 mg/L:	139,8 mg Kaliumdihydrogenphosphat (KH_2PO_4) (bei 105 °C getrocknet) werden mit Wasser auf 1 L aufgefüllt.

Von dieser Lösung werden 10 mL entnommen und auf 1 L aufgefüllt.

Probenvorbereitung
Die Probe wird möglichst bald nach der Probennahme über ein Membranfilter (Porenweite 0,45 µm) filtriert. Die ersten 10 mL werden verworfen.

Kalibrierung und Messung
In fünf 50-mL-Messkolben gibt man von der Phosphat-Standardlösung Mengen von 0 bis 0,04 mg und füllt mit Wasser auf 40 mL auf. Diese Lösungen werden ebenso wie maximal 40 mL der Probe mit 8 mL des Reaktionsgemisches versetzt und auf 50 mL aufgefüllt. Nach dem Mischen lässt man 10 min stehen und misst bei 880 bzw. 700 nm im Photometer.

Zur Blindwertkorrektur von Färbungen und Trübungen werden zu einer Wasserprobe 8 mL eines Reaktionsgemisches gegeben, das nur Schwefelsäure und Kaliumantimon(III)-oxidtartrat-Lösung in den oben beschriebenen Mengen enthält.

Störungen
Kieselsäure in Konzentrationen von mehr als 5 mg/L kann zu hohe Phosphatwerte vortäuschen. Chromat täuscht dagegen zu niedrige Werte vor und kann gegebenenfalls durch Zugabe von 1 mL Ascorbinsäure-Lösung reduziert werden. Sulfide von mehr als 2 mg/L entfernt man durch Zugabe von mehreren mg Kaliumpermanganat. Nach Schütteln wird überschüssiges Permanganat durch Zugabe von 1 mL Ascorbinsäure-Lösung reduziert.

Auswertung
Die o-Phosphatkonzentration wird unter Verwendung der aufgestellten Kalibrierkurve bestimmt.
Umrechnung: 1 mg PO_4^{3-} = 0,326 mg P

b) Hydrolysierbares Phosphat (gesamtes anorganisches Phosphat)

Reagenzien und Lösungen
Zusätzlich zu den unter a) beschriebenen Lösungen:

Phenolphtalein-Lösung: 1 g Phenolphtalein wird in 100 mL Ethanol gelöst und mit
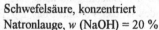   100 mL Wasser versetzt.
Schwefelsäure, konzentriert
Natronlauge, *w* (NaOH) = 20 %

Messung
Bis zu 40 mL der Probe werden mit 1 mL konzentrierter Schwefelsäure versetzt. Man lässt 5 min sieden, kühlt ab und neutralisiert die Probe unter Verwendung der Phenolphtalein-Lösung mit Natronlauge, *w* (NaOH) = 20 %. Man verdünnt auf ca. 40 mL und fährt wie unter a) beschrieben in der Bestimmung fort. Eine Blindprobe wird in gleicher Weise wie die Probe behandelt.

Auswertung
Die Konzentration des hydrolysierbaren Phosphats wird unter Verwendung einer Kalibrierkurve bestimmt. Das Ergebnis umfasst die Summe von o-Phosphat und kondensierten Phosphaten. Zieht man davon die Konzentration des o-Phosphates ab, erhält man das hydrolysierbare Phosphat.

c) Gesamtphosphor

Reagenzien und Lösungen
Zusätzlich zu den unter a) und b) beschriebenen Lösungen:
Kaliumperoxodisulfat-Lösung: 5 g Kaliumperoxodisulfat ($K_2S_2O_8$) werden in 100 mL Wasser gelöst. Die Lösung ist täglich frisch anzusetzen.

Messung
100 mL Probe (oder eine geringere Menge auf 100 mL verdünnt) werden mit 0,5 mL konzentrierter Schwefelsäure versetzt, so dass sich ein pH-Wert < 1 ergibt. Anschliessend fügt man 15 mL Kaliumperoxodisulfat-Lösung zu und lässt 30 min (bei schwer aufschliessbaren organischen Phosphorverbindungen bis 90 min) schwach sieden. Nach dem Abkühlen gibt man 1 Tropfen Phenolphtalein-Lösung und so viel Natronlauge zu, bis die Lösung rosa wird. Man füllt mit Wasser auf 100 mL auf und bestimmt den Phosphatgehalt wie unter a) beschrieben. Die Standardlösung und die Blindprobe werden in gleicher Weise wie die Probe behandelt.

Auswertung
Die Konzentration an Gesamtphosphor wird unter Verwendung der erstellten Kalibrierkurve ermittelt. Man erhält die Konzentration an organisch gebundenem Phosphor durch Subtraktion der Menge des hydrolysierbaren Phosphats vom Gesamtphosphor.

6.1.29   Schlammvolumen und Schlammindex

Schlammvolumen und Schlammindex sind zwei wesentliche Grössen zur Kennzeichnung von Klärschlamm, vorwiegend Belebtschlamm. Unter dem Schlammvolumen versteht man das in mL ausgedrückte Volumen des Schlamm-Wasser-Gemisches des Belebungsbeckens einer Kläranlage nach einer Absetzzeit von 30 min. Der Schlammindex ist das Volumen, das 1 g Trockensubstanz des Belebtschlamms einnimmt.

Anwendungsbereich →   Klärschlamm

Geräte
1 L-Messzylinder, Ø 6–7 cm, aus Glas oder durchsichtigem Kunststoff

Messung
Die Probe sollte rasch, d. h. ohne Entmischung aus dem Belebungsbecken entnommen werden. Dann gibt man sie in den Messzylinder, füllt bis zur Marke auf und lässt das Gefäss erschütterungsfrei 30 min stehen. Anschliessend liest man das Schlammvolumen in Höhe der Grenzfläche

zwischen Schlamm und Überstand ab. Die Bestimmung sollte wiederholt werden, wenn das Schlammvolumen 250 mL überschreitet. In diesem Fall wird die Probe mit dem überstehenden Wasser derselben Probe im Verhältnis 1 + 1 oder 1 + 2 verdünnt. Das ermittelte Schlammvolumen ist dabei mit dem Faktor 2 bzw. 3 zu multiplizieren.

Parallel zu dieser Messung wird der Trockenrückstand der Probe bestimmt (s. Kap. 6.1.15).

Störungen

Bei höheren Schlammvolumina kann der Absetzvorgang gestört werden. In solchen Fällen wird die Probe verdünnt. Auch Gasblasen können den Absetzvorgang behindern. Bei Temperaturunterschieden von > 3 °C zwischen der Probe im Messzylinder und der Umgebungsluft stellt man zur Vermeidung von Konvektionsströmungen das Messgefäss in einen Eimer, der mit Wasser der gleichen Temperatur wie die Probe gefüllt ist.

Auswertung

Der Schlammindex (mL/g) wird berechnet nach:

$$I = S/T$$

I Schlammindex des Schlamm-Wasser-Gemisches, mL/g
S Schlammvolumen der Probe, mL/L
T Trockenrückstand der Probe, g/L

Der Schlammindex eines gut flockenden Belebtschlamms liegt zwischen 50 und 100 mL/g, während Werte > 200 mL/g auf Blähschlamm hinweisen.

6.1.30   Schwermetalle mit Atomabsorptionsspektrometrie (AAS)

Schwermetalle sind in Wasser und Boden geogen vorhanden, meist in sehr geringen Konzentrationen. Durch anthropogenen Eintrag können die Konzentrationen erheblich zunehmen, so dass toxische Wirkungen auf Organismen auftreten. Gesetzliche Bestimmungen zum Schutz von Gewässern und Böden enthalten deshalb immer auch Grenzwerte für Schwermetalle.

Für sechs ausgewählte Schwermetalle sind Bestimmungsmethoden in den folgenden DIN-Normen beschrieben (Flammen-AAS und Graphitrohr-AAS):

- Blei: DIN 38406, Teil 6;
- Cadmium: DIN 38406, Teil 19;
- Chrom: DIN 38406, Teil 10;
- Kupfer: DIN 38406, Teil 7;
- Nickel: DIN 38406, Teil 11;
- Zink: DIN 38406, Teil 8.

Für die Messung weiterer Elemente wird auf die jeweiligen Normverfahren bzw. die weiterführende Literatur verwiesen (z. B. Rump/Scholz, 1995).

Zur Elementbestimmung reichen bei vielen Wasser-, Abwasser- und Bodenproben die Nachweis- und Bestimmungsgrenzen der Flammen-AAS aus. Nur in wenigen Fällen wird zur Verbesserung der Nachweisgrenzen ein Einsatz der Graphitrohr-AAS erforderlich. Über Nachweis- und Bestimmungsgrenzen machen in der Regel Herstellerfirmen und Anwender unterschiedliche Angaben. Dies liegt teilweise an unterschiedlichen Auffassungen über Matrices, Störeinflüsse und Geräteoptimierungen.

Geräte
Atomabsorptions-Spektrometer mit Untergrundkompensation und geeigneter Strahlenquelle; Graphitrohr-System mit automatischer Injektionseinheit und Steuerungseinrichtung für das Heizprogramm; Gasversorgung für die Reingase Luft, Acetylen und Distickstoffoxid (N_2O); Mikrowellen-Aufschlussgerät

Reagenzien und Lösungen

Standardlösungen: Zur Herstellung von Standardlösungen werden häufig
                           kommerziell erhältliche Lösungen verwendet. Stammlö-
                           sungen für die Elemente Cd, Cu, Ni, Pb und Zn kann man
                           selbst herstellen, indem jeweils 1000 mg Metall in 10 mL
                           konzentrierter Salpetersäure gelöst und die Lösungen auf
                           1 L aufgefüllt werden. Für die Herstellung der Chrom-
                           Stammlösung werden 2,825 g $K_2Cr_2O_7$ (2 h bei 105 °C ge-
                           trocknet) unter Zusatz von 5 mL Salpetersäure auf 1 L auf
                           gefüllt. Geeignete Standards erhält man durch Verdünnen
                           der Stammlösung unter Zusatz von 10 mL/L Salpetersäure.

Probenvorbereitung
Bei höherer organischer Belastung werden 20–50 mL Probe mit 5 mL Salpetersäure (65 %) versetzt und im Mikrowellen-Aufschlussgerät 2 min bei 400 W und danach 7 min bei 300 W in Druckgefäss behandelt (bei unvollständigem Aufschluss Arbeitsschritt wiederholen). Nach Abkühlen gibt man 0,5 mL Wasserstoffperoxid (30 %) zu und führt bei gleichen Bedingungen wie oben den Aufschluss fort (andere Aufschlüsse siehe Kap. 6.3.1.4).

Kalibrierung und Messung
Flammen-AAS:
Man stellt die Geräteparameter nach Herstellerangaben für die zu messenden Elemente ein. Geeignete Wellenlängen sind:

Blei: 217,0 nm (bei Störungen besser 283,3), Luft/Acetylen-Flamme;
Cadmium: 228,8 nm, Luft/Acetylen-Flamme;
Chrom: 357,9 nm, Distickstoffoxid/Acetylen-Flamme, Zusatz von Lanthanchlorid-Lösung;
Kupfer: 324,7 oder 327,4 nm, bei höheren Konz. 249,2 oder 244,2 nm, Luft/Acetylen-
               Flamme;
Nickel: 232,0 nm, bei höheren Konzentrationen 341,5 nm, Luft/Acetylen-Flamme;
Zink: 213,8 nm, bei höheren Konzentrationen 307,6 nm, Luft/Acetylen-Flamme.
Graphitrohr-AAS:
Man stellt die Geräteparameter nach Herstellerangaben für die zu messenden Elemente ein.

Wellenlängen wie oben angegeben.

Zusätze:

Cd, Pb, Zn: als Matrix-Modifier 200 µg $NH_4H_2PO_4$ je Probe zugeben;

Cr, Cu, Ni: als Matrix-Modifier 50 µg $Mg(NO_3)_2$ je Probe zugeben.

Die Kalibrierung wird mit den jeweiligen Standardlösungen durchgeführt, als Blindwertlösung dient Wasser mit einem Zusatz von 1 mL Salpetersäure (65 %) je 100 mL. Dabei wird die Intensität der Spektrallinie in Bezugs- und Blindwertlösung gemessen und anschliessend die Kalibrierkurve festgelegt (wird meist vom Geräterechner vorgenommen). Danach werden die Elementgehalte der Probe analog zum Kalibrierverfahren bestimmt.

Bei gering belasteten Proben kann die Berechnung der Konzentrationen mit Hilfe der Kalibrierkurve erfolgen, bei höheren Belastungen ist das Verfahren der Standardaddition (Aufstockverfahren) vorzuziehen. Übersteigt die Elementkonzentration der Probenlösung die der Standardlösung, wird mit Blindwertlösung verdünnt.

Störungen

Störungen bei der Messung mit Flammen-AAS und Graphitrohr-AAS können besonders bei Proben mit komplexer Matrix auftreten. Bei spektralen Interferenzen sollte auf alternative Spektrallinien ausgewichen werden. Angaben dazu finden sich in den Handbüchern der Gerätehersteller. Bei Proben mit komplexer oder wenig bekannter Matrix ist das Standardadditionsverfahren einzusetzen.

6.1.31   Sulfat

Sulfationen kommen in natürlichen unbeeinflussten Wässern in Konzentrationen bis 50 mg/L, bei Kontakt mit besonderen geologischen Formationen (Gipslagerstätten, Grubenwässer des Pyrit-Abbaus) auch in Konzentrationen bis über 1000 mg/L vor. In anaeroben Grundwasserleitern sind die Konzentrationen meist gering bei gleichzeitig höheren Konzentrationen von Schwefelwasserstoff infolge der Sulfatreduktion.

Verunreinigte Gewässer und Abwässer weisen meist erhöhte Sulfatkonzentration auf. Ursachen sind oft Einflüsse von gewerblichen Einleitungen, Deponien oder Düngemitteln.

Sulfathaltiges Wasser ist kalkaggressiv: ein Sulfatgehalt > 250 mg/L ist schwach, ein solcher von > 600 mg/L ist stark betonschädlich. Auf Stahlrohre wirken hohe Sulfatgehalte korrosiv.

Im Trinkwasser machen sich höhere Sulfatgehalte geschmacklich bemerkbar, ab 250 mg/L ist eine abführende Wirkung möglich.

Nachfolgend werden zwei Methoden der Sulfat-Bestimmung beschrieben: die gravimetrische Methode, die bei höheren Ansprüchen an die Genauigkeit bevorzugt wird, und die turbidimetrische Methode, die weniger genaue Werte liefert, dafür rascher durchgeführt werden kann.

Anwendungsbereich ➜   Wasser, Abwasser, Boden

a) Gravimetrisches Verfahren

Geräte
Trockenschrank

Muffelofen
Wasserbad
Quarz- oder Platinschalen

Reagenzien und Lösungen

Bariumchlorid-Lösung:	10 g Bariumchlorid ($BaCl_2 \cdot 2\ H_2O$) werden in 90 mL Wasser gelöst.
Methylorange-Indikator:	100 mg Methylorange werden mit Wasser auf 100 mL aufgefüllt.
Silbernitrat-Lösung:	1 g Silbernitrat wird gemeinsam mit einigen Tropfen Salpetersäure in 100 mL Wasser gelöst.

Salzsäure, w (HCl) = 20 %
Natriumchlorid-Lösung, w (NaCl) = 10 %

Probenvorbereitung

Trübstoffe müssen vor der Bestimmung von Wasserproben oder Bodenextrakte abfiltriert werden. Silicate stören bei Konzentrationen von > 25 mg/L und können gemeinsam mit organischen Stoffen wie folgt beseitigt werden:

Ein Probenvolumen, das nicht mehr als 50 mg/L Sulfat enthält, wird auf dem Wasserbad bis fast zur Trockene eingedampft. Man fügt einige Tropfen Salzsäure, w (HCl) = 20 %, sowie einige Tropfen Natriumchlorid-Lösung, w (NaCl) = 10 %, zu. Danach dampft man zur Trockene ein, wobei anhaftende Salzkrusten mit der Säure in Kontakt gebracht werden, und verascht dann bei ca. 500 °C. Den Rückstand befeuchtet man mit 3 mL Wasser und einigen Tropfen Salzsäure und dampft erneut ein. Anschliessend nimmt man heiss mit wenig Wasser und 1 mL Salzsäure auf, fügt ca. 50 mL heisses Wasser zu und filtriert. Der Filterrückstand enthält unlösliche Kieselsäure und wird mit Wasser gewaschen, bis nach Prüfung mit Silbernitrat-Lösung kein Chlorid mehr nachweisbar ist. Filtrat und Waschwasser verwendet man zur Sulfat-Bestimmung.

Messung

Ein Probenvolumen, welches bis 50 mg/L enthält, wird in ein Becherglas gegeben und falls nötig auf 200 mL aufgefüllt. Man stellt die Lösung unter Verwendung des Methylorange-Indikators neutral ein, gibt 2 mL Salzsäure, w (HCl) = 20 %, zu und lässt kurz sieden. Dann gibt man heisse Bariumchlorid-Lösung unter Rühren zu, bis die Fällung vollständig erscheint, und fügt noch 3 mL im Überschuss zu. Man erhitzt ca. 0,5 h weiter und lässt mindestens 2 h stehen (am besten über Nacht) und filtriert über ein aschefreies Papierfilter oder einen gewichtskonstanten Porzellanfiltertiegel A1 ab. Der Niederschlag wird mit heissem Wasser bis zur negativen Chlorid-Reaktion gewaschen. Das Papierfilter wird in einen gewichtskonstanten Porzellantiegel überführt, vorsichtig getrocknet, verascht und dann 30 min bei ca. 800 °C geglüht. Dabei soll das Papier nicht mit offener Flamme abbrennen. Bei Verwendung eines Filtertiegels wird bei 300 °C bis zur Gewichtskonstanz erhitzt. Nach Abkühlen im Exsikkator wird der Tiegel gewogen.

Störungen

Störungen durch organische Stoffe, Nitrate und Kieselsäure werden durch die beschriebene Vorbehandlung vermieden. Schwermetalle können zu niedrige Ergebnisse verursachen, da sie die vollständige Fällung des Bariumsulfats verhindern.

Auswertung
Die Sulfatkonzentration (mg/L) der Probe berechnet sich nach:

$$\beta \, (SO_4^{2-}) = a \cdot 0{,}4115/V$$

a   Auswaage an Bariumsulfat, mg
V   Probenvolumen, L

b) Turbidimetrisches Verfahren

Geräte
Spektralphotometer oder Filterphotometer mit Filter 420 nm
Magnetrührer

Reagenzien und Lösungen
Bariumchlorid: $(BaCl_2 \cdot 2\,H_2O)$, fest
Reagenz zur Konditionierung: 30 mL Salzsäure, w (HCl) = 36 %, 300 mL Wasser, 100
                                        mL Ethanol und 75 g Natriumchlorid werden zusammen-
                                        gegeben. Danach fügt man 50 mL Glycerin $(C_3H_8O_3)$ zu und
                                        mischt.
Sulfat-Standardlösung   147,9 mg wasserfreies Natriumsulfat werden mit Wasser
$\beta \, (SO_4^{2-}) = 100$ mg/L: auf 1 L aufgefüllt.

Probenvorbereitung
Trübe Wasserproben werden vor der Bestimmung filtriert. Bei Sulfatkonzentrationen > 50 mg/L
muss verdünnt werden.

Kalibrierung und Messung
Kalibrierlösungen, die Sulfatkonzentrationen im Bereich von 0 bis 50 mg/L enthalten, werden
ebenso wie die Probe gegebenenfalls auf ein Volumen von 100 mL ergänzt, mit 5 mL Konditio-
nierungsreagenz versetzt und mit einem Magnetrührer laufend gerührt. Bei laufendem Rührer
gibt man 0,2 bis 0,3 g festes Bariumchlorid zu und rührt danach exakt 1 min. Sofort anschliessend giesst man die Lösung in eine Küvette und misst während 2 bis 3 min mehrfach die Absorption bei 420 nm. Der höchste gemessene Wert wird notiert. Eine Blindprobe, bestehend aus
einer Wasserprobe ohne Bariumchlorid-Zusatz, wird wie die Probe behandelt.

Auswertung
Die Konzentration von Sulfationen wird unter Verwendung der erstellten Kalibrierkurve ermittelt.

6.1.32   Sulfid

Schwefelwasserstoff und Sulfide entstehen unter anderem durch bakterielle Zersetzung von
Proteinen, ausserdem durch Sulfatreduktion unter stark anaeroben Verhältnissen. Wässer mit

messbaren Schwefelwasserstoffkonzentrationen haben einen unangenehmen Geruch und sind deshalb als Trinkwasser ohne Aufbereitung ungeeignet.

Für die Bestimmung von Sulfid in Wasserproben eignet sich DIN 38 405, Teil 27. Dabei werden gelöste und die meisten ungelösten Sulfide erfasst. Für rasche Untersuchungen von Wasser-, Schlamm- und Sedimentproben lässt sich ausserdem die elektrometrische Sulfidbestimmung einsetzen.

Anwendungsbereich ➜   Wasser, Abwasser

a) Photometrische Bestimmung

Geräte
Ausblasapparatur zur Sulfidabtrennung (Abb. 35)
pH-Messgerät mit Elektrode
Spektralphotometer oder Filterphotometer mit Filter 665 nm

Reagenzien und Lösungen

Zinkacetat-Lösung:	20 g Zinkacetat ($C_4H_6O_4Zn \cdot 2\ H_2O$) werden in Wasser gelöst und die Lösung auf 1 L aufgefüllt.
EDTA-Lösung:	100 g EDTA-Dinatriumsalz ($C_{10}H_{14}N_2O_8Na_2 \cdot 2\ H_2O$) werden in 940 mL Wasser gelöst.
Phthalat-Puffer:	80 g Kaliumhydrogenphthalat ($C_8H_5KO_4$) werden in 920 mL Wasser gelöst und der pH-Wert auf 4,0 eingestellt.

Reagenzlösung: 2 g N,N-Dimethyl-1,4-phenylendiammoniumchlorid werden in einen 1-L-Messkolben gegeben. Anschliessend fügt man 200 mL Wasser und 200 mL konzentrierte Schwefelsäure zu (Vorsicht!) und füllt nach Abkühlen auf 1 L auf.

Ammoniumeisen(III)-sulfat-   50 g Ammoniumeisen(III)-sulfat ($NH_4Fe(SO_4)_2 \cdot 12\ H_2O$)
Lösung: werden in einem 500-mL-Messkolben mit 10 mL konzentrierter Schwefelsäure versetzt und mit Wasser vorsichtig aufgefüllt.

Sulfid-Lösungen: ca. 3,5 g Natriumsulfid ($Na_2S \cdot x\ H_2O$) ($x = 7$–9) werden in Wasser gelöst und auf 1 L aufgefüllt. Der Sulfid-Schwefel wird iodometrisch bestimmt. Die Lösung ist ca. 3 Tage haltbar. Standardlösungen werden aus dieser Lösung durch Verdünnen mit Wasser unter Berücksichtigung der Ergebnisse der iodometrischen Titration hergestellt.

Probenvorbereitung
Zu 490 mL Wasserprobe werden 10 mL Zinkacetat-Lösung gegeben. Nach Mischen stellt man auf pH = 8,5–9,0 ein. Die Probe sollte gekühlt transportiert und rasch untersucht werden.

Kalibrierung und Messung
Man gibt 25 mL Phthalat-Puffer und 5 mL EDTA-Lösung in den Kolben und 20 mL Zinkace-

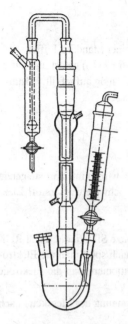

Abb. 35: Ausblasapparatur zur Sulfidabtrennung

tat-Lösung in das Absorptionsgefäss der Ausblasapparatur. Ein Stickstoffstrom von ca. 40 L/h wird 10 min durch die Apparatur geleitet. Man fügt 50 mL Probe über einen Tropftrichter zu (bei > 1,5 mg/L Sulfid ist entsprechend zu verdünnen), spült nach und leitet 60 min Stickstoff durch die Apparatur.

Danach nimmt man das Absorptionsgefäss, gibt 10 mL Reagenz und 1 mL Ammoniumeisen(III)-sulfat-Lösung zur Vorlage, füllt mit Wasser auf, verschliesst, schüttelt und lässt 10 min stehen. Danach überführt man die Lösung quantitativ in einen 100-mL-Messkolben. Die Extinktion der Lösung wird bei 665 nm gegen Wasser gemessen. Die Sulfidkonzentration in der Probe wird unter Verwendung einer Kalibrierkurve ermittelt.

Als Blindprobe wird Wasser in gleicher Weise wie die Probe behandelt.

Störungen
Folgende Ionen stören bei dem Ausblasverfahren nicht, wenn ihre Konzentrationen (mg/L) nicht überschritten werden:

Cyanid   2
Sulfit   700
Thiosulfat   900

b) Bestimmung mit ionensensitiver H₂S-Messkette

Geräte
pH/mV-Meter
H₂S-Elektrode (z. B. Ingold H₂S-245-85)

Reagenzien und Lösungen

Sulfid-Standardlösungen: s. o.

Bezugslösung L_1 und L_2:   Je 16,6 g Kaliumiodid werden in einer Standard-Puffer-
lösung pH = 4,01 (L_1) bzw. pH = 6,87 (L_2) gelöst und auf
1 L mit der entsprechenden Pufferlösung aufgefüllt. Lösungen 3 Tage vor Gebrauch stehenlassen.

Silberiodid, fest

Kalibrierung und Messung

Kalibrierung der Elektrode mit Sulfidlösungen:

Zu 50 mL einer temperierten Pufferlösung, die mit Stickstoff begast wird, gibt man steigende
Mengen der Sulfid-Standardlösung und misst die Spannung mit der Schwefelwasserstoff-Elek-
trode.

Indirekte Elektrodenkalibrierung:

Zu 50 mL einer temperierten Bezugslösung L_1 gibt man eine Spatelspitze Silberiodid; nach Rühren wird die Spannung der Messkette nach ca. 10 min bestimmt. Danach spült man die Elektrode ab und verfährt analog mit Lösung L_2. Nach jeder Messung konditioniert man die Elektrode
in einer Sulfidlösung (β (S^{2-}) = 0,1 mol/L) in dem jeweiligen Puffer.

Zur Messung wird die Elektrode in die Probe getaucht und die Spannung der Messkette nach
ca. 10 min abgelesen.

Die Berechnung der Schwefelwasserstoffkonzentration erfolgt unter Berücksichtigung der
Messtemperatur und des pH-Wertes nach den Angaben des Elektrodenherstellers.

6.1.33 Tenside

Tenside sind synthetische oberflächenaktive Stoffe, die in der Regel aus Gemischen isome-
rer oder homologer Einzelstoffe bestehen. Das Tensidmolekül weist immer eine oder mehrere hydrophobe und hydrophile Gruppen auf, von denen die erstgenannte die oberflächen-
aktiven Eigenschaften und die letztere den Grad der Wasserlöslichkeit bestimmt. Je nach
Art der Ionenbildung unterscheidet man anionische, kationische, nichtionische und ampho-
tere Tenside.

Tenside werden in Haushalt und Industrie verwendet. Anionenaktive Tenside nehmen bis
heute den grössten Teil der Tensidproduktion ein, doch nimmt der Anteil nichtionogener und
kationischer Tenside zu.

Tenside gelangen meist über Abwassereinleitungen oder Hausmülldeponien in Gewässer und
können hier zu Problemen führen (z. B. Verminderung des Sauerstoffeintrags, Schaumbildung).
In vielen Ländern ist die Verwendung biologisch schwer abbaubarer Tenside („harte Tenside")
zugunsten langkettiger, gut abbaubarer Stoffe nicht mehr gestattet.

Nachstehend wird ein Verfahren zur Bestimmung anionischer Tenside nach Reaktion mit
Methylenblau, ausserdem ein Schnelltest zur Bestimmung nichtionischer Tenside mit Hilfe des
Dragendorff-Reagenz beschrieben. Für exakte Messungen kleinerer Konzentrationen sowie zur
Eliminierung eventueller Matrixstörungen ist eine Voranreicherung notwendig. Diese Methode,
wie auch ein Bestimmungsverfahren für kationische Tenside, muss umfangreicheren Handbü-
chern entnommen werden (z. B. Rump/Scholz, 1995).

Anwendungsbereich ➔   Wasser, Abwasser

a) Anionische Tenside

Geräte
Spektralphotometer oder Filterphotometer mit Filter 650 nm
Scheidetrichter, 500 mL

Reagenzien und Lösungen

Methylenblau-Reagenz:	30 g Methylenblau werden in 50 mL Wasser gelöst und mit 6,8 mL konzentrierter Schwefelsäure sowie 50 g Natriumdihydrogenphosphat (NaH$_2$PO$_4$ · H$_2$O) versetzt. Anschliessend wird mit Wasser auf 1 L aufgefüllt.
Waschlösung:	6,8 mL konzentrierte Schwefelsäure werden gemeinsam mit 50 g Natriumdihydrogenphosphat in Wasser gelöst und auf 1 L aufgefüllt.
Tensid-Standardlösungen	1 g Natriumlaurylsulfat wird mit Wasser zu 1 L gelöst.
β_1 (T) = 1000 mg/L,	Man bewahrt die Lösung im Kühlschrank auf. 10 mL
β_2 (T) = 10 mg/L:	dieser Lösung werden mit Wasser auf 1 L aufgefüllt. Die Lösung wird täglich frisch angesetzt.
Trichlormethan (Chloroform)	
Natronlauge, c (NaOH) = 1 mol/L	

Probenvorbereitung
Je nach der erwarteten Menge methylenblauaktiver Substanz (MBAS) muss die Probe verdünnt werden. Bei Konzentrationen von 10 bis 100 mg/L setzt man 2 mL Probe ein, bei 2 bis 10 mg/L 20 mL und bei geringen MBAS-Konzentrationen 100 bis 400 mL Probe. Vor der Messung werden die Proben durch tropfenweise Zugabe von Natronlauge, c (NaOH) = 1 mol/L, unter Verwendung von Phenolphthalein schwach alkalisch eingestellt. Der auftretende schwache Rosaton wird durch verdünnte Schwefelsäure gerade entfärbt.

Kalibrierung und Messung
Für die Erstellung einer Kalibrierkurve werden in jeweils fünf Scheidetrichtern Volumina der verdünnten Standardlösung zwischen 0 und 20 mL gegeben. Man verdünnt diese Lösungen ebenso wie die Probe in einem weiteren Scheidetrichter auf 100 mL, fügt 10 mL Trichlormethan und 15 mL Methylenblau-Reagenz zu und schüttelt 30 s. Nach der Phasentrennung lässt man den Trichlormethan-Extrakt in einen zweiten Scheidetrichter ab und extrahiert noch zweimal mit je 8 mL. Die vereinten Extrakte werden im Scheidetrichter mit 50 mL Waschlösung 30 s geschüttelt und dann über Glaswolle in einen 50-mL-Messkolben gegeben. Man extrahiert die Waschlösung noch zweimal mit je 10 mL Trichlormethan und giesst diese Extrakte ebenfalls in den Messkolben. Man spült die Glaswolle mit wenig Lösemittel nach und füllt dann den Kolben mit Trichlormethan auf 50 mL auf. Die Extinktion wird innerhalb einer Stunde bei 650 nm im Photometer gemessen.
   Eine Blindprobe von 100 mL Wasser wird in gleicher Weise wie die Probe behandelt.

Störungen

Tenside können in Gegenwart von Substanzen ohne Tensidcharakter vorgetäuscht werden (z. B. aromatische Sulfonate, organische Phosphate).

Störungen durch Eiweissstoffe oder Alkalisalze höherer Fettsäuren werden durch die pH-Pufferung vermindert.

Störungen durch Sulfide oder Thiosulfat können durch Zugabe weniger Tropfen Wasserstoffperoxid behoben werden.

Chloridkonzentrationen von mehr als 1000 mg/L stören und sollten vor der Tensidbestimmung durch Verdünnen auf niedrigere Werte verringert werden.

Auswertung

Die Auswertung erfolgt unter Verwendung der erstellten Kalibrierkurve.

b) Nichtionische Tenside

Reagenzien und Lösungen

Bismutsalz-Lösung:	1,7 g basisches Bismutnitrat ($BiO(NO_3) \cdot H_2O$) werden in 20 mL Eisessig gelöst und die Lösung mit Wasser auf 100 mL aufgefüllt.
Kaliumiodid-Lösung:	40 g Kaliumiodid werden in 100 mL Wasser gelöst.
Bariumchlorid-Lösung:	20 g Bariumchlorid ($BaCl_2 \cdot 2\ H_2O$) werden mit Wasser auf 100 mL aufgefüllt.
Gebrauchsfertiges Reagenz:	Die hergestellten Bismutsalz- und Kaliumiodid-Lösungen werden vereinigt, mit 200 mL Eisessig versetzt und mit Wasser auf 1 L aufgefüllt. 100 mL dieser Lösung werden mit 50 mL Bariumchlorid-Lösung versetzt. Das Reagenz ist in braunen Flaschen ca. 14 Tage haltbar.
Nonylphenol-Standard: β (N.) = 100 mg/L:	100 mg Nonylphenol ($C_{15}H_{24}O$) werden in Wasser gelöst und die Lösung auf 1 L aufgefüllt.

Messung

Die Wasserprobe wird filtriert; 5 mL des Filtrates werden in einem Reagenzglas mit 5 mL Reagenz versetzt und geschüttelt. Bei Anwesenheit nichtionogener Tenside vom Polyalkylenoxyd-Typ fällt ein orangeroter Niederschlag aus. Sehr geringe Mengen zeigen sich lediglich durch eine Trübung an. Nach dem Zentrifugieren lässt sich am Boden des Glases der Niederschlag gut erkennen.

Durch Vergleichsansätze mit Nonylphenol in den Konzentrationen von 0,1 bis 5 mg/L kann man visuell die Konzentration nichtionogener Tenside in der Probe halbquantitativ abschätzen. Diese Übersichtsbestimmung nichtionogener Tenside hat eine Bestimmungsgrenze von ca. 0,1 mg/L.

6.1.34 Trübung

Oberflächenwässer enthalten im Gegensatz zu den meisten Grundwässern oft suspendierte Stoffe. Von der Gesamtmenge ungelöster Stoffe überwiegt in stehenden Gewässern wie Talsperren und Seen meist der Anteil der Mikroorganismen, während in Fliessgewässern mineralische Trübstoffe dominieren. Plötzlich auftretende Trübungen im Grundwasser sind z. B. ein Hinweis auf das Eindringen von Oberflächen- oder Niederschlagswasser in den Untergrund bei unzureichender Filtration während der Passage durch die ungesättigte Zone. Der Bereich der Trübung liegt etwa zwischen den Partikelgrössen 10^{-6} m und $3 \cdot 10^{-4}$ m und umfasst damit bei mineralischen Partikeln die Ton-, Schluff- und Feinsandfraktion. Bei weniger als 1000 Partikeln/mL hat die Trübungsmessung ihre Grenzen: Serienmessungen in Wasserwerken zeigten keine signifikanten Korrelationen zwischen dem angezeigten nephelometrischen Trübungswert und der Partikelanzahl pro mL.

Die Messung der Trübung erfolgt mit optischen Geräten meist nephelometrisch durch Streulichtmessung. Die Messwerte hängen ab von der Wellenlänge des eingestrahlten Lichts und dem Messwinkel. Wegen der Unterschiede von Art, Grösse und Zahl der Partikel in den meisten Wasserproben ist eine genaue Kalibrierung auf absolute Trübungswerte nicht möglich. Als Referenztrübung hat sich eine Suspension von Formazin bewährt. Durch Verwendung des Zweistrahlverfahrens und Messung mit monochromatischem Licht von 860 nm können gelbbraune Eigenfärbungen der Probe kompensiert werden.

Anwendungsbereich ➜   Wasser, Abwasser

Geräte
Trübungsmessgerät, möglichst Zweistrahlausrüstung (90°-Streulicht, 860 nm)

Reagenzien und Lösungen

Hydrazinsulfat-Lösung $w\,((NH_2)_2 \cdot H_2SO_4) = 1\ \%$:	1 g Hydrazinsulfat werden mit Wasser zu 100 mL gelöst.
Hexamethylentetrammin-Lösung $w\,(\text{Hex.}) = 10\ \%$:	10 g Hexamethylentetrammin ($C_6H_{12}N_4$) werden mit Wasser zu 100 mL gelöst.
Reagenz-Stammlösung:	5 mL Hydrazinsulfat-Lösung und 5 mL Hexamethylentetrammin-Lösung werden in einem 100 mL Messkolben gemischt. Nach einer Standzeit von 24 h bei 25 ± 3 °C wird mit Wasser auf 100 mL aufgefüllt. Die Lösung sollte jeden Monat frisch angesetzt werden; sie hat eine definierte Trübung von 400 Formazine Nephelometric Units (FNU; identisch mit NTU und FTU).
Kalibrierlösungen:	Je nach Anforderung werden aliquote Mengen der Reagenz-Stammlösung mit Wasser verdünnt. Die Lösungen sind täglich frisch herzustellen.

Kalibrierung und Messung
Die Messung wird nach den Vorschriften der jeweiligen Gerätehersteller durchgeführt. Proben mit geringer Trübung sollten vor der Messung gut geschüttelt werden. Zur Entfernung von

Gasbläschen kann man die Messküvette wenige Sekunden in ein Ultraschallbad stellen. Der Trübungswert wird je nach dem verwendeten Gerätetyp entweder direkt abgelesen oder einer vorher erstellten Kalibrierkurve entnommen.

Auswertung
Bei Messwerten < 10 FNU wird auf 0,1 FNU gerundet, bei Werten > 10 FNU auf 1 FNU.

6.1.35 UV-Absorption

Viele Wasserinhaltsstoffe können aufgrund ihrer Molekülstruktur UV-Strahlung absorbieren. Vor allem einige biologisch schwer abbaubare Verbindungen mit delokalisierten Elektronen wie Huminstoffe, die in Grundwässern, Oberflächenwässern, Kläranlagenabläufen und Deponiesikkerwässern auftreten, lassen sich so nachweisen und meist auch quantitativ bestimmen. Substanzen mit Einfachbindungen weisen hingegen keine ausgeprägte Absorption im ultravioletten Spektralbereich auf. Bewährt hat sich die Bestimmung der UV-Absorption bei 254 nm. Dabei wird das eingestrahlte monochromatische Licht in der Messküvette geschwächt und das durchtretende Licht von einem Detektor erfasst. Das Verhältnis der Absorption von Messwert und Nullwert mit demineralisiertem Wasser wird durch die dimensionslose Zahl eines „spektralen Absorptionskoeffizienten (SAK)" charakterisiert.

Bei der Untersuchung von Kläranlagenabläufen und Deponiesickerwässern zeigte sich, dass in vielen Fällen eine enge Korrelation zwischen der UV-Absorption einer Probe und dem chemischen Sauerstoffbedarf (CSB) bzw. gelösten organischen Kohlenstoff (DOC) besteht. Wegen der meist ähnlichen stofflichen Zusammensetzung derartiger Wässer eignet sich die UV-Absorption deshalb für rasche Übersichtsuntersuchungen, allerdings erst, nachdem der statistische Zusammenhang zwischen den Messgrössen durch Korrelations- und Regressionsrechnung oder notfalls graphisch ermittelt wurde.

Anwendungsbereich ➔   Wasser, Abwasser

Geräte
Spektralphotometer oder Filterphotometer mit Filter 254 nm und 580 nm
Quarzküvetten mit 0,5, 1 und 5 cm Weglänge
Membranfiltereinrichtung mit Filter 0,45 μm

Probenvorbereitung
Zur Messung muss die Probe frei von Trübstoffen sein, da sonst der Streulichtanteil die Messergebnisse verfälscht. Aus diesem Grund wird über ein 0,45-μm-Filter membranfiltriert. Die ersten mL des Filtrats werden verworfen.

Eine andere Möglichkeit der Trübstoffkompensation besteht in der Messung des SAK bei 254 nm und bei 580 nm und rechnerischer Korrektur des Messwertes bei 254 nm um den Streulichtanteil.

Messung

Das dekadische spektrale Absorptionsmass (älterer Begriff: Extinktion) der membranfiltrierten Probe wird in einer Quarzküvette mit geeigneter Weglänge bei 254 nm gemessen. Bei einem Messwert > 2 wird mit Wasser verdünnt oder eine Küvette mit geringerer Schichtdicke benutzt, damit ein linearer Zusammenhang zwischen Absorption und Konzentration gegeben ist.

Alternativ kann das jeweilige Absorptionsmass der nicht filtrierten Probe bei 254 und 580 nm bestimmt werden.

Auswertung

Der spektrale Absorptionskoeffizient SAK_{254} (m^{-1}) wird berechnet nach:

$$SAK_{254} = A_{254}/d$$

A dekadisches spektrales Absorptionsmass
d Schichtdicke der Küvette, m

Durch Korrektur des im UV-Bereich gemessenen Absorptionsmasses der unfiltrierten Probe um den Streulichtanteil, ermittelt bei 580 nm, lässt sich der Trübstoffanteil kompensieren

6.1.36 Zink

Zinkkonzentrationen treten in natürlichen Wässern höchstens bis 50 µg/L auf. Erhöhte Konzentrationen im Leitungsnetz der Trinkwasserversorgung werden in der Regel durch die Korrosion verzinkter Stahlrohre verursacht. Nach längerer Verweilzeit des Wassers sind dabei Werte von bis zu 5 mg/L nicht selten. Gewässer können nach Abwassereinleitungen Zinkbelastungen aufweisen, die bei mehr als 0,5 mg/L für manche Fische toxisch sind.

Nachstehend wird zur Zinkbestimmung die Komplexreaktion mit Dithizon beschrieben. Sie eignet sich für relativ unbelastete Wasserproben. Bei Proben von Abwasser und Deponiesickerwasser ist z. B. das AAS-Verfahren vorzuziehen (s. Kap. 6.1.30).

Anwendungsbereich ➔ Wasser

Geräte
Spektralphotometer oder Filterphotometer mit Filter 535 nm
Scheidetrichter, 100 mL

Reagenzien und Lösungen

Dithizon-Lösung:	10 mg Dithizon ($C_{13}H_{12}N_4S$) werden in 1 L Chloroform gelöst. Die Lösung wird in einer braunen Glasflasche aufbewahrt.
Acetat-Pufferlösung:	a) 160 g Natriumacetat ($C_2H_3O_2Na \cdot 3 H_2O$) werden mit Wasser auf 1 L aufgefüllt;
	b) 125 mL konzentrierte Essigsäure werden mit Wasser auf 1 L aufgefüllt;

| | 1 Teil Lösung a) werden mit 1 Teil Lösung b) zur fertigen Pufferlösung zusammengegeben. |
| Zink-Standardlösung β (Zn) =10 mg/L: | 4,399 g Zinksulfat (ZnSO$_4$ · 7 H$_2$O) werden mit Wasser auf 1 L aufgefüllt. Von dieser Lösung werden 10 mL entnommen und mit Wasser auf 1 L aufgefüllt. |

Natriumthiosulfat-Lösung, w (Na$_2$S$_2$O$_3$) = 25 %

Kalibrierung und Messung

Von der Zink-Standardlösung werden 0 bis 10 mL entnommen (entsprechend 0 bis 0,1 mg) und in gleicher Weise wie die Wasserprobe behandelt.

Man stellt die Probe mit Salzsäure auf pH = 2 - 3 ein und gibt von dieser Lösung 10 mL in einen Scheidetrichter. Man fügt 5 mL Acetat-Pufferlösung und 1 mL Natriumthiosulfat-Lösung zu und prüft, ob der pH-Wert zwischen 4 und 5,5 liegt. Danach fügt man 10 mL Dithizon-Lösung zu, schüttelt 3 Minuten lang und filtriert die organische Phase. Die Messung erfolgt bei 535 nm im Photometer.

Störungen

Neben Zink bilden andere Elemente wie Silber, Kupfer, Nickel, Cadmium und Blei mit Dithizon farbige Komplexe. Durch den Zusatz von Natriumthiosulfat-Lösung lassen sich diese Elemente weitgehend maskieren.

Auswertung

Der Gehalt an Zink wird unter Verwendung der erstellten Kalibrierkurve ermittelt.

6.2   Mikrobiologische Analysenmethoden

Da durch Wasser eine Anzahl verschiedener Krankheitserreger auf eine grosse Zahl von Konsumenten übertragen werden kann, sind seuchenhygienisch relevante Verunreinigungen bei Verdacht zu untersuchen

Dieser Überwachung von Trinkwasser, Brauchwasser, Badewasser und sonstigen Wasservorkommen dient die mikrobiologisch-hygienische Wasseruntersuchung. Im allgemeinen umfasst sie die Bestimmung des Gehaltes an vermehrungsfähigen Keimen (Gesamtkoloniezahl) und den Nachweis spezieller Keimarten, die als Indikatorkeime für hygienisch bedenkliche Verunreinigungen (z. B. *Escherichia coli* und coliforme Keime) oder auch als pathogen gelten. Von den pathogenen und fakultativ pathogenen Arten, die im Wasser vorkommen können, sind die Bakterien der Familie Enterobacteriaceae von besonderer Bedeutung. Hierzu gehören die Gattungen *Salmonella, Shigella* und *Escherichia* sowie die sogenannten „coliformen Keime" und *Proteus, Yersinia* und *Erwinia. Salmonella* und *Shigella* gelten als ausgesprochen pathogen, die weiteren genannten Gattungen können als fakultativ pathogen angesehen werden.

Bei der hygienischen Wasseruntersuchung wird hauptsächlich auf das Vorhandensein dieser Keime geprüft. Es können aber noch weitere hygienisch bedeutsame Bakterien auftreten, wie *Vibrio cholerae* (Erreger der Cholera), *Mycobacterium tuberculosis* (Erreger der Tuberkulose), *Clostridium tetani* (Erreger des Starrkrampfes) oder *Bacillus anthracis* (Erreger des Milzbrandes). Weiterhin können auch Vermehrungsformen von Parasiten im Wasser auftreten.

6.2.1   Probenvorbereitung und Voraussetzung für mikrobiologische Untersuchungen

6.2.1.1   Entnahme, Transport und Lagerung von Wasserproben

Zur Entnahme sind sterile Glasstopfenflaschen zu benutzen, deren Stopfen und Hals zum Schutz gegen Sekundärinfektionen mit Aluminiumfolie bedeckt werden. Vor der Sterilisation ist in die Flaschen Natriumthiosulfat-Lösung, c (Na$_2$S$_2$O$_3$) = 1 mol/L, einzufüllen, um eventuell im Wasser vorhandenes Chlor zu reduzieren. In eine 100-mL-Flasche gibt man 0,1 mL, in eine 250-mL-Flasche 0,25 mL und in eine 500-mL-Flasche 0,5 mL dieser Lösung. Für die mikrobiologische Untersuchung sind grundsätzlich separate Flaschen zu benutzen. Die Flaschen sollten nur zu 5/6 gefüllt werden, um das notwendige Umschütteln direkt vor der Untersuchung zu erleichtern.

Bei der Probennahme aus Zapfhähnen wird der Hahn zunächst mehrere Male voll geöffnet und wieder geschlossen, um Schmutzpartikel auszuspülen. Danach flammt man die Auslauföffnung so lange ab, bis beim Öffnen ein Zischen hörbar ist. Dann lässt man das Wasser in einem etwa bleistiftstarken Strahl ca. 5 min frei auslaufen, füllt das Gefäss, verschliesst es unter sterilen Bedingungen und kennzeichnet es.

Bei Brunnen mit Handpumpen wird der Auslauf so lange abgeflammt, bis er völlig trocken ist. Dann wird etwa zehn Minuten gleichmässig abgepumpt. Dabei ist darauf zu achten, dass das geförderte Wasser nicht in den Brunnen zurückläuft oder in unmittelbarer Nähe des Brunnens versickert.

Bei Behältern oder offenen Gerinnen werden die Proben in Flaschen mit einer speziellen Haltevorrichtung, die an einem unterschiedlich langen Stock befestigt ist, etwa 30 cm unter dem Wasserspiegel entnommen.

Um eine Veränderung des Keimgehaltes nach der Entnahme zu vermeiden, sind die Proben bei hohen Aussentemperaturen unter Kühlung und gegen Bruch geschützt in das Untersuchungslabor zu bringen; dort sollten sie sofort untersucht werden. Ist dies nicht möglich, sind sie bei ca. 4 °C zu lagern. Zwischen Entnahme und mikrobiologischem Ansatz sollten auf keinen Fall (selbst bei Kühlung) mehr als 48 Stunden vergehen. Sind diese Bedingungen nicht einzuhalten, müssen die mikrobiologischen Ansätze an Ort und Stelle durchgeführt werden (z. B. mobiles Labor).

6.2.1.2   Technische Voraussetzungen im Labor

Der Arbeitsplatz
Mikroorganismen sind überall vorhanden; daher müssen der mikrobiologische Arbeitsplatz und die Proben vor dem Zutritt von Fremdkeimen (Sekundärinfektion) geschützt werden.

Eine Raumdesinfektion kann mit UV-Strahlen vorgenommen werden; die Arbeitsflächen sollten eine glatte, leicht zu reinigende und zu desinfizierende Oberfläche haben (z. B. Edelstahl).

Reinigung und Sterilisation
Die Sterilisation der zur mikrobiologischen Wasseruntersuchung benötigten Arbeitsgeräte ist Grundbedingung für ein einwandfreies Arbeiten.

Die Geräte dürfen nur durch Hitze sterilisiert werden. Kulturschalen aus Kunststoff oder andere Kunststoffgeräte werden bereits steril in verschlossenen Plastikbehältern geliefert.

Zur Sterilisation werden folgende Geräte benötigt:

- Heissluftschrank mit oder ohne Luftumwälzung;
- Dampftopf;
- Autoklav.

Neue Glasgeräte werden nach kurzer mechanischer Reinigung unter Verwendung von Leitungswasser zunächst in angesäuertem und danach in destilliertem Wasser gespült. Gebrauchte Glasgeräte sind, soweit sie zu Untersuchungen von einwandfreien Trinkwässern benutzt wurden, nach mechanischer Reinigung mit alkalischen Mitteln zu säubern, dann in angesäuertes Wasser zu legen, schliesslich mit destilliertem Wasser zu spülen und zu trocknen. Sämtliche Geräte, die zur Untersuchung von verunreinigten Wässern benutzt wurden, z. B. Kulturgefässe aus Glas mit Nährböden, sind zunächst im Autoklav 20 min bei 120 °C zu sterilisieren und dann wie oben beschrieben zu reinigen. Einwegschalen werden 0,5 h mit Wasser und Desinfektionslösung gekocht oder autoklaviert und erst dann in den Abfall gegeben. Gereinigte und gegebenenfalls mit Wattestopfen verschlossene Glasgeräte werden 2 h bei 160 °C im Heissluftschrank steri-lisiert. Vor der Sterilisation von Glasstopfenflaschen wird ein 1 cm breiter Papierstreifen zwischen Flaschenhals und Stopfen gelegt, der nach der Sterilisation entfernt wird. Dann werden Stopfen und Hals der Flasche mit einer Aluminiumfolie überzogen.

Pipetten werden in Pipettenbüchsen sterilisiert. Die Luftlöcher der Büchsen werden während der Sterilisation offengehalten und danach geschlossen. Petrischalen, Reagenzgläser und Erlenmeyerkolben werden zweckmässig in Drahtkörben sterilisiert. Mit Ausnahme der Glas-Petrischalen sind alle auf diese Weise sterilisierten Arbeitsgeräte längere Zeit keimfrei. Nach sechswöchiger Lagerung ist die Sterilisation zu wiederholen. In verschlossenen Plastiktüten gelieferte sterile Kulturschalen aus Kunststoff bleiben bei intakter Verpackung über 1 Jahr steril und lagerfähig.

Thermostabile Nährböden (z. B. Agar-Agar) werden am besten mit gespanntem Wasserdampf im Autoklaven bei ca. 120 °C (1 bar Überdruck) 20 bis 30 min entkeimt. Thermolabile Nährböden (z. B. Gelatine) werden fraktioniert entkeimt, d.h., die Nährböden werden an 3 aufeinanderfolgenden Tagen jeweils 30 min lang im strömenden Wasserdampf belassen und in der Zwischenzeit bei 25 °C bebrütet. So werden auch hitzewiderstandsfähige Bakterien und/oder Pilzsporen abgetötet, ohne das Nährmedium in seiner Wachstumsqualität zu beeinträchtigen.

6.2.1.3   Herstellung von Nährlösungen und Nährböden

Allgemeines

Bei der mikrobiologischen Wasseruntersuchung werden für die Bestimmung der Koloniezahl Nährböden auf Gelatine-Basis oder Nährböden auf Agar-Agar-Basis verwendet. Als Anreicherungsmedium und bei der „Bunten Reihe" zur Differenzierung der Enterobacteriaceen werden flüssige Nährlösungen eingesetzt.

Gelatine und Agar-Agar sind die Nährstoffträger. Sie verfestigen den Nährboden und begünstigen so in der Plattenkultur den isolierten Wuchs von Kolonien der vorhandenen Keime.

Gelatine ist ein hochmolekularer Eiweisskörper, Gelatine-Nährböden werden oberhalb 25 °C flüssig, so dass sie nur unterhalb dieser Temperatur bebrütet werden können. Üblich ist die Bebrütung bei 20 bis 22 °C. Agar-Agar ist ein Polysaccharidschwefelsäureester und wird aus marinen Rotalgen gewonnen. Agar-Nährböden werden bei Temperaturen um 100 °C flüssig und erstarren erneut, wenn die Temperatur unter 45 °C absinkt. Einmal erstarrte Agar-Nährböden lassen sich auch bei Temperaturen oberhalb 45 °C bebrüten.

Gelatine-Nährböden werden durch eiweissspaltende Enzyme mancher Bakterien und Schimmelpilze verflüssigt. Da proteolytische Bakterien (vorwiegend Pseudomonas-Arten) vor allem im Oberflächenwasser leben, ist verstärktes Auftreten von Gelatineverflüssigern in Tiefenwässern Hinweis auf den Einfluss von Oberflächenwasser.

Für das Keimwachstum in Nährmedien ist die Einstellung eines optimalen pH-Wertes besonders wichtig. Zur Absenkung zu hoher Werte verwendet man verdünnte Salzsäure, zum Anheben zu niedriger Werte verdünnte Sodalösung oder Natronlauge.

Vorschriften zur Herstellung

Gelatine-Nährboden

Fleischextrakt	10 g
Pepton	10 g
Natriumchlorid	5 g
Gelatine	120 bis 150 g (höherer Gehalt in der wärmeren Jahreszeit)
demineralisiertes Wasser	1000 mL

Die angegebenen Mengen der Nährbodeninhaltsstoffe werden in einem 2000 mL fassenden Erlenmeyerkolben mit 1000 mL demineralisiertem Wasser übergossen. Man lässt die Gelatine 1 h bei etwa 25 °C quellen und löst danach auf einem Wasserbad bei etwa 50 °C. Stärkeres Erhitzen ist vor dem Einstellen des pH-Wertes zu vermeiden, da Gelatine in der Regel sauer reagiert, so dass bei höheren Temperaturen Eiweiss koaguliert. Nach dem Auflösen der Gelatine bringt man den Nährboden auf einen pH = 7,2 und setzt zur Klärung das zu Schaum geschlagene Eiweiss von zwei Hühnereiern zu.

Nach gutem Durchmischen wird 30–45 min im Dampftopf auf 100 °C erhitzt. Dabei setzt sich das koagulierte Hühnereiweiss am Boden ab. Man giesst das klare Nährmedium auf ein angefeuchtetes Faltenfilter und filtriert im Heisswassertrichter oder im Dampftopf. Die ersten Teile des Filtrats gibt man wieder auf das Filter zurück, bis das Medium klar durchläuft. Ein Gelatine-Nährboden soll vollständig klar sein und eine gelbliche Farbe besitzen. Von der filtrierten Lösung werden jeweils 10 mL in ein Reagenzglas abgefüllt, das Reagenzglas mit einem Wattebausch, Zellstoffstopfen oder einer Metallkappe verschlossen und im Dampftopf fraktioniert sterilisiert (3 x 20 min in zeitlichen Abständen von jeweils 24 h). Zu langes Erhitzen ist unbedingt zu vermeiden, da die Gelatine sonst ihr Erstarrungsvermögen verliert.

Nähragar

Fleischextrakt	10 g
Pepton	10 g
Natriumchlorid	5 g
Agar-Agar	30 g
demineralisiertes Wasser	1000 mL

Die genannten Mengen der Stoffe werden in einem 2000-mL-Erlenmeyerkolben mit 1000 mL demineralisiertem Wasser übergossen. Man lässt die Mischung bei etwa 25 °C quellen und löst dann durch Erhitzen im Dampftopf. Durch vorsichtige Zugabe von Sodalösung oder Natronlauge zu dem heissen und flüssigen Nährboden stellt man auf pH-Wert = 7,2–7,5 ein und klärt (falls Trübstoffe vorhanden sind) den Nährboden mit Eiweiss entsprechend dem Klärverfahren bei Nährgelatine. Danach wird der flüssige Nährboden zu je 10 mL in Reagenzgläser abgefüllt und diese mit Watte- oder Zellstoffstopfen oder Metallkappen verschlossen. Die Sterilisation erfolgt entweder im Autoklav durch 15 min Erhitzen bei 120 °C oder durch fraktionierte Sterilisation im Dampftopf (3 x 30 min in zeitlichen Abständen von jeweils 24 h).

Der Agar-Nährboden schmilzt bei 100 °C und erstarrt bei 45 °C. Agar-Nährböden können daher auch zur Kultivierung von thermotoleranten oder thermophilen Mikroorganismen verwendet werden.

Lactose-Pepton-Lösung

Pepton	20 g
Natriumchlorid	10 g
Lactose	20 g
demineralisiertes Wasser	1000 mL
Bromkresolpurpur-Lösung	1 g Bromkresolpurpur in 100 mL H_2O

Die angegebenen Mengen Pepton und Natriumchlorid werden in 1000 mL demineralisiertem Wasser unter Erhitzen im Dampftopf gelöst. Nach etwa 1 h Verweilzeit im Dampftopf wird die vorgeschriebene Menge Lactose zugesetzt und das Gemisch weitere 20 min lang erhitzt. Durch Zugabe von Sodalösung oder Natronlauge wird auf pH = 7 eingestellt und 2 mL Bromkresolpurpur-Lösung zugesetzt. Diese als doppelt konzentriert bezeichnete Lösung wird in Mengen von je 100 mL oder 10 mL in die Kulturgefässe zur Bestimmung des Colititers nach dem Flüssigkeits-Anreicherungsverfahren abgefüllt und im Autoklav 20 min bei 120 °C sterilisiert.

Zur Herstellung der einfach konzentrierten Lactose-Pepton-Lösung wird die oben genannte Nährlösung vor der Zugabe des Bromkresolpurpur-Indikators mit dem gleichen Volumen an demineralisiertem Wasser verdünnt. Dann erfolgt die Einstellung des pH-Wertes und die Zugabe der Indikatorlösung. Anschliessend werden je 10 mL dieser Lösung in Reagenzgläser abgefüllt, in jedes Reagenzglas ein Durham-Röhrchen gegeben und dann bei 120 °C 30 min im Autoklav sterilisiert.

Durham-Röhrchen sind ca. 4 bis 5 cm lange reagenzglasähnliche Glasröhrchen mit 6 bis 8 mm Durchmesser. Je ein Röhrchen wird mit der Öffnung nach unten in das Reagenzglas gegeben. Beim Sterilisieren entweicht die Luft im Durham-Röhrchen, so dass es nach dem Sterilisieren ganz mit Flüssigkeit gefüllt ist. Wenn später beim Bebrüten der beimpften Lösung Gas gebildet wird, sammelt sich dieses im Durham-Röhrchen.

Endoagar (Lactose-Fuchsin-Sulfit-Agar)

Nähragar-Lösung	1000 mL
Lactose	15 g
alkoh. Fuchsinlösung	5 mL (10g Diamantfuchsin in 90 mL Ethanol lösen)
Natriumsulfit-Lösung,	ca. 25 mL (10g $Na_2SO_3 \cdot 7 H_2O$ in 90 mL H_2O)

1000 mL Nähragar werden in einen 2000-mL-Erlenmeyerkolben gegeben und durch Erhitzen im Dampftopf verflüssigt. Anschliessend werden die angegebenen Mengen Lactose und Fuchsin-Lösung zugesetzt und gut durchmischt. Dabei erhält der Nährboden eine intensiv rote Farbe. Anschliessend wird der Nährboden durch Zugabe von Natriumsulfit-Lösung entfärbt. Die Zugabe der Natriumsulfit-Lösung muss sehr vorsichtig erfolgen: Die Lösung wird so lange zugegeben, bis der heisse Nährboden nur noch schwach rosa gefärbt ist (etwa 25 mL Natriumsulfit-Lösung). Im kalten Zustand ist der Nährboden fast farblos. Man prüft das, indem man einen Teil des heissen Nährbodens in ein Reagenzglas füllt und durch Abkühlen im Wasserstrahl erstarren lässt.

Der so hergestellte Endoagar enthält 3 % Agar-Agar und eignet sich für das Anlegen von Subkulturen durch Ausstreichen. Der Nährboden ist lichtempfindlich und muss dunkel und kühl aufbewahrt werden.

Für das Anlegen von Endoagar-Kulturen mit Membranfiltern ist aus Gründen einer besseren Nährstoff- und Indikatordiffusion ein geringerer Gehalt an Agar-Agar erwünscht. Bei der Herstellung von Endoagar für diese Zwecke geht man deshalb von einem Nähragar aus, der nur 1 % Agar-Agar enthält. Vorher ist deshalb ein entsprechender Nähragar herzustellen. Der Endoagar mit 1 % Agar-Agar eignet sich nicht für das Anlegen von Subkulturen durch Ausstreichen, weil er sehr weich ist und daher die Oberfläche des erstarrten Nährbodens bei der Berührung mit einer Platinöse oder einer Platinnadel leicht verletzt wird.

Endoagar-Nährböden werden nicht in Reagenzgläser abgefüllt, sondern 3 x 20 min in zeitlichen Abständen von je 24 h im Erlenmeyerkolben fraktioniert sterilisiert und anschliessend unmittelbar aus diesem Gefäss in sterile Petrischalen gegossen. Das Ausgiessen und Erstarren der Nährböden soll in einem abgedunkelten Raum erfolgen. Steht ein solcher Raum nicht zur Verfügung, müssen die ausgegossenen Platten während der Erstarrungszeit mit lichtundurchlässigem Material (z. B. mehrere Lagen Zellstoff) abgedeckt werden. Bis zum Gebrauch wird der Endoagar kühl und dunkel aufbewahrt und vor der Verwendung im Brutschrank bei 37 °C vorgetrocknet. Hierzu werden beide Teile der Petrischalen (Unterteil mit Nährboden und Deckel) mit der Innenseite nach unten für etwa 30 min im Brutschrank bei 37 °C aufgestellt.

Selektivnährboden zum Nachweis von Enterococcen (Nährboden nach Slanetz u. Bartley)

Tryptose	20 g
Hefeextrakt	5 g
Glucose	4 g
Dinatriumhydrogenphosphat	
$(Na_2HPO_4 \cdot 2 H_2O)$	4 g
Natriumazid (NaN_3)	0,4 g
Triphenyltetrazoliumchlorid (TTC)	0,1 g
Agar-Agar	10 g
demineralisiertes Wasser	1000 mL

Die angegebenen Bestandteile, ausser Natriumazid und TTC werden in der angegebenen Wassermenge durch vorsichtiges Erwärmen bis zum Kochen gelöst und anschliessend nach Abkühlung auf 46 °C mit 10 mL einer 1 %-igen wässrigen, steril filtrierten Lösung von TTC und 4 mL einer 10 %igen wässrigen, steril filtrierten Natriumazid-Lösung versetzt. Eine weitere Sterilisation erfolgt nicht. Man giesst den Nährboden direkt in sterile Petrischalen und lässt auf waagerechter Unterlage erstarren. Dieser Nährboden eignet sich besonders für Wasseruntersuchungen nach der Membranfiltermethode, ist jedoch nur eine begrenzte Zeit haltbar.

Selektivnährboden zum Nachweis von *Pseudomonas aeruginosa* (Cetrimidagar)

Pepton	20 g
Magnesiumchlorid (MgCl$_2$)	1,4 g
Kaliumsulfat (K$_2$SO$_4$)	10 g
N-Cetyl-N,N,N-trimethyl-ammoniumbromid	0,5 g
Agar-Agar	13,6 g
Glycerin, bidestilliert	10 mL
detmineralisiertes Wasser	1000 mL

Die angegebenen Bestandteile mit Ausnahme des Glycerins werden in einem Glaskolben mit 1000 mL demineralisiertem Wasser versetzt und kräftig geschüttelt. Nach einer Quellzeit von 15 bis 30 min bei 20 bis 25 °C, in der das Nährstoffgemisch ruhig stehen bleibt, werden 10 mL bidestilliertes Glycerin zugesetzt und dann unter häufigem Umschwenken bis zum Kochen erhitzt. Danach wird der pH-Wert auf pH = 7,3–7,4 eingestellt und der Selektivagar zu je 10 mL in Reagenzgläser abgefüllt, die dann im Autoklav 15 min bei 120 °C sterilisiert werden. Alternativ wird die ganze Menge des Nährbodens im Kolben sterilisiert und anschliessend vor dem Erstarren in sterile Petrischalen gegossen.

Fertignährböden
Der Fachhandel liefert Trockennährböden in Pulverform, welche alle Bestandteile enthalten, die zur Züchtung von Mikroorganismen auf dem betreffenden Nährboden notwendig sind. Gemäss den angegebenen Rezepturen muss eine bestimmte Menge des Pulver abgewogen und mit einer bestimmten Menge demineralisiertem Wasser oder Leitungswasser übergossen werden. Danach wird der Nährboden in der Regel unter Erwärmen gelöst und der pH-Wert auf den gewünschten Wert eingestellt. Nach Abfüllen in Reagenzgläser erfolgt die Sterilisation, entweder im Autoklav oder durch fraktioniertes Sterilisieren im Dampftopf. Eine Einstellung des pH-Wertes bzw. eine Nachkontrolle des pH-Wertes ist empfehlenswert. Einige Hersteller bringen Fertignährböden auch in Tablettenform in den Handel. Die Tablette ist auf eine bestimmte Wassermenge berechnet, so dass das Abwiegen von Stoffen entfällt.

6.2.2   Untersuchungen

6.2.2.1   Koloniebildende Einheiten von Bakterien (KBE)

Diese durch indirekte Kulturmethoden (*viable counts*) bestimmte Bakterienzahl kann nicht alle Organismen erfassen, da jedes Kulturmedium selektiv wirkt. Das Verfahrensprinzip ist, dass jedes vermehrungsfähige Bakterium auf einem Nährsubstrat als Einzelkolonie sichtbar wird. Für Mischpopulationen gilt dieses Prinzip nur sehr eingeschränkt.

Die Koloniezahl (KBE) ist die Zahl der mit ca. 6–8facher Lupenvergrösserung sichtbaren Bakterienkolonien, die sich unter definierten Bedingungen entwickeln. Sie gibt z. B. Auskunft über den Verunreinigungsgrad eines Wassers mit Mikroorganismen, insbesondere über einen Keimeinbruch.

Geräte
Mikrobiologische Grundausstattung

Reagenzien und Lösungen

Standard-Nährboden: Nährboden wie in 6.2.1.3 beschrieben oder z. B. DEV-Nähragar (Merck) oder Plate-Count-Agar (Oxoid) werden in sterilen Portionen von 10 mL bereitgehalten.

Messung
Jeweils 1 mL der gut durchmischten Wasserprobe wird in eine sterile Petrischale pipettiert und mit steriler Nährgelatine oder sterilem Nähragar vermischt. Bei höheren zu erwartenden Koloniezahlen sollten Verdünnungsreihen mit sterilem Wasser (z. B. 1 : 100, 1 : 1000 usw.) angelegt werden. Hierzu wird die Gelatine im Wasserbad bei 35 °C verflüssigt und vor dem Ausgiessen in die Petrischalen auf ca. 30 °C abgekühlt.

Nähragar wird in den Vorratsröhrchen mit kochendem Wasser verflüssigt und vor Ausgiessen auf 46 °C abgekühlt. Die Röhrchenöffnungen sind abzuflammen. Man schwenkt die Petrischalen zur gründlichen Durchmischung in Form einer 8 und lässt in waagerechter Lage stehen. Nährgelatine erstarrt bei Temperaturen unter 25 °C, weshalb ggf. gekühlt werden muss.

Die Kulturen mit den verfestigten Nährböden werden 44 ± 4 h umgedreht mit der Nährbodenschicht nach oben bei 20 °C und/oder 37 °C im Brutschrank bebrütet.

Auswertung
Die sichtbaren Kolonien werden mit Hilfe einer Lupe (6–8fache Vergrösserung) ausgezählt. Bei Agarnährböden kann bei einer Bebrütungstemperatur von 37 °C eine erste Auszählung schon nach 20 h erfolgen. Stark bewachsene Platten zählt man mit einer Zählplatte nach Wolffhügel oder mit einem anderen geeigneten Zählgerät aus.

Die Koloniezahl wird jeweils auf 1 mL des untersuchten Wassers bezogen. Bei Werten über 100 wird auf ganze Zehner, bei > 1000 wird auf ganze Hunderter gerundet usw. Ausser diesem Wert müssen der benutzte Nährboden sowie Bebrütungsdauer und -temperatur angegeben werden. Beispiel: Koloniezahl (Gelatine-Nährboden, 44 h, 20 °C): 90 Kolonien/mL.

Weitere, aber nicht offizielle Methoden sind:

Koloniezahlbestimmung durch Ausspateln auf Agarplatten:
Sterile Agarplatten mit trockener Oberfläche werden mit einem genau bekannten Volumen der Probe beimpft. Die Probe wird mit einem Spatel (z. B. Drigalskispatel) gleichmässig auf der Oberfläche verteilt.

Auftropfmethode nach Miles und Misra:
Aus ca. 20 mm Höhe lässt man aus einer Pipette 5 Tropfen der Probe auf eine gut getrocknete Agarplatte fallen. Nach Bebrüten wird aus dem Mittelwert der ausgezählten Kolonien die Koloniezahl auf das Volumen von 1 mL umgerechnet.

Membranfiltermethode:

Eine direkte Kultivierung auf Membranfiltern (0,45 µm) ist möglich. Wird ein solches Filter auf Platten aus geeigneten festen Kulturmedien (mit Nähragar oder mit Nährlösung getränkte Filter-kartonscheiben) gelegt, diffundieren die Nährstoffe durch das Filter und ermöglichen die Bildung von Kolonien auf der Filteroberfläche.

Vorteil dieser Methode: selbst bei sehr niedrigen Keimmengen ist durch Erhöhen des Proben-volumens die Bestimmung der Koloniezahl möglich. Gelöste Hemmstoffen in der Probe werden abgesaugt, so dass sie das Wachstum der Mikroorganismen auf dem Kulturmedium nicht mehr beeinträchtigen.

Dip-slide-Methode:

Eine sterile Glasplatte, etwa in der Grösse eines normalen Objektträgers (26 x 76 mm), ist an der Unterseite des Stopfens eines passenden zylindrischen, sterilen Gefässes befestigt (Abb. 36). Sie wird auf einer oder zwei Seiten mit Nährmedium beschichtet. Fertige Einheiten sind im Handel erhältlich.

Zur Beimpfung wird die beschichtete Glasplatte nur kurz in die Probe oder Probenverdün-nung eingetaucht. Dann lässt man den Überschuss an die untere Schmalseite der Glasplatte lau-fen und entfernt ihn durch Aufsetzen der Platte auf ein Filterpapier.

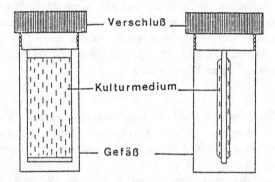

Abb. 36: Einrichtung zur Bestimmung der Koloniezahl nach dem Tauchverfahren (*dip-slide*)

Das an den Oberflächen der beschichteten Platte anhaftende Probenvolumen ist reproduzier-bar. Zur Bebrütung wird die Glasplatte wieder in das zylindrische Gefäss gesteckt. Nach Bebrü-tung ermittelt man aus der Koloniedichte den Keimgehalt der Probe durch Vergleich mit Stan-dardvorlagen. Die Kolonien lassen sich zwar auszählen, doch lohnt dies bei der verminderten Genauigkeit der Methode nicht. Sie ist für Koloniezahlen ab etwa 10^3/mL geeignet.

6.2.2.2   *Escherichia coli* und coliforme Keime

Flüssigkeitsanreicherungsverfahren:

Falls nur zu prüfen ist, ob *Escherichia coli* und/oder coliforme Bakterien in 100 mL Wasser vorhanden sind, genügt folgendes Vorgehen: Man mischt 100 mL der Probe mit 100 mL doppelt konzentrierter Lactose-Pepton-Lösung und bebrütet 20 ± 4 h bei 37 °C. Danach prüft man, ob

Säure- und Gasbildung eingetreten sind. Bei negativem Ergebnis entspricht die Wasserbeschaffenheit hinsichtlich *E. coli* und coliformen Bakterien den hygienischen Trinkwasser-
anforderungen, und die Untersuchung kann abgebrochen werden. Tritt jedoch Vergärung der
Lactose unter Gasbildung und Säurebildung auf, muss eine Keimidentifizierung auf *E. coli*, coliforme Bakterien oder andere, zur Gruppe der Coliformen gehörende Keime erfolgen.

Hierzu wird eine kleine Menge der durch Keimwachstum getrübten Lactose-Pepton-Lösung
mit einer sterilen Platinöse entnommen und auf Endoagar fraktioniert ausgestrichen. Fraktionier-
ter Ausstrich bedeutet, dass der Ausstrich nicht mit der Entnahmeöse über die gesamte Endo-
platte hinweg erfolgt. Vielmehr wird mit der Öse zunächst nur ein einziger Keimbalken auf die
Nährbodenoberfläche am Rand der Petrischale aufgetragen. Mit einer zweiten sterilen Öse wird
dann senkrecht dazu ein Teil des Materials auf ein Drittel der Nährbodenoberfläche ausgestrichen. Nach Drehung der Platte um weitere 90° wird erneut mit einer sterilisierten Öse nochmals
ein Teil des Ausstrichs auf die bisher nicht bestrichene Nährbodenoberfläche vorgenommen. Es
besteht so die Möglichkeit, Einzelkolonien zu erkennen und diese dann in der sog. „Bunten Reihe" zu identifizieren.

Feuchte, dunkelrote Kolonien mit gold schillerndem Metallglanz sind *E.- coli*-verdächtig.
Coliforme Bakterien wachsen als feuchte rote Kolonien mit beständigem oder unbeständigem
Metallglanz sowie mit oder ohne Schleimbildung.

Zum Anlegen einer „Bunten Reihen" werden im Handel erhältliche Fertigsysteme wie API,
Enterotube, Titertek o. a. verwendet. Dies sind vorgefertigte Nährbodensysteme, die mit dem
Zellmaterial aus einer Einzelkolonie beimpft und anschliessend bebrütet werden. Handhabung
und Bebrütung ist nach Herstellervorschrift durchzuführen. Die Auswertung erfolgt häufig
durch Ermittlung eines Zahlencodes aufgrund positiver oder negativer Stoffwechselreaktionen
bei den einzelnen eingesetzten Nährböden. Anhand der ermittelten Code-Zahl kann in einem mit-
gelieferten Register abgelesen werden, um welche Keimart es sich bei der verdächtigen Kolonie
handelt.

Stehen derartige Fertigsysteme nicht zur Verfügung, müssen die Identifizierungsnährböden
selbst hergestellt, beimpft und entsprechend den erhaltenen Merkmalen ausgewertet werden.

Tab. 26: Bestimmung biochemischer Merkmale auf Nährböden der „Bunten Reihe"

Nährboden	Bebrütungs-temp. (°C)	positive Reaktion	negative Reaktion
Nähragarplatte	37	ausschliesslich einheit-liche typische Kolonien	morphologisch unter-schiedliche Kolonien
Simmons Citrat-Agar (Schräg-Agar)	37	Wachstum mit Farbum-schlag von grün nach blau	kein Wachstum, keine Farbänderung
Koser-Citrat-lösung	37	Trübung durch Bakterien-wachstum	kein Wachstum, klar, ungetrübt

Fortsetzung **Tab. 26:**

Nährboden	Bebrütungs- temp. (°C)	positive Reaktion	negative Reaktion
Glucose-Pepton-Lösung			
Kultur a)	37	Trübung, Gasbildung,	kein Wachstum, keine
Kultur b)	44	Farbindikator schlägt von purpur nach gelb um	Gasbildung, kein Farb- umschlag
Lactose-Pepton- Lösung	44	Trübung, Gasbildung, Farbumschlag von purpur nach gelb	kein Wachstum, keine Gasbildung, kein Farbumschlag
Neutralrot- Mannit-Bouillon	44	Trübung, Gasbildung, Farbumschlag von rot nach gelb	kein Wachstum, keine Gasbildung, kein Farbumschlag
Harnstoff- Kligler-Agar	37	Schrägfläche: Farbum- schlag von rot nach gelb infolge Säurebildung Stich: Gasbildung, Schwärzung infolge H_2S-Bildung, NH_4-Bildung durch Harnstoffabbau	keine Gasbildung, kein Farbumschlag durch Säurebildung, keine Schwärzung durch H_2S, keine NH_4-Bildung
Tryptophan- Trypton-Bouillon	37	Wachstum mit Trübung, bei Zugabe von Indol- Reagenz Rotfärbung	kein Wachstum, keine Rotfärbung mit Indol-Reagenz
Gepufferte Nährlösung	37	Lösung in 2 sterile Reagenzgläser aufteilen: a) Methylrotprobe: Farbumschlag von gelb nach rot b) Voges-Proskauer-Rktn. (Zugabe von Kalilauge + Kreatin): nach 1 bis 2 Minuten Rotfärbung	 Indikator bleibt gelb nach 2 Minuten keine Farbbildung
Nährgelatine	20 - 22	Verflüssigung im Bereich eines Stiches	keine Verflüssigung

Bestimmung der biochemischen Merkmale:

Die oben aufgeführten Nährböden werden als „Bunte Reihe" beimpft und bei den angegebenen Temperaturen 20 ± 4 h bebrütet (Tab. 26).

Lag bei der überimpften Kolonie eine Reinkultur vor, wachsen auf der Nähragarplatte ausschliesslich typische Kolonien mit einheitlicher Erscheinungsform. Sind unterschiedliche Kolonien sichtbar, handelte es sich bei der überimpften Kolonie um eine Mischung verschiedener Keimarten, die für die Keimdifferenzierung unbrauchbar ist. In einem solchen Fall müssen neue Subkulturen auf Endoagar angelegt werden. Liegt eine Reinkultur vor, wird auf der Nähragarplatte die Cytochromoxidase-Reaktion durchgeführt, indem man mit einer Tropfflasche 2 bis 3 Tropfen Nadi-Reagenz auf die Kolonien tropft. Bei positiver Reaktion verfärben sich die Kolonien in 1 bis 2 min blauviolett. Keine Farbveränderung bedeutet negative Reaktion.

Bei positiver Cytochromoxidase-Reaktion sind *Escherichia coli* und coliforme Bakterien nicht anwesend. Bei negativer Cytochromoxidase-Reaktion ist die angelegte „Bunte Reihe" nach folgendem Schema auszuwerten (Tab. 27):

Tab. 27: Biochemische Leistung von *Escherichia coli* und coliformen Bakterien

Reaktion	*E. coli*	*Enterobacter*	*Klebsiella*	*Citrobacter*
Glucosevergärung				
(37 °C)	+	+	+	+
(44 °C)	+	+/–	+/–	+/–
Lactosevergärung (44 °C)	+	+/–	+/–	+/–
Mannitvergärung (44 °C)	+	+/–	+/–	+/–
Citratabbau	–	+	+	+
Indolbildung	+	–	–	+/–
Methylrot-Probe	+	–	–	+
Voges-Proskauer-Rkt.	–	+	+	–
Harnstoffabbau	–	+/–	+	+/–
H$_2$S-Bildung	–	–	–	+/–
Gelatineverflüssigung	–	–	–	–

+   positiv
-   negativ
+/-   unterschiedliches Verhalten der verschiedenen Stämme

Für die Bestimmung ist wichtig:

Escherichia coli wächst bei 44 °C und vergärt dabei Glucose, Lactose und Mannit unter Gasbildung, es bildet Indol und hat eine positive Methylrot-Probe, während die Voges-Proskauer-Reaktion, der Harnstoffabbau und die Schwefelwasserstoffbildung negativ sind. Citrat wird nicht verwertet.

Coliforme Bakterien wachsen häufig nicht bei 44 °C, jedoch bei 37 °C. Sie können Citrat abbauen und unterscheiden sich voneinander durch H$_2$S-Bildung, Harnstoffabbau, Indolbildung, Methylrot-Reaktion und Voges-Proskauer-Reaktion.

Membranfiltermethode:

Eine grössere Wassermenge (100 mL oder mehr) wird durch ein steriles Membranfilter mit der Porenweite 0,45 µm filtriert und das Filter anschliessend entweder in Lactose-Pepton-Lösung bei 37 °C bebrütet oder luftblasenfrei auf Endoagar oder Endonährkartonscheibe aufgezogen. Nach der Bebrütung werden eventuell vorhandene verdächtige Kolonien wie oben beschrieben identifiziert. Deutlich getrübte Wasserproben sollten nicht membranfiltriert werden, da die Poren verstopfen und das Wachstum auf der Filteroberfläche gestört werden kann.

Colititer:

Der Colititer gibt das kleinste Volumen der Probe an, in dem gerade noch ein Keim der Familie der Enterobacteriaceen nachweisbar ist: Verschiedene Volumina des Wassers werden in einer abgestuften Reihe (z. B. 100 mL, 10 mL, 1 mL, 0,1 mL usw.) in entsprechend konzentrierter Lactose-Pepton-Lösung bebrütet. Je kleiner das Probenvolumen ist, in dem noch ein vermehrungsfähiger Keim nachgewiesen werden kann, desto grösser ist die Keimkonzentration der Probe (Tab. 28).

Tab. 28: Verhältnis zwischen Colititer und Keimdichte

Titer (mL)	Keimdichte/mL
1000	0
100	0
10	0
1,0	1–9
0,1	10–99
0,01	100–999
0,001	1000–9999

Beispiele:

„In 100 mL Wasser sind *Escherichia coli* und coliforme Keime nicht nachweisbar."
„In 0,1 mL Wasser ist *Escherichia coli* nachweisbar."

6.2.2.3 Weitere hygienisch bedeutsame Mikroorganismen

Fäkale Streptococcen (Enterococcen):

Diese Keime sind neben *E. coli* und coliformen Bakterien Indikatoren einer fäkalen Verunreinigung des Wassers, da sie ihren normalen Standort im Darmtrakt von Mensch und Tier haben. Im Wasser vermehren sie sich kaum, sind aber gegenüber Wärme, Alkalität und Salzen überdurchschnittlich resistent. So wachsen sie bei pH = 9,6 und Temperaturen von 10 bis 45 °C in einem Nährboden mit 6,5 % NaCl-Gehalt und werden durch Azid nicht gehemmt.

Die mikrobiologische Bestimmung kann entweder mit der Flüssigkeitsanreicherung in Azid-Dextrose-Bouillon mit anschliessendem Ausstrich auf Blut-Azid-Agar oder nach Membranfiltration erfolgen. Eine genauere Identifizierung erfolgt mikroskopisch und mit serologischen Methoden (Literatur: Suess, 1982).

Pseudomonas aeruginosa:
Dieser Keim ist ebenfalls ein Fäkalindikator, dabei fakultativ humanpathogen und ruft häufig Wund-, Augen- oder Ohreninfektionen hervor. Er ist extrem resistent gegen Antibiotika und als „Hospitalkeim" gefürchtet. *Pseudomonas aeruginosa* wurde bereits aus Wässern isoliert, die nach Prüfung auf *E. coli*/Coliforme allein nicht zu beanstanden gewesen wären.

Die mikrobiologischen Ansätze erfolgen durch Flüssiganreicherung in Malachitgrün-Bouillon und anschliessender Impfung auf Cetrimid-Nährboden oder mit Membranfiltration, wobei das Filter auf den Cetrimid-Agar aufgelegt wird. Nach Bebrütung bei 37 °C bildet der Keim die grünen Pigmente Fluorescein und Pyocyanin. Ausserdem weisen die Kulturen einen charakteristischen süsslich-aromatischen Geruch auf.

Clostridium perfringens:
Der anaerobe Sporenbildner ist in Warmblüterfaeces verbreitet, jedoch in wesentlich geringerer Zahl als *E. coli*. Da die Sporen von Clostridien lange Zeit in der Umwelt überleben können, wird die Anwesenheit dieser Mikroorganismen ohne gleichzeitigen Nachweis von *E. coli* oder Coliformen als Indikator einer älteren Verunreinigung betrachtet. Eine aktuelle, hygienisch bedeutsame Verunreinigung des Wassers liegt dann nicht vor.

Der Nachweis wird nach Flüssiganreicherung geführt: 20 bis 100 mL Probe werden mit derselben Menge doppelt konzentrierter Dextrose-Eisencitrat-Natriumsulfit-Bouillon anaerob bebrütet. Positive Reaktionen zeigen sich in Form einer Schwarzfärbung des Flüssignährbodens. Bei der Membranfiltermethode wird das Wasser durch das Filter gesaugt, das Filterblatt umgekehrt auf Dextrose-Eisensulfat-Natriumsulfit-Agar gelegt und anaerob bei 37 °C bebrütet.

Parasiten – insbesondere Wurmeier:
Vor allem ungeklärte Abwässer stellen Gefahrenquellen für die Übertragung von Wurmparasiten dar. Mit den Fäkalien von Menschen und Haustieren können Würmer, deren Larven und weitere Entwicklungsstadien ins Wasser gelangen. Der Abtötungseffekt von Wurmeiern in einer Abwasserreinigungsanlage sollte deshalb vor und nach der Klärung von Zeit zu Zeit bestimmt werden. Wurmeier können im Klärschlamm den Ausfaulungsprozess überstehen, so dass bei Düngung mit Schlamm ein Infektionsrisiko besteht. Auch bei direktem Kontakt von Obst- und Gemüsekulturen mit ungeklärtem Abwasser oder mit Fäkalien (Kopfdüngung) besteht ein solches Risiko, ausserdem beim Baden in belasteten Gewässern und ungepflegten Schwimmbädern.

Wassergewinnungsanlagen, die durch Oberflächenwasser gespeist werden, erfordern eine regelmässige Untersuchung auf Parasiteneier, besonders bei Viehhaltung entlang des Gewässers.

Anreicherung von Wurmeiern in gesättigter Kochsalzlösung:
Eine Schlamm- oder Wasserprobe von etwa 1 g wird im Verhältnis 1 : 27 mit gesättigter Kochsalzlösung vermischt (377 g NaCl auf 1 L Wasser). Diese Lösung muss langsam, zunächst tropfenweise unter Verrühren zugegeben werden, damit man eine gleichmässige Aufschwemmung erzielt, die anschliessend 15–20 min stehengelassen wird. Die Eier aller Nematoden und bestimmter Cestoden steigen in gesättigter Kochsalzlösung im Gegensatz zu anderen Schlamm-

komponenten infolge ihres geringen spezifischen Gewichtes an die Oberfläche. Um eine Konzentrierung der aufsteigenden Wurmeier auf einer möglichst kleinen Fläche zu erzielen, benutzt man ein kleines Becherglas. Mit einer rechtwinklig abgebogenen Drahtöse von ca. 1 cm Durchmesser, die waagerecht auf den Flüssigkeitsspiegel aufgesetzt wird, kann man aufgestiegene Wurmeier ohne störende Partikel entnehmen. Der Tropfen wird auf einen Objektträger übertragen und ohne Deckglas mikroskopiert. Diese Methode ist allerdings zum Nachweis von Trematoden-Eiern ungeeignet. Bei Verwendung einer spezifisch noch schwereren, gesättigten Lösung aus Zinkchlorid können die Findungsraten auch für Trematoden-Eier deutlich erhöht werden.

6.2.2.4   Wachstumshemmung von Leuchtbakterien

Marine Leuchtbakterien der Familie *Vibrionaceae* sind verwandt mit terrestrischen Enterobakterien, darunter *E. coli*. Die Abnahme der Biolumineszenz während der standardisierten Testzeit wird nach Vergleich mit unbeeinflussten Leuchtbakterienproben als Mass für die toxische Hemmung einer Wasserprobe benutzt. Für den Test kommen Leuchtbakterien der Art *Vibrio fischeri* (auch *Photobacterium phosphoreum* genannt) zum Einsatz. Konservierte Bakterien sind kommerziell erhältlich, als Messgerät dient ein Luminometer, mit dem die Intensität das von den Leuchtbakterien emittierten Lichts erfasst wird. Ein wichtiger Vorzug der Methode gegenüber anderen biologischen Tests ist die kurze Testdauer von 30 min.

Die Verfahrensbeschreibung orientiert sich an DIN 38 412,Teil 34, und der Erweiterung DIN 38 412, Teil 341: Die bei −18 °C gelagerten Leuchtbakterien werden mit Verdünnungslösung reaktiviert und können nach ca. 30 min verwendet werden. Vor Zugabe der Probe wird die Leuchtintensität des Kontrollansatzes ermittelt. Nach Probenzugabe (in mehreren Verdünnungsansätzen) wird inkubiert und die Leuchtintensität aller Ansätze bestimmt.

Geräte
Gefrierschrank
Thermostatisiereinrichtung im Bereich 15 °C ± 0,2 °C
Luminometer mit Messzelle für (15 ± 0,2) °C, mit Glasküvetten
pH-Messgerät mit Elektrode
Mikropipetten

Chemikalien
Konservierte Leuchtbakterien: Bei −18 bis −20 °C gelagert.
Natriumchlorid-Lösung: 20 g Natriumchlorid werden in 1 L Wasser gelöst.
3,5-Dichlorphenol
Zinksulfat ($ZnSO_4 \cdot 7H_2O$)
Kaliumdichromat

Messung
Die Probe wird auf pH = 7,0 eingestellt und mit Natriumchlorid bis zu einer Konzentration von ca. 20 g/L versetzt. Von dieser Lösung stellt man eine geometrische Verdünnungsreihe (1 : 2, 1 : 4 etc.) her. Dann übergiesst man eine konservierte Bakterienportion schlagartig mit 1 mL Wasser von 3 °C und bewahrt sie als Stammlösung bei 3 °C auf.

Nach 5 min wird eine Testsuspension hergestellt, indem man je 10 µL Stammlösung zu 500 µL Natriumchlorid-Lösung (15 °C) gibt und schüttelt.

Sodann wird in einem frisch hergestellten Kontrollansatz, bestehend aus 0,5 mL Testsuspension und 0,5 mL Natriumchlorid-Lösung, die Leuchtintensität I_0 sofort im Luminometer gemessen. Anschliessend stellt man die verschiedenen Testansätze aus je 0,5 mL Testsuspension und je 0,5 mL der unterschiedlich verdünnten Probe her. Nach 30 min Standzeit misst man die Leuchtintensität I_t aller Ansätze der Probenverdünnungen und des Kontrollansatzes.

Auswertung

Als Referenzchemikalien zur Feststellung der Wirksamkeit der Leuchtbakterien dienen die Chemikalien 3,5-Dichlorphenol (6 mg/L), Zinksulfat (0,8 mg/L) und Kaliumdichromat (14 mg/L), die bei der angegebenen Konzentration eine 20- bis 80 %ige Hemmung verursachen sollten.

Der Korrekturfaktor der Leuchtintensität (Angaben in relativen Leuchteinheiten), berechnet sich nach

$$f_{k30} = \frac{I_{k30}}{I_0}$$

I_{k30} Leuchtintensität im Kontrollansatz nach 30 min

I_0 Leuchtintensität der Testsuspension vor Zugabe der Probenverdünnung

Daraus errechnet sich die theoretische Leuchtintensität eines Testansatzes, wenn keine hemmenden Substanzen enthalten gewesen wären:

$$I_{c30} = I_0 \cdot f_{k30}$$

f_{k30} Mittelwert mehrerer f_{k30}-Bestimmungen

Die Hemmwirkung H_{30} eines Testansatzes ist dann:

$$H_{30} = \frac{I_{c30} \cdot I_{T30}}{I_{c30}} \cdot 100(\%)$$

I_{T30} Leuchtbakterien-Intensität im Testansatz nach 30 min

6.2.2.5   Respirationshemmung

Respirometrische Verfahren, die sich zur Bestimmung der biologischen Abbaubarkeit eignen, können auch zur Messung der Toxizität gegenüber Mikroorganismen verwendet werden. Toxische Stoffe können z. B. die Vorgänge beim Abbau von kommunalen oder industriellen Abwässern in einer Kläranlage hemmen, wenn bestimmte Konzentrationen überschritten werden.

Beim Abbau wird so viel Sauerstoff innerhalb eines definierten Zeitraumes benötigt, wie durch biochemische Umsetzungen in der Probe für den Gasstoffwechsel verbraucht wird. Dieser Bedarf wird als Biochemischer Sauerstoffbedarf (BSB) bezeichnet. BSB-Zehrungskurven zeigen meist einen diskontinuierlichen Verlauf. Dabei werden offenbar zunächst die leicht abbaubaren organischen Stoffe angegriffen, gefolgt von den schwer abbaubaren. Die Substratatmung wird oft als Plateau erkennbar (Abb. 37).

Im folgenden wird ein einfaches Verfahren zur Bestimmung der Respirationshemmung beim Abbau von Pepton, ein offener Belüftungstest nach OECD 301 E in der Modifikation nach Zahn/Wellens sowie die Bestimmung der Kurzzeit-Atmungshemmung von Belebtschlamm nach OECD 209 beschrieben.

a) Respirometrischer Hemmtest

Mit diesem Test kann der hemmende Einfluss von Substanzen auf den biochemischen Abbau erfasst werden. Folgende drei Ansätze werden zur Ermittlung eines toxischen oder hemmenden Einflusses von Abwasserinhaltsstoffen auf Mikroorganismen vorbereitet:

- nur Probenlösung;
- nur leicht abbaubare Substanz;
- Probenlösung und leicht abbaubare Substanz zusammen.

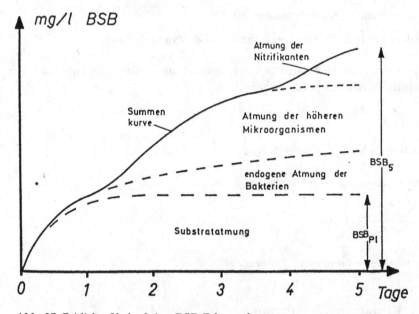

Abb. 37: Zeitlicher Verlauf einer BSB-Zehrungskurve

Die respirometrische Zehrung erfolgt in geschlossenen Gefässen. Verringert sich die Sauerstoffkonzentration in der Lösung durch biochemischen Abbau, geht gasförmiger Sauerstoff in die wässrige Phase über, und der Sauerstoffpartialdruck sinkt. Dieser Druckabfall wird bei einfacheren Geräten manuell durch Ablesen eines mit Quecksilber gefüllten U-Rohr-Manometers bzw. eines auf die Flasche gesetzten, digital anzeigenden Drucksensors erfasst. Auch fortlaufend registrierende Geräte sind auf dem Markt, darunter solche mit Sauerstoffnachlieferung (z. B. SAPROMAT®).

Das bei der Oxidation der organischen Substanz entstehende Kohlendioxid wird durch Absorption in Kalilauge aus dem Gasraum entfernt. Als Verdünnungswasser wird eine mineralische Nährlösung verwendet. Zum Animpfen dient der grob filtrierte Ablauf einer kommunalen Kläranlage.

Geräte
Manometrisches BSB-Messgerät mit 8–12 Gefässen von je 500 mL und Magnetrührer; alternativ: automatisches BSB-Messgerät (z. B. SAPROMAT®)

Reagenzien und Lösungen
Verdünnungswasser: Je 1 mL der Lösungen a) bis d) werden mit Wasser auf 1 L aufgefüllt:

a) 8,5 g KH_2PO_4, 21,8 g K_2HPO_4, 33,4 g $Na_2HPO_4 \cdot 2 H_2O$, 2,5 g NH_4Cl, werden in 1 L Wasser gelöst; pH = 7,2.

b) 22,5 g $MgSO_4 \cdot 7 H_2O$ in 1 L Wasser;

c) 27,5 g $CaCl_2 \cdot 6 H_2O$ in 1 L Wasser;

d) 0,25 g $FeCl_3 \cdot 6 H_2O$ in 1 L Wasser.

Impflösung: Ablauf einer Kläranlage, durch Faltenfilter filtriert.

Pepton-Lösung: 1 g Pepton wird in 1 L Wasser gelöst.

Kaliumhydroxid-Lösung, w (KOH) = 45 %

Messung
Definierte Mengen Substrat (1. Probenlösung in verschiedenen Konzentrationen, 2. Pepton-Lösung, 3. Probenlösung in den Konzentrationen wie unter 1. + Pepton-Lösung) wird in 500-mL-Messgefässe gegeben. Zum Messbereich siehe die Angaben des Geräteherstellers. Nach Einstellen aller Lösungen auf pH = 7 versetzt man mit je 10 Tropfen Impflösung. Man füllt die Absorptionsgefässe mit Kaliumhydroxid-Lösung, verschliesst die Messzellen und justiert nach ca. 30 min den Nullpunkt.

Bei einem einfachen Gerät wird das Manometer 4–5 mal täglich abgelesen. Die Versuchsdauer beträgt meist 5 Tage (BSB_5), nach formaler Durchführung des Abbautests nach OECD 301 F 28 Tage (BSB_{28}).

Auswertung
Nach Versuchsende erhält man für eine festgelegte Probenkonzentration je 3 BSB-Kurvenzüge: a) die der Probe (ggf. in verschiedenen Konzentrationen), b) die der Peptonlösung und c) die der Mischung aus Probe und Pepton. Die Fläche unter der Kurve ist dem Sauerstoffverbrauch proportional. Danach wird die Fläche des Ansatzes mit Probensubstanz mit der Fläche des Ansatzes ohne Probensubstanz verglichen, um eine Hemmung der Respiration zu erkennen.

Ein Beispiel für eine Abwasserprobe zeigt Abb. 38: Die Addition der beiden Kurven für das Abwasser und Pepton ergibt die obere (theoretische) Kurve. Die Kurve für die Mischung aus Abwasser und Pepton liegt aber deutlich darunter. Die integrierte Fläche zwischen diesen letztgenannten Kurven kann als „Hemmfläche" interpretiert und in Prozent von der Gesamtfläche angegeben werden. Die Integration erfolgt auf einfache Weise durch Ausschneiden und Wiegen der Einzelflächen des Registrierpapiers oder – bei Serienmessungen vorzuziehen – durch Einsatz eines Integrators oder Integrations-Rechenprogramms.

b) Offener Belüftungstest

Bei diesem Verfahren verfolgt man den Abbau organischer Stoffe und Stoffgemische bzw. deren Abbauhemmung durch die fortlaufende Messung des Summenparameters „gelöster organischer Kohlenstoff (DOC)". Die formale Testdauer liegt nach OECD 301 E bei 28 Tagen, kann aber angepasst an die Erfordernisse eines Hemmtests verkürzt werden.

Geräte
DOC/TOC-Messgerät
2-L-Steilbrustflaschen
Aquarienpumpe mit Belüftersteinen
Membranfiltrationsgeräte mit Filter von 0,45 µm Porenweite

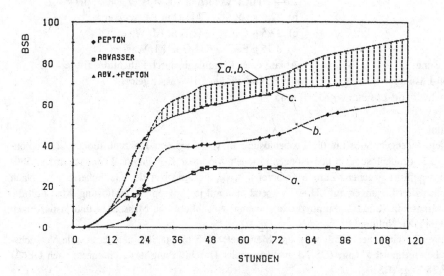

Abb. 38: Beispiel einer Hemmung des BSB im Respirations-Hemmtest

Reagenzien und Lösungen

Verdünnungswasser:	4 mL der Lösung a) und 1 mL der Lösung b) werden mit Wasser auf 1 L verdünnt;
	a) 109,5 g $CaCl_2 \cdot 6\,H_2O$ in 1 L Wasser;
	b) 123,3 g $MgSO_4 \cdot 7\,H_2O$ in 1 L Wasser.
Nährlösung:	38,5 g NH_4Cl und 9,0 g $Na_2HPO_4 \cdot 7\,H_2O$ werden in 1 L Wasser gelöst.
Pepton-Lösung:	1 g Pepton wird in 1 L Wasser gelöst.
Impflösung:	Ablauf einer Kläranlage, durch Faltenfilter filtriert.

Messung

Definierte Mengen Substrat (1. Probenlösungen in verschiedenen Konzentrationen, 2. Pepton-lösung, 3. Probenlösung in den Konzentrationen wie unter 1. + Peptonlösung) wird in 2-L-Steilbrustflaschen gegeben. Nach Zusatz von je 5 mL Nährlösung und 1 mL Impflösung füllt man mit Verdünnungswasser auf 2 L auf und stellt auf pH = 7,0 ein. Anschliessend wird mit einem Luftdurchsatz von ca. 15 L/h belüftet.

Zu Beginn, nach 6 h, anschliessend jeden Tag, nach 10 Tagen etwa alle 3 Tage, entnimmt man ca. 10 mL Probe, filtriert über ein Membranfilter 0,45 μm und misst die Konzentration des gelösten organischen Kohlenstoffs.

Sollen alle Proben zusammen untersucht werden, friert man bei - 20 °C in PE-Gefässen ein.

Auswertung

Der Gehalt an gelöstem Kohlenstoff einer Probe berechnet sich nach:

$$DOC_t = \left(DOC_{M,t} - DOC_{O,t}\right) \cdot \frac{2000}{2000 - V_s}$$

DOC_t DOC von Substrat und Probe zur Zeit t, mg/L

$DOC_{M,t}$ Messwert zur Zeit t, mg/L

$DOC_{0,t}$ Blindwert (Verdünnungswasser + Impflösung) zur Zeit t, mg/L

V_s Summe der bis zur Messung entnommenen Probenvolumina, L

Soll nicht die Toxizität einer Probe, sondern allein ihre biologische Abbaubarkeit ermittelt werden, setzt man lediglich Probe und Blindlösung für den Versuch an.

c) Atmungshemmung von Belebtschlamm

Der Test nach OECD 209 ermöglicht die Prüfung einer hemmenden Wirkung von Abwässern auf die Belebtschlammatmung. Dabei wird die Sauerstoffzehrung der im Belebtschlamm enthaltenen Mikroorganismen innerhalb eines definierten Zeitraums von 3 h einmal nach Zusatz eines definierten synthetischen Abwassers und zum anderen nach Zugabe der Abwasserprobe bestimmt. Die Hemmwirkung des Abwassers lässt sich als EC_{50} (= Verdünnung, bei der eine Hemmung von 50 % gegenüber der Kontrolle auftritt) angeben, wenn unterschiedliche Verdünnungen geprüft werden. Als Vergleichsubstanz wird ein hemmendes Substrat, z. B. eine Lösung von 3,5-Dichlorphenol, benutzt.

Geräte

1-L-Becherglässer

500-mL-Steilbrustflaschen

pH-Messgerät mit Elektrode

Sauerstoffmessgerät mit Elektrode

Aquarienpumpen mit Belüftersteinen

Reagenzien und Lösungen

Synthetisches Abwasser:	Die folgenden Stoffmengen werden in 1 L Wasser gelöst: 16 g Pepton, 11 g Fleischextrakt, 3 g Harnstoff, 0,7 g NaCl, 0,4 g $CaCl_2 \cdot 6 H_2O$, 0,2 g $MgSO_4 \cdot 7 H_2O$, 2,8 g K_2HPO_4. Die Lösung sollte bei 4 °C im Dunkeln nicht länger als 1 Woche aufbewahrt werden.
Kontrolllösung:	Man löst 0,5 g 3,5-Dichlorphenol in 10 mL Natronlauge, c (NaOH) = 1 mol/L, auf, verdünnt mit 30 mL Wasser und giesst unter Rühren so lange Schwefelsäure, c (H_2SO_4) = 0,5 mol/L, zu, bis Ausfällungen sichtbar werden (ca. 8 mL Säure erforderlich). Danach wird auf 1 L aufgefüllt. Der pH-Wert sollte 7–8 betragen.
Belebtschlamm:	Aus einer kommunalem Kläranlage mit möglichst geringem gewerblichen Abwasseranteil werden ca. 2 L Belebtschlamm entnommen. Man entnimmt dem homogenisierten Schlamm etwa 10 mL und bestimmt darin die Trockensubstanz. Je nach Ergebnis stellt man durch Verdünnen auf 2 - 4 g/L TS ein (entspricht 0,8–1,6 g/L im späteren Ansatz). Wird der Schlamm nicht am Tag der Entnahme verwendet, gibt man 50 mL synthetisches Abwasser zu und belüftet bei 20 °C. Falls erforderlich, wird der pH-Wert vor Verwendung mit Natriumhydrogencarbonat auf 6–8 gepuffert.

Messung

Zunächst werden für den Kontrollansatz C_1 16 mL synthetisches Abwasser mit Wasser auf 300 mL verdünnt. Nach Zugabe von 200 mL Belebtschlamm wird im Becherglas 3 h mit einem Luftdurchsatz von 0,5 bis 1 L/min bei 20 ± 2 °C belüftet.

Nach 15 min folgt der zweite Ansatz: Man gibt 250 mL der Abwasserprobe zu 16 mL synthetischem Abwasser, füllt bis 300 mL auf, fügt 200 mL Belebtschlamm hinzu und belüftet gleichfalls. Diese Prozedur wird in gleichen Zeitabständen von je 15 min mit geringeren Volumina der Abwasserprobe wiederholt (z. B. 125 mL, 62,5 mL, mit Wasser auf 300 mL auffüllen), sodann mit unterschiedlichen Volumina der Kontrolllösung (gültiger Messbereich für 3,5-Dichlorphenol: 5 bis 30 mg/L im fertigen Ansatz). Zum Schluss folgt ein Kontrollansatz C_2 analog zu C_1.

3 Stunden nach dem ersten Ansatz wird Lösung C_1 in eine 500-mL-Steilbrustflasche gefüllt, sofort eine Sauerstoffelektrode eingeführt und diese mit einem Stopfen abgedichtet, so dass keine Luftblase zurückbleibt. Die Abnahme der Sauerstoffkonzentration in der Flasche während 10 min wird entweder durch einen Messschreiber aufgezeichnet oder jede Minute abgelesen und notiert. Diese Zehrungsmessungen erfolgen in Abständen von 15 min mit allen Ansätzen, so dass alle nach 3 h Belüftungszeit gemessen werden.

Auswertung

Die Sauerstoffzehrung jedes Ansatzes wird den Aufzeichnungen des Messschreibers bzw. des Messprotokolls entnommen. Dabei wird das Zeitintervall für die Abnahme der Sauerstoffkonzentration möglichst zwischen 6,5 mg/L und 2,5 mg/L (bei geringer Zehrung: Auswertung der vollen 10 min Messzeit) bestimmt und auf mg/L · h umgerechnet. Die Messungen C_1 und C_2 sollten nicht mehr als 15 % voneinander abweichen.

Die Hemmwirkung der Abwasserprobe bei einer bestimmten Konzentration wird wie folgt berechnet:

$$\text{Hemmung (\%)} = \left(1 - \frac{2P}{C_1 + C_2}\right) \cdot 100$$

P \qquad Sauerstoffzehrung der Abwasserprobe in gegebener Verdünnung
C_1, C_2 \qquad Sauerstoffzehrung der Kontrolle 1 bzw. 2

Die Hemmung in Prozent wird für jede geprüfte Probenverdünnung berechnet, auf Logarithmenpapier gegen die Verdünnung aufgetragen und der EC_{50}-Wert durch Interpolation ermittelt.

6.3 Bodenkundliche Analysenmethoden

Im Rahmen dieses Buches war es naheliegend, ausgewählte Methoden zur Bodenuntersuchung aufzunehmen, da Probleme von Bodenfruchtbarkeit und -melioration oft mit der Güte und Bewirtschaftung von Wasser zusammenhängen. Auf bodenkundliche Ausführungen wird dabei weitgehend verzichtet, während die Praxis der Untersuchung im Vordergrund steht. Manche methodischen Hinweise zur Bodenuntersuchung finden sich auch bei der Beschreibung der Einzelparameter in den Kap. 5 und 6.1.

6.3.1 Probenaufbereitung

Nach der Probennahme werden Bodenproben möglichst rasch getrocknet, sofern nicht besondere Messungen erforderlich sind, die vom Wassergehalt abhängen. Die Trocknung muss schonend vor sich gehen, um sekundäre Umsetzungsprozesse zu vermeiden. Hierzu zerdrückt man grössere Bodenaggregate und sortiert Wurzeln und Bodentiere aus. Die meisten Bodenuntersuchungen werden unter Einsatz der Feinbodenanteile durchgeführt. Hierzu siebt man den Rohboden durch ein 2-mm-Sieb. Tonreiche Böden werden vor der vollständigen Trocknung abgesiebt. Für bestimmte Analysen (z. B. Untersuchung auf Metalle) muss die Probe staubfein gemahlen werden.

Es sind anschliessend die wichtigsten Schritte der Probenvorbereitung von Böden zusammengestellt.

6.3.1.1 Sortieren

Vor der Laboruntersuchung müssen heterogen zusammengesetzte Bodenproben häufig erst sortiert, zerkleinert oder gesiebt werden, um eine homogene Teilmenge zu erhalten. Die dabei gewonnenen Einzelbestandteile kann man dann separat verwiegen, weiter aufbereiten, analysieren und das Ergebnis auf die Grundgesamtheit oder die sortierte Teilmenge umrechnen. In der Regel werden inerte grobe Partikel > 2 mm (Steine, Kiese, Gerölle) aussortiert. Ihr Massenanteil an der Probe ist jedoch festzuhalten und ggf. bei der Darstellung der Ergebnisse zu berücksichtigen. Zur Bestimmung der Korngrösse siehe Kap. 6.3.2.2.

6.3.1.2   Trocknen

Man unterscheidet in der Praxis zwischen

- Lufttrocknung;
- Trocknung bei erhöhten Temperaturen;
- Gefriertrocknung.

Die Lufttrocknung als zumeist angewandte Art der Trocknung ist in der Klärschlammverordnung vorgeschrieben. Das Trocknen in einem Umlufttrockenschrank bei maximal 40 °C beschleunigt den Trocknungsvorgang, wobei die Proben möglichst dünn ausgebreitet und einige Male umgeschichtet werden. Grössere Aggregate werden zerdrückt; ein hoher Tongehalt führt jedoch meist zum Zusammenbacken, so dass anschliessend gemahlen und erneut getrocknet werden muss. Die Trocknung bei 105 °C stellt das Standardverfahren bei erhöhter Temperatur dar. Soll der Feuchtegehalt von Böden möglichst vollständig erfasst werden, wird zuerst mehrere Stunden bei 105 °C und dann bei 180 °C getrocknet. Hierdurch wird fest gebundenes Haftwasser und Kristallwasser der meisten Salze freigesetzt.

Die Gefriertrocknung wird seltener, z. B. bei der Untersuchung biochemischer Bodenparameter, eingesetzt.

6.3.1.3   Zerkleinern

Nach dem Sortieren ist die Reduzierung der Bodenprobe auf eine Teilprobe (= Analysenprobe) erforderlich. Für manche chemischen Bodenanalysen ist eine weitgehende Zerkleinerung erforderlich.

Hierzu werden die Bodenproben werden durch mehrmaliges Umschaufeln nach dem Kegelverfahren gemischt (Abb. 39). Dabei rollen über den Kegelmantel die groben Anteile an die Kegelbasis. Der Kegel wird dann kreuzförmig in 4 Teile geteilt; zwei diagonal gegenüberliegen-

Abb. 39: Kegeln und Vierteln

de Teile werden zu einem neuen Kegel vereinigt und in gleicher Weise behandelt. Der Rest wird verworfen. Nach dem Verjüngungsschritt können die beiden zur Weiterverarbeitung vorgesehenen Viertel gemahlen werden.

Die Zerkleinerung von Proben zwischen den einzelnen Mischschritten erfolgt in der Regel nicht in einem einzigen Arbeitsgang. Die gewählte Zerkleinerungstechnik hängt von Grösse, Struktur und Härte des Materials ab. Die vorzerkleinerten Stoffe mit einer Korngrösse um 10 mm können mit einer Schlagkreuz- oder Schlagrotormühle zunächst auf eine Zwischengrösse von 4 mm gemahlen werden. Bei der anschliessenden Feinzerkleinerung ist auf die zunehmende metallische Kontamination durch Abrieb der Mahlwerkzeuge vor allem bei Korngrössen unter 0,5 mm zu achten. Gegebenenfalls ist auf Gerätschaften zu verzichten, welche die zu untersuchenden Metalle enthalten. So können Korngrössen von < 0,25 mm von Planetenkugelmühlen mit Wolframcarbideinsatz oder Mörsermühlen mit Porzellan- oder Achateinsatz erreicht werden. Möchte man Korngrössen von deutlich unter 0,25 mm erreichen, führt meist der Einsatz einer schnelllaufenden Zentrifugalmühle (10000 bis 20000 min^{-1}) zum Ziel. Auswechselbare Ringsiebe definieren die Endfeinheit. Auch bei diesem Mühlentyp sind schwermetallfreie Werkstoffeinsätze verfügbar.

6.3.1.4 Aufschliessen

Die Art des gewählten Aufschlusses richtet sich nach Art und Beschaffenheit der Bodenprobe, den Eigenschaften der zu bestimmenden Elemente und dem Analysenverfahren.

Einfache und zeitsparende Verfahren sind den aufwendigeren immer dann vorzuziehen, wenn keine oder nur geringfügige methodische Fehler zu erwarten sind. So kann man bei der Schwermetalluntersuchung von vielen Böden und Klärschlämmen auf den Gesamtaufschluss der mineralischen Matrix verzichten, da die Schwermetalle überwiegend an den Oberflächen der Partikel gebunden sind. Bei anderen Böden ist dagegen der grösste Teil der Schwermetalle fest in die Mineralmatrix eingebunden. Hier ist ein Gesamtaufschluss vorzuziehen.

Sollen nur Alkali- und Erdalkalimetalle bestimmt werden, reicht einfaches Veraschen aus, eventuell unter Zusatz oxidierender Stoffe. Es werden im folgenden einige erprobte Aufschlussverfahren für die Gruppenbestimmung wichtiger Haupt- und Spurenmetalle beschrieben.

 Aufschluss für die Gesamtbestimmung von Ca, Mg, K, Na, Fe, P
0,5 g luftgetrocknete, gemahlene Feinerde werden in einem Platintiegel kurz zur Rotglut erhitzt, nach Abkühlen mit etwas Wasser angefeuchtet und mit 1 mL Perchlorsäure, w ($HClO_4$) = 60 %, sowie 10 mL Flusssäure, w (HF) = 40 %, versetzt. Auf dem Sandbad wird der Tiegelinhalt bei ca. 180 °C abgeraucht. Nach dem Abkühlen gibt man 15 mL Salzsäure, w (HCl) = 10 %, zu und erhitzt bei geschlossenem Tiegel zur Trockene. Ist die Lösung nicht klar, muss der Abrauchvorgang mit HF/$HClO_4$ wiederholt werden. Die Lösung wird dann in einen 100-mL-Messkolben überführt.

Aufschluss mit Königswasser
In Deutschland schreibt die AbfKlärV von 1992 den Aufschluss von Klärschlamm und Boden mit Königswasser nach DIN 38414, Teil 7, zur Bestimmung der Metalle vor.

3 g trockene Probe werden in einem zylindrischen Glasgefäss von 200 mL Volumen mit aufgesetztem Luft- oder Wasserkühler nach Zugabe von 21 mL Salzsäure, w (HCl) = 35 %, und 7 mL Salpetersäure, w (HNO$_3$) = 65 %, bei Raumtemperatur mehrere h oder über Nacht behandelt. Danach erhitzt man 2 h im Metall-Heizblock auf Siedetemperatur und füllt danach das Aufschlussgefäss durch den Kühler mit Wasser auf 100 mL auf. Nach Sedimentation oder Filtration der Lösung können die Elemente Cd, Cr, Cu, Hg, Ni, Pb, Zn sowie K, Na, Ca, Mg und P bestimmt werden.

Gesamtaufschluss im Druckgefäss

Bei Böden und Klärschlämmen muss zur Auflösung silicatischer Anteile neben oxidierenden Säuren Flusssäure zugesetzt werden. Ein geeignetes Aufschlussverfahren:

300 mg Probe werden mit 2 mL Salpetersäure, w (HNO$_3$) = 70 %, 6 mL Salzsäure, w (HCl) = 35 %, und 3 mL Flusssäure, w (HF) = 40 %, versetzt und in einem Mikrowellenofen programmiert 2 min bei 144 W, 3 min bei 280 W, 3 min bei 420 W und 1 min bei 560 W im PTFE-Druckaufschlussgerät erhitzt. Zwischen den Heizschritten liegt eine Abkühlphase von jeweils 1 min. Nach Erkalten gibt man zur Bindung überschüssiger Flusssäure 15 mL gesättigte Borsäurelösung zu und füllt mit Wasser auf 100 mL auf. Mit diesem Verfahren lassen sich Verluste von Quecksilber während des Aufschlusses verhindern.

Aufschluss für verwitterbare Ca-, K- und P-Verbindungen

10 g luftgetrocknete Feinerde werden in einem grossen Porzellantiegel bei 500 °C eine Stunde geglüht, nach Abkühlen mit 50 mL Salzsäure, w (HCl) = 30 %, versetzt und vorsichtig auf dem Sandbad erhitzt, wobei der Tiegel mit einem Uhrglas abgedeckt wird. Anschliessend filtriert man in einen 100-mL-Messkolben, wäscht die Feststoffe mit Wasser nach und füllt bis zur Marke auf. Um das bei der Phosphorbestimmung störende Chlorid zu entfernen, werden 10 mL abgedampft. Der Rückstand wird mit Salpetersäure, c (HNO$_3$) = 0,5 mol/L, aufgenommen und in einem 50-mL-Messkolben zur Marke aufgefüllt.

Nasse Veraschung zur Kohlenstoff-Bestimmung (s. Bestimmung des CSB, Kap. 6.1.7)

2 g luftgetrocknete Feinerde (bei Moorböden 0,5 g) werden in einem 250-mL-Messkolben mit 40 mL konzentrierter Schwefelsäure und nach 10 min unter Kühlung mit 25 mL Kaliumdichromat-Lösung, β (K$_2$Cr$_2$O$_7$) = 98,07 g/L, versetzt. Man hält den Kolben bei 120 °C drei Stunden im Trockenschrank, wobei mehrfach umgeschwenkt wird. Anschliessend kühlt man ab, füllt mit Wasser auf 250 mL auf und titriert in einem aliquoten Teil von 25 mL das nicht umgesetzte Kaliumdichromat wie in Kap. 6.1.7 angegeben zurück.

Zur besseren Endpunkterkennung gibt man vor der Titration 5 mL eines speziellen Säuregemisches zu (150 mL H$_2$SO$_4$ konz. + 150 mL H$_3$PO$_4$ konz. + 5 g FeCl$_3$ · 6 H$_2$O mischen und unter Kühlen in etwas Wasser geben; nach Erkalten auf 1 L auffüllen).

Aufschluss für die Stickstoffbestimmung (s. Kjeldahl-Stickstoff, Kap. 6.1.20)

1 bis 5 g luftgetrocknete Feinerde werden im Kjeldahlkolben mit einer Spatelspitze Selen-Reaktionsgemisch und mit 6 mL konzentrierter Schwefelsäure versetzt. Dann erhitzt man die Probe bis zur Farblosigkeit des Rückstandes. Nach Abkühlen überführt man die Lösung in einen 1-L-Rundkolben, schliesst an die Destillationsapparatur an und gibt 25 mL Natronlauge, w (NaOH)

= 30 %, zu. Es schliesst sich die Destillation an, wie unter der Bestimmung des Kjeldahl-Stick-stoffs beschrieben.

6.3.1.5   Extrahieren

Austauschbares Ca, K, PO₄, SO₄

Calcium, Kalium und Phosphat werden mit Ammoniumlactatessigsäure im Gleichgewichtsver-fahren extrahiert:

5 g luftgetrocknete Feinerde werden mit 100 mL einer Extraktionslösung (bestehend aus 9 g Milchsäure + 19 g Essigsäure + 7,7 g Ammoniumacetat, aufgefüllt auf 1 L) 4 Stunden geschüt-telt. Anschliessend filtriert man über ein Papierfilter ab.

Sulfat wird mit einer Natriumchlorid-Lösung im Gleichgewichtsverfahren extrahiert:

50 g luftgetrocknete Feinerde werden mit 250 mL Natriumchlorid-Lösung, w (NaCl) = 1 %, eine Stunde geschüttelt, dann mit 3 g pulverförmiger Aktivkohle versetzt, erneut kurz geschüttelt und filtriert.

Wasserlösliches B, Cl, SO₄, NO₃, Na, Ca, Mg

Bor wird mit heissem Wasser extrahiert:

25 g luftgetrocknete Feinerde werden in einem Kolben (borarmes Glas) mit 50 mL Wasser 5 min gekocht und dann abfiltriert.

Für die übrigen Parameter wird die Extraktion wie folgt vorgenommen:

25 g luftgetrocknete Feinerde werden mit 125 mL Wasser 1 h geschüttelt und anschliessend fil-triert. Diese Lösung kann für die weiteren Bestimmungen eingesetzt werden. Sollen die wasser-löslichen Salze insgesamt bestimmt werden, gibt man 50 mL des Filtrats in ein gewogenes Be-cherglas und dampft nach Zugabe von 5 mL Wasserstoffperoxid, w (H₂O₂) = 30 %, auf dem Sandbad ein. Die Gewichtszunahme in mg, dividiert durch 10, ergibt die wasserlöslichen Salze in ‰.

6.3.2   Messungen

6.3.2.1   Wasserbindung und Saugdruck

Das in Böden vorkommende Haftwasser hat eine besondere Bedeutung für das Wachstum von Pflanzen und die Bodenmelioration. Haftwasser wird unterteilt in Adsorptionswasser und Kapil-larwasser. Als Adsorptionswasser wird jener Wasseranteil bezeichnet, der die Bodenpartikel umhüllt und nicht pflanzenverfügbar ist. Kapillarwasser ist dagegen der Anteil, der in den Bo-denporen durch Menisken begrenzt wird und den Gesetzen der Kapillarität unterliegt. Die In-tensität der Wasserbindung wird auch als „Saugspannung" bezeichnet, die z. B. bei der Ent-wässerung zu überwinden ist. Am natürlichen Standort ist die Wasserbindungsintensität wichtig für die Beurteilung des Wasservorrats im Boden und zur Erkennung des Wassermangels von Pflanzen. Sie wird in hPa oder in cm Wassersäule (WS), meist als ihr Logarithmus (= pF-Wert) angegeben. Die in einem Boden mögliche Saugspannung pF reicht von −∞ bis + 7. Eine Saugspannung von 1000 cm Wassersäule entspricht dem pF-Wert 3. Der permanente Welkepunkt vieler Pflanzen liegt bei pF = 4,2.

Nachfolgend werden Verfahren zur Messung der Wasserkapazität nach Richards und der Hygroskopizität nach Mitscherlich, ausserdem eine Einfachmethode zur Bestimmung des Saugdrucks beschrieben.

Geräte
Stechzylinder, 100 cm³, aus V4A-Stahl
Wasserbad
Unterdruckgefäss mit Saugpumpe

Reagenzien und Lösungen
Natriumsulfat-Lösung: 65 g Natriumsulfat ($Na_2SO_4 \cdot 10\ H_2O$) werden in 100 mL Wasser gelöst.

Messungen
Wassersättigung:
Mehrere Bodenproben im Stechzylinder werden unten mit harten Papierfiltern bedeckt und so in ein Wasserbad gestellt, dass sich die Wasseroberfläche zunächst etwas unter und danach wenige mm oberhalb der Oberkante des Zylinders befindet. Die Wassersättigung erfolgt nach mindestens 5 h.
Wasserkapazität:
Die gesättigten Proben werden oben mit einem Verdunstungsschutz bedeckt, mit den Papierfiltern auf ein Unterdruckgefäss gesetzt und es wird ein Unterdruck von 60 hPa angelegt (Manometer). Tritt kein Wasser mehr aus, werden die Zylinder ohne Filter gewogen. Anschliessend werden sie bis zur Gewichtskonstanz bei 105 °C im Trockenschrank getrocknet und nach dem Abkühlen erneut gewogen. Zum Schluss erfolgt eine Wägung des trockenen Zylinderinhalts ohne Zylinder.
Hygroskopizität:
20 g lufttrockene Feinerde werden in einer Petrischale mit Wasser schwach angefeuchtet (Zerstäuber) und in einem Exsikkator über der Natriumsulfat-Lösung bei 25 °C im Vakuum belassen. Kontrollwägungen erfolgen nach 4 Tagen und danach täglich. Nach Gewichtskonstanz wird schliesslich bei 105 °C bis zur Gewichtskonstanz getrocknet und gewogen.

Auswertung
Die Wasserkapazität WK je 100 cm³ der Stechzylinder, gemessen in Vol %, wird folgendermassen berechnet:

$$WK = G_F - G_T$$

G_F Feuchtgewicht des Stechzylinders, g
G_T Trockengewicht des Stechzylinders, g

Berechnung der Hygroskopizität HYG:

$$HYG = (Hy_f - Hy_t) \cdot 100 / Hy_t$$

HYG Hygroskopizität, in % luftrockener Feinerde
Hy_f Feuchtgewicht der Probe, g
Hy_t Trockengewicht der Probe, g

Die Multiplikation von HYG mit dem Faktor 1,5 ergibt annähernd den Porenraum des Bodens beim permanenten Welkepunkt von pF = 4,2.

Einfachmethode zur Bestimmung des Saugdrucks

Geräte
Filterpapier, z. B. Schleicher & Schüll Nr. 589 (Weissband)
Probendosen aus Kunststoff, ca. 100 mL
Klimatisierbarer Raum, 20 °C

Reagenzien und Lösungen
Pentachlorphenol-Lösung   0,5 g Pentachlorphenol werden in 100 mL Methanol gelöst.

Messung
10 bis 20 g der Bodenprobe werden in eine Dose gefüllt und darauf wird ein exakt gewogenes Filterpapier gelegt. Das Papier wurde zuvor mit der Pentachlorphenol-Lösung getränkt und getrocknet. Die Dose wird mit einem Plastikisolierband luftdicht verschlossen und bei 20 °C im klimatisierten Raum 1 Woche zur Gleichgewichtseinstellung aufbewahrt. Danach wird das Filterpapier sehr rasch entnommen und sofort gewogen.

Auswertung
Aus den Regressionsgeraden

$$pF = \log \text{cm WS} = 6{,}24617 - 0{,}0723 \cdot M \quad (\text{für } M < 54 \text{ \%})$$
$$pF = \log \text{cm WS} = 2{,}8948 - 0{,}01025 \cdot M \quad (\text{für } M > 54 \text{ \%})$$

kann der Saugdruck pF, ausgedrückt in log cm Wassersäule, errechnet werden. M ist der Feuchtegehalt des Papierfilters in % seines Trockengewichts. Bei Verwendung eines anderen als des angegebenen Papierfilters kann eine andere Regressionsgerade durch exakte pF-Messungen und parallele Messungen in der oben angegebenen Weise bestimmt werden.

6.3.2.2 Korngrösse

Die Korngrössenanalyse soll die Mengenverhältnisse der Teilchengrössen feststellen, da die Körnung die bodenphysikalischen Eigenschaften stark beeinflusst.

Geräte
Siebsatz (Porenweite 2 mm; 0,63 mm; 0,2 mm; 0,063 mm)
Messzylinder 1000 mL
Wägegläschen

Reagenzien und Lösungen

Natriumdiphosphat-Lösung: 100 g Natriumdiphosphat ($Na_4P_2O_7$) werden mit Wasser zu 1 L gelöst.

Probenvorbereitung

Der getrocknete und grob zerkleinerte Rohboden wird über ein Sieb (Porenweite 2 mm) gegeben, wobei der Anteil an Wurzeln und Steinen separat gewogen wird. Der Feinerdeanteil (< 2 mm) wird weiterbehandelt.

Messung

20 g luftgetrocknete Feinerde werden mit 25 mL Natriumdiphosphat-Lösung ca. 8 h eingeweicht und nach Zusatz von 200 mL Wasser 1 h geschüttelt. Die Suspension wird dann über einen Siebsatz gegeben, wobei der Ablauf direkt in den 1-L-Messzylinder geleitet wird. Man wäscht die einzelnen Siebe nach, bis die feineren Teilchen das entsprechende Sieb passiert haben. Anschliessend trocknet man den gesamten Siebsatz bei 105 °C im Trockenschrank und wiegt anschliessend jedes einzelne Sieb aus.

Die Suspension im Messzylinder wird bis auf die 1000-mL-Marke aufgefüllt und anschliessend kräftig geschüttelt. Nach 9,5 min entnimmt man mit einer Pipette 20 cm unterhalb der Wasseroberfläche 10 mL und überführt dieses Volumen in ein Wägegläschen. In der Suspension befindet sich die Fraktion < 20 µm. Die Fraktion < 10 µm wird durch Abpipettieren von 10 mL Suspension nach 18,5 min aus dem Bereich 10 cm unterhalb der Wasseroberfläche entnommen und gleichfalls in ein Wägegläschen gegeben. Schliesslich wird die Tonfraktion < 2 µm nach 3 h und 5 min aus 4 cm Tiefe entnommen.

Alle entnommenen Proben werden bei 105 °C im Trockenschrank getrocknet und anschliessend gewogen. Von der ermittelten Substanzmenge zieht man 25 mg Natriumdiphosphat-Anteil ab.

Störungen

Die Methode beruht auf der Sinkgeschwindigkeit kugelförmiger Partikeln im Wasser. Je mehr sich die Partikel von der Idealform einer Kugel entfernen, desto geringer wird ihre Sinkgeschwindigkeit, d. h. die Partikel werden einer gröberen Kornfraktion zugeordnet, als ihrem mittleren Durchmesser entspricht.

Auswertung

Die Auswaagen der einzelnen Fraktionen können je nach Bedarf auf den Rohboden oder den Feinbodenanteil bezogen werden. Die in den Wägegläschen ermittelten Gewichte der eingedampften Proben (vermindert um den Natriumdiphosphat-Anteil) werden mit 5 multipliziert und ergeben so den Anteil der entsprechenden Fraktion in % der Einwaage.

6.3.2.3   Hydrolytische Acidität (H-Wert)

Zur Bestimmung der Gesamtsäure des Bodens müssen sowohl die freie H_3O^+-Konzentration als auch die am Sorptionskomplex gebundene H_3O^+-Konzentration bestimmt werden. Man bedient sich hierzu meist indirekter Verfahren, indem man hydrolytisch spaltende Salze mit dem Boden in Kontakt bringt und die durch Reaktion der sorbierten H_3O^+-Ionen mit dem Säurerest entstandene freie Säure titriert. Der berechnete Wert ist mit empirischen Faktoren zu multiplizieren, um näherungsweise die Gesamtsäure zu erhalten.

Geräte
Titrationseinrichtung

Reagenzien und Lösungen
Calciumacetat-Lösung: 88,09 g Calciumacetat $((CH_3COO)_2Ca \cdot H_2O)$ werden mit Wasser auf 1 L aufgefüllt. Man stellt die Lösung mit Natronlauge, c (NaOH) = 0,1 mol/L, unter Zusatz von wenigen Tropfen Phenolphthalein bis zur Rosafärbung ein.

Messung
100 g lufttrockene Feinerde werden mit 250 mL Calciumacetat-Lösung versetzt und eine Stunde geschüttelt. Man filtriert anschliessend ab, verwirft die ersten 30 mL und titriert 125 mL des Filtrates gegen Phenolphtalein bis zur Rosafärbung.

Auswertung
Der ermittelte Laugenverbrauch wird zur Umrechnung auf die Gesamtsäure des Bodens mit empirischen Faktoren multipliziert, wobei gilt:

Für Einstellung auf pH 7 $F = 1,5$;
Für Einstellung auf pH 7,5 $F = 2,0$;
Für Einstellung auf pH 8,0 $F = 2,5$;
Für Einstellung auf pH 8,5 $F = 3,25$.

Wird gegen Phenolphthalein titriert, benutzt man $F = 3,25$.

Die hydrolytische Acidität wird ausgedrückt in mL Natronlauge, c (NaOH) = 0,1 mol/L, pro 100 g Boden. Die Gesamtsäure in mL Natronlauge, c (NaOH) = 0,1 mol/L, wird somit wie folgt berechnet:

Gesamtsäure = $2 \cdot x \cdot 3,25$

x Verbrauch an Natronlauge, c (NaOH) = 0,1 mol/L, mL

Die Summe aus Gesamtsäure + Basensättigung (S-Wert, s. Kap. 6.3.2.4) ergibt die totale Basensättigung (Austauschkapazität) in mmol/(100 g Boden). Frühere Angaben in der Einheit Val können mit dem gleichen Zahlenwert in die Einheit Mol übernommen werden, wenn die Stoffmenge der Äquivalente angegeben wird.

6.3.2.4   Austauschbare basische Stoffe (S-Wert)

Bei der Bestimmung des S-Wertes werden die an den negativ geladenen Bodenkolloiden fixierten Kationen wie Calcium, Magnesium, Natrium, Kalium und Ammonium erfasst, nicht jedoch eventuell vorliegende Carbonate. Der S-Wert ist von Bedeutung für die Abschätzung der potentiellen Nachlieferung von Basen und damit für die Bodenfruchtbarkeit.

Geräte
Titrationseinrichtung

Reagenzien und Lösungen
Salzsäure, c (HCl) = 0,1 mol/L
Natronlauge, c (NaOH) = 0,1 mol/L
Kaliumnatriumtartrat-Lösung, w (KNT) = 10 %
Ethylalkohol-Wasser-Gemisch (60 : 40 v/v)

Probenvorbereitung
15 bis 25 g feuchte Feinerde werden auf einem Faltenfilter mehrmals mit Alkohol-Wasser-Gemisch übergossen, um das Bodenwasser zu verdrängen, ohne Austauschvorgänge ablaufen zu lassen. Der Rückstand wird mit dem Filter bei 105 °C im Trockenschrank getrocknet.

Messung
Je nach Kalkgehalt des Bodens werden zwischen 1 und 10 g lufttrockene Feinerde eingewogen (1 g bei w (CaCO$_3$) = 30 bis 50 %, 10 g bei bis zu w (CaCO$_3$) = 5 %) mit 100 mL Salzsäure, c (HCl) = 0,1 mol/L, versetzt und eine Stunde geschüttelt. Anschliessend wird filtriert, 20 mL des Filtrats mit 5 mL Kaliumnatriumtartrat-Lösung, w = 10 %, versetzt und die Lösung mit Natronlauge, c (NaOH) = 0,1 mol/L, gegen Phenolphthalein bis zur Rosafärbung titriert. Als Blindprobe werden 20 mL Salzsäure, c (HCl) = 0,1 mol/L, und 5 mL Kaliumnatriumtartrat-Lösung, w (KNT) = 10 %, in gleicher Weise titriert.

Auswertung
Die Differenz der Titrationswerte von Blindlösung und Bodenextrakt wird bei einer Bodeneinwaage von 1 g mit dem Faktor 50 multipliziert (bei 10 g Einwaage mit 5) und ergibt somit den S-Wert in mol/100 g Boden. Dieser Wert schliesst die Carbonate mit ein, so dass parallel zur Bestimmung des S-Wertes der Carbonat-Gehalt bestimmt werden muss. Das Ergebnis der S-Wert-Titration ist dann um den Carbonatgehalt des Bodens zu korrigieren.

6.3.2.5   Kationenaustauschkapazität

Die Austauschkapazität des Bodens ist ein Mass für den Anteil kolloidaler Stoffe, deren Oberflächen als Kationenaustauscher wirken. Bei der Bestimmung werden die fixierten Kationen durch eine hohe Konzentration leicht austauschbarer Kationen ersetzt. Die Menge der ausgetauschten Kationen entspricht der Austauschkapazität des Bodens. Die Werte für Mineralböden liegen bei 15 bis 40 mol/(100 g Boden), für stark humose Böden bis zu 300 mol/(100 g Boden).

Geräte
Destillationsapparatur wie unter Kap. 6.1.20 beschrieben

Reagenzien und Lösungen
Ammoniumoxalat-Lösung, c (NH$_4$-ox) = 0,2 mol/L
Calciumcarbonat, pulverförmig
Aktivkohle, pulverförmig

Messung
Zu 20 g luftgetrockneter Feinerde gibt man 250 mL Ammoniumoxalat-Lösung, c (NH$_4$-ox) = 0,2 mol/L, sowie 5 g Aktivkohle (zur Fixierung von Ammoniumhumaten) und 0,5 g Calciumcarbonat (als Puffer). Anschliessend wird 2 h geschüttelt und abfiltriert. Zum Filtrat gibt man 2 Tropfen konzentrierte Schwefelsäure. In 25 mL Lösung wird der Ammoniumgehalt nach Destillation gemäss der im Kap. 6.1.20 beschriebenen analytischen Methode bestimmt. Eine Blindprobe, bestehend aus 25 mL Ammoniumoxalat-Lösung, c (NH$_4$-ox) = 0,2 mol/L, wird in gleicher Weise behandelt.

Auswertung
Die Differenz aus dem Ammoniumgehalt der Blindprobe und dem Gehalt des Bodenextraktes ergibt die vom Boden aufgenommene Menge an NH$_4^+$-Ionen. Die Austauschkapazität wird in mol/(100 g Boden) ausgedrückt.

6.3.2.6   Carbonatgehalt

Die Kenntnis des Gehaltes eines Bodens an Calciumcarbonat ist von erheblicher Bedeutung, da dieser Parameter z. B. das Bodengefüge und die Permeabilität beeinflusst. Auch chemische Vorgänge im Boden werden vom Carbonatgehalt gesteuert.
   Es wird im folgenden die volumetrische Bestimmungsmethode beschrieben.

Geräte
Messgerät gemäss Abb. 40

Reagenzien und Lösungen
Salzsäure, w (HCl) = 10 %
Kaliumchlorid-Lösung, w (KCl) = 2 %

Messung
Je nach der qualitativen Vorprobe mit Salzsäure gibt man zwischen 2 und 10 g lufttrockenen Feinboden in das Gasentwicklungsgefäss und füllt den Einsatz mit 20 mL Salzsäure, w (HCl) = 10 %. Nach Anschluss an die Apparatur wird das graduierte Rohr durch Anheben des Niveaugefässes gefüllt. Man neigt nun das Gasentwicklungsgefäss so, dass die Salzsäure mit dem Boden in Kontakt kommt. Je nach dem sich einstellenden Flüssigkeitsniveau im graduierten Rohr wird durch Heben oder Senken des Niveaugefässes ein Druckausgleich hergestellt und nach ca. 10 min das Gasvolumen abgelesen.

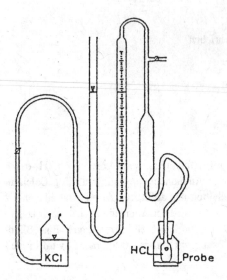

Abb. 40: Messgerät zur Bestimmung des Carbonatgehaltes in Böden

Störungen
Bei Carbonatgehalten unter $w\,(CO_3^{2-}) = 1$ % sind die Messungen relativ ungenau. Liegen Magnesium- und Eisencarbonate vor, ergeben sich Minderbefunde, einmal wegen der Reaktionsträgheit beider Verbindungen und zum anderen durch geänderte stöchiometrische Faktoren.

Auswertung
Der Massenanteil an Carbonat im Boden, bezogen auf Calciumcarbonat, errechnet sich wie folgt und wird in Prozent angegeben:

$$w(CaCO_3) = \frac{V \cdot P \cdot 0{,}12}{(273 + t) \cdot W}$$

V gemessenes CO_2-Volumen, mL
P Luftdruck, hPa $\approx$ mbar
t Raumtemperatur, °C
W Bodeneinwaage, g

6.3.2.7   Huminstoffe

Die organische Substanz von Böden besteht zu einem erheblichen Teil aus Huminstoffen. Diese haben aufgrund ihrer grossen spezifischen Oberfläche erhebliche Bedeutung für Ionenaustausch, Wasser- und Nährstoffbindung und Pufferungsvermögen. Huminstoffe sind nicht einheitlich zusammengesetzt, sondern bestehen aus Bausteinen meist ringförmiger Molekülkerne mit reaktionsfähigen Carboxyl-, Carbonyl- und Hydroxylgruppen, die sich zu mittel- bis hochmolekularen Substanzen verbinden können. Da eine exakte Kennzeichnung von Huminstoffen nicht möglich ist, werden konventionell verschiedene Gruppen aufgrund ihrer Extrahierbarkeit mit Laugen bzw. Unlöslichkeit in Säuren eingeteilt: Fulvosäuren und Huminsäuren sind mit Lauge extrahierbar, Humine nicht. Vom extrahierbaren Anteil sind wiederum Huminsäuren mit Säure fällbar, Fulvosäuren dagegen nicht.

Geräte
Schüttelmaschine
Spektralphotometer oder Filterphotometer mit Filtern 472 und 664 nm
Membranfiltereinrichtung mit Filtern, Porenweite 0,45 μm

Reagenzien und Lösungen

Natronlauge, c (NaOH) = 0,1 mol/L
Natriumpyrophosphat-Lösung, c (Na$_4$P$_2$O$_7$) = 0,1 mol/L
Salzsäure, w (HCl) = 36 %
Huminsäure (z. B. Merck)

Probenvorbereitung
20–50 g lufttrockener Feinboden (die absolute Menge organischer Substanz sollte zwischen 0,05 und 0,5 g liegen) werden mit 200–500 mL einer Mischung (1 : 1) aus Natronlauge und Natriumpyrophosphat 5 h geschüttelt. Anschliessend wird ca. 10 min bei ca. 3000 min^{-1} zentrifugiert und danach membranfiltriert.

Kalibrierung und Messung
Die Extinktion der filtrierten Lösung wird photometrisch bei 472 und 664 nm bestimmt. Die Huminstoffkonzentration wird einer Kalibrierkurve entnommen, die unter Verwendung einer kommerziell erhältlichen Huminsäure bei einer der genannten Wellenlängen erstellt wird. Zur Bestimmung des Huminsäureanteils wird die filtrierte Lösung mit Salzsäure auf pH < 1 angesäuert. Nach Absetzen über Nacht dekantiert man die Flüssigkeit und zentrifugiert den Rückstand. Durch mehrfaches Spülen mit angesäuertem Wasser werden die Salze entfernt und der Rückstand danach in einem Wägegläschen bei 105 °C getrocknet und ausgewogen.

Die Extinktionen des Überstandes nach Säurefällung (Fulvosäuren) und der in Natronlauge wiederaufgelösten Huminsäuren des Niederschlags können ausserdem bei 472 und 664 nm photometrisch gegen die Vergleichs-Huminsäure gemessen werden.

Störungen
Neben Huminstoffen in Böden können auch andere Bodeninhaltsstoffe eine gelbbraune Farbe verursachen. Ausserdem weisen die als Referenzchemikalien verwendeten käuflichen Huminsäuren bei gleicher Konzentration eine (oft nur geringfügig) verschiedene Extinktion auf als die der extrahierten Substanzen. Dies liegt daran, dass Molekulargewichte und molekulare Strukturen selten übereinstimmen. Der dadurch verursachte Fehler ist jedoch in Kauf zu nehmen.

Auswertung

Der Huminstoffgehalt wird in mg/g Feinerde angegeben. Je höher der Anteil der Huminstoffe an der organischen Substanz des Boden (ermittelt z. B. als Glühverlust) ist, desto weiter ist die Humifizierung fortgeschritten. Der Quotient aus den Extinktionen bei 472 und 664 nm ist als $Q_{4/6}$-Wert geläufig. In der Regel nehmen mit abnehmenden Quotienten die Molekülgrössen, die Gehalte an Kohlenstoff und Stickstoff zu. Bei einem Quotienten < 3 dominieren höhermolekulare Grauhuminsäuren, bei 4–5 Braunhuminsäuren und bei > 5 niedermolekulare Fulvosäuren.

6.3.2.8   SAR-Wert (Natrium-Austauschverhältnis)

Bei einem hohen Natrium-Anteil in Böden im Verhältnis zum Anteil anderer Kationen (besonders Calcium und Magnesium) ist die Gefahr der Versalzung und damit von landwirtschaftlichen Ertragseinbussen gross. Für eine einfache Charakterisierung der durch Natrium hervorgerufenen Probleme hat sich die Bestimmung des SAR-Wertes (*sodium absorption ratio*) bewährt. Ebenso wie für Boden kann die Ermittlung des SAR-Wertes für Bewässerungswasser von Bedeutung sein.

Ein Nomogramm (Abb. 41) erleichtert das Auffinden des SAR-Wertes. Hierzu verbindet man den ermittelten Wert für die Natriumkonzentration auf der Ordinate I mit dem Wert für die

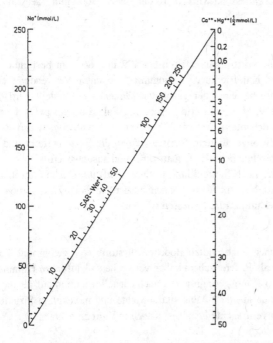

Abb. 41: Nomogramm zur Bestimmung des SAR-Wertes im Bodenextrakt

Summe der Konzentration von Calcium und Magnesium auf Ordinate II und liest den SAR-Wert auf der Diagonalen ab. Ein entsprechendes Nomogramm für Beregnungswasser zeigt die Abb. 42. Zur Bewertung der SAR-Werte von Bewässerungswasser s. Kap. 7.5.

Messung
Es wird eine Bodenpaste vorbereitet, indem man unter Rühren so viel Wasser zu ca. 250 g feuchtem oder lufttrockenem Boden gibt, bis der Boden wassergesättigt ist, ohne dass freies Wasser übersteht. Man lässt ca. 2 h stehen und überführt dann die Bodenpaste auf eine Filternutsche, von der das Wasser abgesaugt wird. In der Bodenlösung werden die Parameter Natrium, Calcium und Magnesium bestimmt.

Auswertung
Der SAR-Wert kann wie folgt berechnet werden (Angaben der Konzentrationen in Milliäquivalenten (mmol)):

$$SAR = \frac{Na^+}{\sqrt{(Ca^{2+} + Mg^{2+})/2}}$$

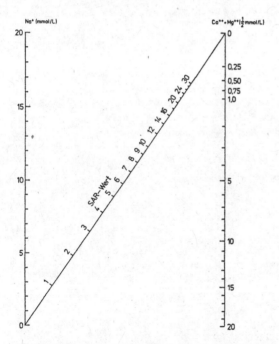

Abb. 42: Nomogramm zur Bestimmung des SAR-Wertes im Beregnungswasser

7 Beurteilung von Untersuchungsergebnissen

Die Auswertung und Beurteilung der Untersuchungsergebnisse von Wasser-, Abwasser- und Bodenanalysen erfordert erhebliche praktische Erfahrung. Internationale und nationale Richtlinien und Grenzwerte sind dabei wichtige Hilfsmittel. Diese basieren auf Erfahrungen aus Human- und Ökotoxikologie, Ernährungswissenschaft, Agrikulturwissenschaft und Technik. Vor einer zu schematischen Übernahme von Richt- und Grenzwerten ist jedoch zu warnen. So sollten im Einzelfall die örtlichen Bedingungen, die Varianz von Probennahme- und Analysenverfahren und die Nutzungsansprüche in die Überlegungen bei der Datenauswertung einbezogen werden.

Die nachfolgenden Richtlinien, Empfehlungen und Grenzwerttabellen erheben keinen Anspruch auf Vollständigkeit, sondern stellen nur eine Auswahl dar.

7.1 Grundwasser

Die Beurteilung chemischer und bakteriologischer Resultate von Grundwasseruntersuchungen sollte möglichst die natürlichen Background-Werte einbeziehen. Die Unterscheidung zwischen natürlicher und anthropogener Belastung ist nicht immer einfach, da einige Stoffe sowohl natürlich als auch anthropogen ins Grundwasser gelangen können und nur Referenzmessungen eine Unterscheidung ermöglichen. Zeitliche Schwankungen der Konzentrationen sind dabei zu berücksichtigen. Da Grundwasser ebenso wie Oberflächenwasser z. B. für die Gewinnung von Trinkwasser oder als Beregnungswasser verwendet wird, sollten die für diese Wassertypen genannten Richtwerte zur Beurteilung herangezogen werden. Im übrigen wird auf die EG-Richtlinie von 1980 über den Schutz des Grundwassers gegen Verschmutzung durch bestimmte gefährliche Stoffe verwiesen. Die in der Anlage zur Richtlinie in Liste I aufgeführten besonders gefährlichen Stoffe (z. B. Cyanide, Quecksilberverbindungen, organische Chlor-, Phosphor- und Zinnverbindungen) dürfen nicht eingeleitet werden, die in Liste II genannten schädlichen Stoffe (Metalle und Metalloide) dürfen nur nach eingehender Prüfung ins Grundwasser gelangen.

7.2 Oberflächenwasser

Für die Nutzung von Oberflächengewässern gelten verschiedene Richtlinien, z. B. die deutschen Anforderungen an die Mindestgüte für Fliessgewässer in Relation zur Gewässergüteklasse II/III (Tab. 29), die deutschen Anforderungen an Fischgewässer (Tab. 30) oder die EG-Richtlinie für die Anforderung an Badegewässer (Tab. 31). Die aufgeführten Parameter und deren Grenzwerte stellen den Rahmen dar, der sich aus dem Zusammenhang zwischen Güteklasse und Selbstreinigung ergibt und die Mindestgüte gewährleistet. Dies gilt auch dann, wenn ein Gewässer oder Gewässerabschnitt zur Abwasserableitung genutzt wird. Im Einzelfall können von den zuständigen staatlichen Stellen die Mindestgüteanforderungen verschärft oder weitere Parameter aufgenommen werden.

Tab. 29: Anforderungen an die Mindestgüte für Fliessgewässer in Deutschland
(Grundlage: Gewässergüteklasse II/III) (mg/L)

Parameter	Mindestgüte	1. Sanierungsanforderung
max.Temperatur (°C)		
a) sommerkühle Gewässer	25	25
b) sommerwarme Gewässer	28	28
O_2	4	4
pH-Wert	6–9	6–9
NH_4^+-N	1	2
BSB_5 (ohne Nitrifikationshemmung)	7	10
CSB	20	30
P	0,4	1
Fe	2	3
Zn	1	1,5
Cu	0,05	0,06
Cr	0,07	0,1
Ni	0,05	0,07

Tab. 30: Güteanforderung an Fischereigewässer in Deutschland
(Grundlage: Gewässergüteklasse II) (mg/L)

Parameter	Salmoniden-Gewässer	Cypriniden-Gewässer
max.Temperatur (°C)		
a) sommerkühle Gewässer	20	25
b) sommerwarme Gewässer	20	28
O_2	6	4
pH-Wert	6,5–8,5	6,5–8,5
NH_4^+- N	1	1
BSB_5 (ohne Nitrifikationshemmung)	6	6
CSB	20	20
Fe	2	2
Zn		
a) bei β (Ca) = 4 mg	0,03	0,3
b) bei β (Ca) = 20 mg/L	0,2	0,7

Fortsetzung **Tab. 30**:

Parameter	Salmoniden-Gewässer	Cypriniden-Gewässer
c) bei β (Ca) = 40 mg/L	0,3	1
Cu, gelöst		
a) bei β (Ca) = 4 mg/L	0,005	0,005
b) bei β (Ca) = 20 mg/L	0,022	0,022
c) bei β (Ca) = 40 mg/L	0,04	0,04
NO_2^--N	0,015	0,015

Tab. 31: EG-Richtlinie zur Qualitätsanforderung an Badegewässer (mg/L)

Parameter	Richtwert	Zwingender Wert
Mikrobiologische Parameter		
Gesamtcoliforme/(100 mL)	500	10 000
Fäkalcoliforme/(100 mL)	100	2 000
Streptococcus faeces/(100 mL)	100	-
Salmonellen/L	-	0
Darmviren PFU/(10 L)	-	0
Physikalisch-chemische Parameter		
pH-Wert	-	6–9
Transparenz (m)	2	1
Färbung	-	keine anormale Änderung
Mineralöle	- (< 0,3)	kein sichtbarer Film
anionische Tenside	- (< 0,3)	keine Schaumbildung
Phenolindex	0,005	0,005
Teerrückstände	keine	-

7.3   Trinkwasser

Für die Kontrolle von Trinkwasser gibt es in den meisten Ländern Empfehlungen oder gesetzliche Regelungen. Von überregionaler Bedeutung sind die Empfehlungen der Weltgesundheitsorganisation (WHO) von 1993 (Tab. 32). Weiterhin ist auf die EG-Richtlinie von 1980 hinzuweisen (Tab. 33), die in den Ländern der EU in das jeweilige nationale Recht überführt wurde. Die Grenzwerte der deutschen Trinkwasserverordnung von 1991 sind in Tab. 34 zusammengefasst.

Wird Oberflächenwasser zur Gewinnung von Trinkwasser verwendet, orientiert man sich an den Richtwerten der entsprechenden EG-Richtlinie von 1975 (Tab. 35). Die deutsche Trinkwasserverordnung umfasst neben den hygienischen Grenzwerten auch die Grenzwerte für Stoffe, die zur Aufbereitung von Trinkwasser Verwendung finden (bis 1991: Trinkwasser-Aufbereitungs-verordnung)(Tab. 36).

Tab. 32: Empfehlungen der WHO (1993) zur Trinkwasserqualität (Auszug)

I Mikrobiologische Parameter

Organismus	Richtwert (Zahl/100 mL)	Bemerkungen
Wasser für Trinkwasserzwecke		
E. coli oder		
thermotolerante Coliforme	0	
Aufbereitetes Wasser bei Einspeisung ins Netz		
E. coli oder		
thermotolerante Coliforme	0	
Gesamtcoliforme	0	
Aufbereitetes Wasser im Netz		
E. coli oder		
thermotolerante Coliforme	0	
Gesamtcoliforme	0	Bei grossen Versorgungseinrichtungen und grosser Probenzahl dürfen Gesamtcoliforme in 95 % der Proben innerhalb von 12 Monaten nicht vorhanden sein.

II Chemische Parameter

Parameter	Richtwert	Bemerkungen
anorganische Stoffe(mg/L)		
As	0,01	vorläufiger Wert
B	0,3	
Ba	0,7	
Cd	0,003	
CN	0,07	
Cr	0,05	vorläufiger Wert
Cu	2	bei ≥ 2 evtl. Geschmacksbeeinträchtigung
F	1,5	es sollten klimatische Bedingungen sowie aufgenommene Wassermenge und die übrigen Ernährungsgewohnheiten berücksichtigt werden
Hg	0,001	
Mn	0,5	vorläufiger Wert

Fortsetzung **Tab. 32**:

Parameter	Richtwert	Bemerkungen
Mo	0,07	
Ni	0,02	
NO$_3$	50	
NO$_2$	3	vorläufiger Wert
Pb	0,01	Wert kann noch nicht überall sofort eingehalten werden; alle Massnahmen zur sofortigen Verminderung sind zu treffen.
Sb	0,005	vorläufiger Wert
Se	0,01	
Organische Stoffe (μg/L)		
Aldrin, Dieldrin	0,03	
Benzol	10	
Benzo(a)pyren	0,7	
Chlordan	0,2	
Chloroform	200	
2,4-DB	90	
DDT	2	
Dichlormethan	20	
Di(2-ethylhexyl)phthalat	8	
1,2-Dichlorethan	30	
Nitrilotriessigsäure	200	
Formaldehyd	900	
Heptachlor u. H.chlorepoxid	0,03	
Lindan	2	
MCPA	2	
Methoxychlor	20	
Monochlorbenzol	300	
Pentachlorphenol	9	vorläufiger Wert
Styrol	20	
Tetrachlorethen	40	
Tetrachlorkohlenstoff	2	
2,4,6-Trichlorphenol	200	
Toluol	700	
Trichlorethen	70	vorläufiger Wert
1,1,1-Trichlorethan	2000	vorläufiger Wert
Vinylchlorid	5	
Xylole	5	

Die EG-Richtlinie von 1980, die sich mit der Qualität von Wasser für den menschlichen Gebrauch befasst, nennt für eine Vielzahl von Messgrössen Richtzahlen und zulässige Höchstkonzentrationen (Tab. 33).

Tab. 33: EG-Richtlinie über die Qualität des Wassers für den menschlichen Gebrauch (mg/L)

Parameter	Richtzahl	Zulässige Höchst-konzentration	Bemerkungen
A. Organoleptische Parameter			
Färbung Pt/Co-Skala	1	20	
Trübung in SiO_2	1	10	oder evtl. Sichttiefenmessung mit der Secchischeibe
Geruchsschwellenwert (Verd.-Faktor)	0	2 bei 12 °C 3 bei 25 °C	
Geschmacksschwellen-wert (Verd.-Faktor)	0	2 bei 12 °C 3 bei 25 °C	
B. Physikalisch-chemische Parameter (in Verbindung mit der natürlichen Zusammensetzung)			
Temperatur (°C)	12	25	
pH-Wert	6,5–8,5		
Leitfähigkeit (µS/cm)	400		
Cl	25		Wirkungen ab 200 mg/L
SO_4	25	250	
Ca	100		
Mg	30	50	
Na	20	175	wird nach Prüfung verringert
K	10	12	
Al	0,05	0,2	
Abdampfrückstand		1500	
C. Parameter für unerwünschte Stoffe			
NO_3	25	50	
NO_2		0,1	
NH_4	0,05	0,5	
Kjeldahl-N		1	
$KMnO_4$-Verbr.	2	5	
H_2S		organoleptisch n.n.	
mit $CHCl_3$ extrahier-bare Stoffe	0,1		
mit Petrolether extrahier-bare KW-Stoffe		0,01	
Phenolindex		0,0005	ausgenommen natürliche Phenole, die nicht mit Chlor reagieren

Fortsetzung **Tab. 33**:

Parameter	Richtzahl	Zulässige Höchst-konzentration	Bemerkungen
B	1		
anionaktive Tenside		0,2	
(als Laurylsulfat)			
Organochlorverbind.	0,001	0,025	
(nicht Pestizide)			
Fe	0,05	0,2	
Mn	0,02	0,05	
Cu	0,1		nach 12 h im Leitungsnetz: 3 mg/L
Zn		0,1	nach 12 h im Leitungsnetz: 5 mg/L
P_2O_5-P	0,4	5	
F		1,5	(8–12 °C)
		0,7	(5–30 °C)
Ba	0,1		
Ag		0,01	evtl. 0,08
D. Parameter für toxische Stoffe			
As		0,05	
Cd		0,005	
CN		0,05	
Cr		0,05	
Hg		0,001	
Ni		0,05	
Pb		0,05	
Sb		0,01	
Se		0,01	
Pestizide		0,0001	je Substanz
		0,0005	insgesamt
polycycl. arom. KW-stoffe		0,0002	6 Referenzstoffe
E. Mikrobiologische Parameter			
Koloniezahl, 36 °C (Zahl/(1 mL))		10	
Koloniezahl, 22 °C (Zahl/(1 mL))		100	
E. coli (Zahl/(100 mL))		0	Membranfiltermethode
		1	Titerbestimmung
Coliforme		0	Membranfiltermethode
		1	Titerbestimmung
Fäkal-Streptococcen		0	Membranfiltermethode
		1	Titerbestimmung
sulfitreduzierendes		1	Titerbestimmung
Clostridium (Zahl/(20 mL))			

Die EG-Richtlinie über die Qualität von Wasser für den menschlichen Gebrauch von 1980 war Anlass für die Umsetzung in das nationale Recht der EG-Mitgliedsländer. Durch diese Regelung sollen im EG-Bereich einheitliche Anforderungen an die Beschaffenheit, Untersuchung und Beurteilung von Trinkwasser aufgestellt werden.

In Tab. 34 sind die Grenzwerte der deutschen Trinkwasserverordnung (TVO) von 1991 zusammengefasst. Die Verordnung ist ausser für Trinkwasser auch für Brauchwasser in Lebensmittelbetrieben gültig. Dabei sind mikrobiologische Messungen und die Messungen nach Anlage 2 TVO obligatorisch, während die Parameter nach Anlage 4 nur nach Anordnung durch die zuständigen Behörden zu untersuchen sind.

Tab. 34: Grenzwerte der deutschen Trinkwasserverordnung

Parameter	Grenzwert
Grenzwerte für chemische Stoffe (Anlage 2 TVO)(mg/L)	
As	0,04
Pb	0,04
Cd	0,005
Cr	0,05
CN	0,05
F	1,5
Ni	0,05
NO_3	50
NO_2	0,1
Hg	0,001
polycyclische arom. KW-Stoffe (6 Stoffe als C)	0,0002
organische Chlor-verbindungen als Σ von:	0,01
1,1,1-Trichlorethan,	
Trichlorethen,	
Tetrachlorethen,	
Dichlormethan	
Tetrachlormethan	0,003
Bei Bedarf	
PBSM (Einzelsubstanz)	0,0001
PBSM (Summe)	0,0005
Sb	0,01
Se	0,01
Mikrobiologische Parameter	

Ähnliche Grenzwerte wie unter Abschn. E in Tab. 33 beschrieben. Ausserdem soll in desinfiziertem Trinkwasser die Koloniezahl den Richtwert von 20 je mL bei 20 °C nicht überschreiten.

Fortsetzung **Tab. 34**:

Parameter	Grenzwert

Kenngrössen und Grenzwerte (Anlage 4 TVO)(mg/L)
Färbung (spektraler
Absorptionskoeffizient

Hg 436 nm), m^{-1}	0,5
Trübung (Formazineinh.)	1,5
Geruchsschwellenwert	2 bei 12 ° C
	3 bei 25 °C
Temperatur	25 °C (nicht erwärmtes TW)
pH-Wert	6,5–9,5 (s. TVO)
Leitfähigkeit, µS cm^{-1}	2000
Oxidierbarkeit, mg/L	5

Grenzwerte für chemische Stoffe (Anlage 4 TVO) (mg/L)

Al	0,2
NH$_4$	0,5 (geogen bedingt bis 30)
Ba	1
B	1
Ca	400
Cl	250
Fe	0,2
K	12 (geogen bedingt bis 50)
Kjeldahl-N	1
Mg	50 (geogen bedingt bis 120)
Mn	0,05
Na	150
Phenole	0,0005
PO$_4$	6,7
Ag	0,01
SO$_4$	240 (geogen bedingt bis 500)
KW-stoffe	0,01
mit CHCl$_3$ extrahierbare Stoffe	1
a-Tenside; n-Tenside	0,2

Vielfach wird Oberflächenwasser als Rohwasser zur Trinkwassergewinnung genutzt. Da die anthropogenen Einflüsse hier meist stärker sind als beim Grundwasser, wurde 1975 von der EG eine entsprechende Richtlinie erlassen, die Qualitätsanforderungen an Oberflächenwasser zusammenfasst (Tab. 35). Aufgenommen in diese Tabelle sind die zwingend vorgeschriebenen Werte, Leitwerte wurden weggelassen.

Tab. 35: EG-Richtlinie über Qualitätsanforderungen an Oberflächenwasser für die Trinkwassergewinnung (mg/L) (Auszug)

Parameter	Behandlungskategorien		
	A1	A2	A3
Färbung nach einfacher Filtration, Pt-Farbgrad	20	100	200
Temperatur (°C)	25	25	25
NH_4	-	1,5	4
NO_3	50	50	50
F	1,5	-	-
Fe	0,3	2	-
Cu	0,05	-	-
Zn	3	5	5
As	0,05	0,05	0,1
Cd	0,005	0,005	0,005
Cr, gesamt	0,05	0,05	0,05
Pb	0,05	0,05	0,05
Se	0,01	0,01	0,01
Hg	0,001	0,001	0,001
Ba	0,01	1	1
CN	0,05	0,05	0,05
SO_4	250	250	250
Phenole	0,001	0,005	0,1
Gelöste oder emulgierte Kohlenwasserstoffe	0,05	0,2	1
Polycyclische aromat. Kohlenwasserstoffe	0,0002	0,0002	0,001
Gesamt-Pestizide	0,001	0,0025	0,005

Kategorie A1:
einfache physikalische Behandlung und Desinfektion (z. B. Schnellfiltration und Desinfektion).
Kategorie A2:
normale physikalische Behandlung, chemische Behandlung und Desinfektion (z. B. Vorchlorung, Koagulation, Flokkulation, Dekantation, Filtration, Desinfektion).
Kategorie A3:
intensive physikalische und chemische Behandlung (z. B. Knickpunktchlorung, Koagulation, Flokkulation, Dekantation, Filtration, Adsorption an A-Kohle, Desinfektion (Ozon, Chlor)).

In Tab. 36 sind Stoffe zusammengefasst, die gemäss Anlage 3 der TVO von 1991 zur Aufbereitung von Trinkwasser in Deutschland zugelassen sind.

Tab. 36: Zusatzstoffe für die Aufbereitung von Trinkwasser (mg/L) (Auszug)

Stoff	Höchstzulässige Zugabe	Höchstmenge im aufbereiteten Trinkwasser
Chlor, Natrium, Calcium-Magnesiumhypochlorit, Chlorkalk	1,2	0,3
Chlordioxid	0,4	0,2
Ozon		
a) Desinfektion	10	0,05
b) Oxidation	-	0,01
Silber, S. -chlorid, -sulfat, Natriumsilberchloridkomplex	-	0,08
Wasserstoffperoxid, Natrium-peroxodisulfat, Kaliummono-persulfat	17	0,1
Schwefeldioxid, Natrium-sulfit, Calciumsulfit	5	2
Natriumthiosulfat	6,7	2,8
Natriumsilicate, Natriumhydroxid, Natriumcarbonat, Natriumhydrogen-carbonat	-	40

Neben den aufgeführten Stoffen dürfen z. B. folgende Stoffe bei der Aufbereitung von Trinkwasser verwendet werden: Calciumcarbonat, halbgebrannter Dolomit, Calciumoxid, Calciumhydroxid, Magnesiumcarbonat, Magnesiumoxid, Magnesiumhydroxid, Natriumcarbonat, Natriumhydroxid, Natriumhydrogencarbonat, Schwefelsäure, Salzsäure, Natrium-, Kalium- und Calciumphosphate.

Die Beurteilung der Trinkwasserbeschaffenheit in korrosionschemischer Hinsicht spielt vor allem bei der Verwendung unterschiedlicher Werkstoffe eine Rolle. Tab. 37 zeigt die in DIN 50 930 gestellten Anforderungen.

7.4   Wasser für Bauzwecke

Wasser für Bauzwecke muss bestimmte Anforderungen erfüllen, um Schäden an Baustoffen zu vermeiden. Grundsätzlich ist möglichst reines Wasser (ggf. Trinkwasser) zu verwenden, da verunreinigte oder stark salzhaltige Wässer zu Störungen, z. B. zu Festigkeitsverringerung bei Beton, führen. Ausserdem verzögern Mineralsäuren, Huminsäuren und Kohlensäure bei Verwendung kalkarmer Zemente den Abbindevorgang, indem sie den Kalk zersetzen, bevor der Abbindevorgang beginnt. Öle und Fette können sich an die Oberflächen der reaktionsfähigen Bestand-

Tab. 37: Korrosionschemische Anforderungen an Wasser nach DIN 50 930

Parameter	Unlegierte u. niedrigleg. Eisenwerkstoffe	Feuerverzinkte Eisenwerkstoffe	Nichtrostende Stähle	Kupfer u. Kupferlegierungen
Sauerstoff (mg/L)	> 3 mg/L		mögl. niedrig	mögl. niedrig
pH-Wert	mögl. hoch, aber < 8,5	> 7,5	< Gleichgewicht (< Sätt.-pH)	mögl. hoch
Säurekapazität $K_{S\,4,3}$ (mmol/L)	> 2 mmol/L (nicht < 1,5)	> 1 mmol/L (besser < 2)		
Calcium (mg/L)	> 0,5 mmol/L	> 0,5 mmol/L		
sonstige Kriterien (in mmol/L)	$\dfrac{Cl^- + 2\,SO_4^{2-}}{K_{S4,3}} > 1$ $\dfrac{Cl^- + \frac{1}{2}\,SO_4^{2-}}{NO_3^-} > 2$	$\dfrac{Cl^- + \frac{1}{2}\,SO_4^{2-}}{K_{S4,3}} > 1$		$\dfrac{HCO_3^-}{SO_4^{2-}} > 2$

Tab. 38: Richtwerte für Beton-Anmachwasser (mg/L)

Bestandteil	Richtwert
pH-Wert	ca. 7
freies CO_2	25
Sulfid-S	nicht nachweisbar
SO_4	250
Cl	1500
NH_4	100
Mg	200
$KMnO_4$-Verbrauch	25
Huminsäuren und Kohlenwasserstoffe	nicht nachweisbar
bei Eisenarmierung des Betons:	
Cl	100
NO_3	20 bis 50

teile des Zementes anlagern und so den für die Abbindung notwendigen Wasserzutritt behindern. Erhöhte Gehalte an gelösten organischen Stoffen können gleichfalls zu Abbindeverzögerungen führen. Folgende Wässer sind als Anmachwässer für Beton nicht geeignet:

- Meerwasser mit mehr als 3,5 % Salzgehalt;
- Wasser mit mehr als 3,5 % gelöstem Sulfat;
- organisch verunreinigte Abwässer;
- Wasser mit pH-Werten unter 4 (evtl. vor Gebrauch neutralisieren).

Bei besonders belastetem Beton (z. B. Fundamente) gelten für das Anmachwasser die Richtwerte der Tab. 38.

Ausgehärteter Beton kann bei Kontakt mit Wasser angegriffen werden. Zur Beurteilung betonangreifender Wässer nach DIN 4030 gelten die Grenzwerte nach Tab. 39.

Tab. 39: Grenzwerte zur Beurteilung betonangreifender Wässer nach DIN 4030 (mg/L)

Angreifende Bestandteile	Angriffsgrad		
	schwach	stark	sehr stark
pH-Wert	6,5–5,5	5,5–4,5	>4,5
kalklösende Kohlensäure	15–30	30–60	>60
(Marmorversuch nach Heyer)			
NH_4	15–30	30–60	<60
Mg	100–300	300–1500	>1500
SO_4	200–600	600–3000	>3000

7.5 Wasser für Beregnungszwecke

Richtlinien für die Qualität von Wasser für Beregnungszwecke können nur unter Berücksichtigung von Klima, Boden, Pflanzenart und Bewässerungssystem sinnvoll angewendet werden.

Die Salzgehalte von Wässern lassen sich gemäss Tab. 40 grob einteilen.

Tab. 40: Einteilung des Salzgehaltes von Wässern

Grad des Salzgehaltes	Menge gelöster Salze (g/L)
schwach salzhaltig	< 0,15
mässig salzhaltig	0,15–0,5
stark salzhaltig	0,5–1,5
sehr stark salzhaltig	1,5–3,5

Verschiedene Kationen und Anionen können sich ungünstig bei der Bewässerung auswirken:

Magnesium:

Hohe Konzentrationen können das Wachstum von Pflanzen beeinträchtigen. Entsprechend der Formel:

$$x = Mg^{2+} \cdot 100/Ca^{2+} + Mg^{2+}$$

kann ein Richtwert x berechnet werden, angegeben in ½ mmol/L. Ein Wert von 50 ist schädlich für viele Pflanzen.

Carbonat/Bicarbonat:

Carbonathaltige Wässer sind schädlich für alkalische, tonige Böden und dichte Böden. Bei sauren und sandigen Böden kann dagegen oft eine positive Wirkung erzielt werden.

Chloride:

Bei vielen Kulturpflanzen, besonders bei Obstbäumen, kann eine höhere Chloridkonzentration schädlich sein. Für verschiedene Pflanzenarten gelten unterschiedliche Toleranzgrenzen (Tab. 41):

Tab. 41: Chlorid-Toleranzgrenzen für Pflanzen

Wirkung	Chloridgehalt (mg/L)
schwach (geeignet für fast alle Pflanzen)	< 70
mässig (geeignet für chloridtolerante Pflanzen, sonst schwache bis mittlere Schäden)	70–140
mittel (geeignet für salzresistente Pflanzen)	140–280
stark (bei salzresistenten Pflanzen treten leichte bis mittlere Schäden auf)	> 280

Bor:

In geringen Konzentrationen ist Bor ein wichtiges Element für das Pflanzenwachstum, während es in höheren Konzentrationen toxisch wirken kann. Richtwerte finden sich in Tab. 42.

SAR-Wert:

Der SAR-Wert (*sodium absorption ratio*) wird häufig für die Beurteilung von Beregnungswässern herangezogen. Die Berechnung erfolgt nach der Formel in Kap. 6.3.2.8. Eine Hilfe für die Beurteilung von Wasser gibt Abb. 43.

Tab. 42: Bor-Toleranzgrenzen für Pflanzen

Wirkung	Borgehalt (mg/L)
schwach	0,3–1,0
(geeignet für alle Pflanzen)	
mittel	1,0–2,0
(geeignet für bortolerante Pflanzen)	
stark	2,0–4,0
(geeignet für borresistente Pflanzen)	

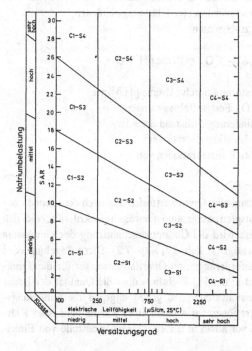

Abb. 43: Klassifizierung von Bewässerungswässern (n. Richards, 1969)

Dabei gilt für C1 bis C4 und S1 bis S4:

C1   Wasser mit geringem Salzgehalt (bis 0,15 g/L)
C2   Wasser mit mittlerem Salzgehalt (0,15 bis 0,5 g/L)
C3   Wasser mit hohem Salzgehalt (0,5 bis 1,5 g/L)
C4   Wasser mit sehr hohem Salzgehalt (1,5 bis 3,5 g/L)
S1   SAR < 10 bei Wasser mit geringem Salzgehalt
     SAR < 2,5 bei Wasser mit hohem Salzgehalt

S2   SAR 10 bis 18 bei Wasser mit geringem Salzgehalt
      SAR 2,5 bis 7 bei Wasser mit hohem Salzgehalt
S3   SAR 18 bis 26 bei Wasser mit geringem Salzgehalt
      SAR 7 bis 11 bei Wasser mit hohem Salzgehalt
S4   SAR > 26 bei Wasser mit geringem Salzgehalt
      SAR > 11 bei Wasser mit hohem Salzgehalt

7.6 Abwasser

Bei der Festlegung von Grenzwerten für die Einleitung von Abwässern ist zwischen direkten und indirekten Einleitungen zu unterscheiden. Direkteinleiter leiten behandelte (nur in Ausnahmefällen unbehandelte) Abwässer unmittelbar in ein Gewässer ein, während Indirekteinleiter Abwässer in die öffentliche Kanalisation und somit meist in eine Kläranlage einleiten.

Folgende allgemeine Sicherungsziele sind zu beachten:

- Personal   Schutz gegen H_2S, HCN, SO_2, CO_2, extreme pH-Werte,
                  hohe Temperaturen;
- Bauwerke   Schutz gegen Angriff/Zerstörung durch extreme pH-Werte,
                  Sulfat, kalkaggressives CO_2, Feststoffablagerungen;
- Funktion   Schutz gegen Leistungsminderung/Stillstand der Klär-
                  anlage bei zu hohen Schadstoffkonzentrationen;
- Qualität von   Schutz gegen unerwünschte Konzentrationen von
  Gewässern   Nähr- und Schadstoffen.

Bei der Direkteinleitung von Abwässern kann eine Grenzwertfestlegung nach dem Emissions- oder Immissionsprinzip erfolgen. Immissionsgrenzwerte sind Gewässergütekriterien, die den Zustand im Gewässer beschreiben. Durch sie wird die Gesamtverschmutzung des Gewässers und seine Selbstreinigungsdynamik berücksichtigt (s. Tab. 29, Kap. 7.2). Diese Regelung wird z. B. in den EG-Richtlinien über Qualitätsanforderungen an Oberflächenwasser für die Trinkwassergewinnung von 1975 (s. Tab. 35) und in der EG-Richtlinie über die Qualität der Badegewässer herangezogen (s. Tab. 31). Emissionsgrenzwerte geben dagegen die Einleitungsbedingungen für maximal zulässige Konzentrationen am Auslauf eines Kanals oder einer Kläranlage an. Der Vorteil dieser Regelung liegt vor allem in der einfacheren Kontrolle von Einleitern.

In Deutschland wurden Einleitungsbedingungen für kommunale und industrielle Abwässer als Mindestanforderungen (Emissionsgrenzwerte) in den Anhängen zur Rahmen-AbwasserVwV (Stand 1996) festgelegt. Mittlerweile existieren für über 50 Industriebranchen spezielle Regelungen. Die Grenzwerte einiger Branchen zeigt Tab. 43. Sie beziehen sich auf eine qualitative Stichprobe bzw. 2-stündige Mischprobe.

Die aufgeführten Werte erfordern meist die Anwendung der allgemein anerkannten Regeln der Technik. Zusätzlich gelten teilweise für weitere Parameter (insbesondere toxische Stoffe) und Branchen die Minderungsanforderungen nach dem Stand der Technik. Die detaillierten Regelungen müssen der wasserrechtlichen Spezialliteratur entnommen werden.

Tab. 43: Ausgewählte Grenzwerte zur Direkteinleitung von Industrieabwässern nach § 7a WHG (mg/L)

Branche	CSB	BSB$_5$	NH$_4$-N	Σ N	P$_{ges}$	KW
Zuckerherstellung	250	25	10	30	2	
Kartoffelverarbeitung	150	25	10		2	
Milchverarbeitung	110	25	10		2	
Brauereien	110	25	10		2	
Fischverarbeitung	110	25	10	25	2	2
Alkoholherstellung	110	25	10			
Lederherstellung	250	25	10		2	
Steine u. Erden	80					
Erdölverarbeitung	80	25		40	1,5	2

Eine zunehmende Bedeutung haben Abwässern aus der Deponierung von Abfällen. Seit 1996 ist ihre Einleitung durch Anhang 51 der Rahmen-AbwasserVwV geregelt. Dabei werden sowohl die allgemein anerkannten Regeln der Technik als auch der Stand der Technik als Anforderungen genannt. Wichtig ist, dass bei unbehandelten Sickerwässern mit einem CSB > 4000 mg/L ein Ablaufwert einzuhalten ist, der einer CSB-Verminderung um mindestens 95 % entspricht. Die in Tab. 44 genannten Grenzwerte beziehen sich auf eine qualifizierte Stichprobe oder eine 2-stündige Mischprobe.

Tab. 44: Anforderungen an das Einleiten von Abwässern aus der oberirdischen Abfallablagerung

Parameter	Konzentration (mg/L)
Allgemein anerkannte Regeln der Technik	
CSB	200
BSB$_5$	20
Σ N	70
P$_{ges}$	3
KW	10
NO$_2$-N	2
Stand der Technik	
AOX	0,5
Hg	0,05
Cd	0,1
Cr	0,5
Cr(VI)	0,1
Ni	0,5

Fortsetzung **Tab. 44**:

Parameter	Konzentration (mg/L)
Pb	0,5
Cu	0,5
Zn	2
CN, leicht freisetzbar	0,2
Sulfid-S	1
Fischgiftigkeit (G_F)	2

Als Empfehlung zur Festlegung von Anforderungen an das Einleiten gewerblicher Abwässer in öffentliche Abwasseranlagen gibt es das 1994 novellierte ATV-Arbeitsblatt A 115 (Tab. 45). In manchen deutschen Städten und Gemeinden wurden jedoch zum Teil schärfere Anforderungen formuliert. Die Richtwerte nach A 115 für gefährliche Stoffe im Sinne von § 7a WHG gelten nur für Einleitungen, für die keine Anforderungen nach dem Stand der Technik in den An-

Tab. 45: Richtwerte für gefährliche Stoffe nach Arbeitsblatt A 115 im Vergleich zum Maximalwert der Mindestanforderungen der Anhänge zur Rahmen-AbwasserVwV (mg/L)

Parameter	Richtwert ATV A 115	Mindestanforderungen AbwVwV
Ag	1	0,7
As	0,5	0,3
Ba	5	3
Cd	0,5	0,2
Co	2	1
Cr_{ges}	1	1
Cr(VI)	0,2	0,1
Cu	1	0,5
Hg	0,1	0,05
Ni	1	0,5
Pb	1	0,5
Sb	0,5	0,3
Se	2	1
Sn	5	2
Zn	5	2
CN, leicht freisetzbar	1	1
Sulfid-S	2	1
AOX	1	1
LHKW	0,5	0,1

hängen zur Rahmen-AbwasserVwV bestehen. Damit ist sichergestellt, dass die Einleitung von gefährlichen Stoffen aus Branchen ohne formulierte Mindestanforderungen zur Sicherung eines ordnungsgemässen Kläranlagenbetriebs über die kommunale Ortssatzung begrenzt werden kann. Für manche Branchen ist der Stand der Technik hinsichtlich der erzielbaren Restkonzentration für gefährliche Stoffe bisher nicht bekannt bzw. festgelegt. Das führte dazu, dass in A 115 die Einleitungskonzentrationen etwa doppelt so hoch angesetzt wurden wie in den Anhängen zur Rahmen-AbwasserVwV.

7.7   Boden

Untersuchungen von Böden können wichtige Hinweise auf einen Nährstoffmangel oder Nährstoffüberschuss geben. Für tropische und subtropische Böden siehe die Spezialliteratur (z. B. Mohr; Landon).

Bei Böden mit erhöhten Salzgehalten lassen sich Empfehlungen für Düngungsmassnahmen erst nach Kenntnis des gesamten Mineralstoffgehaltes geben. Nutzpflanzen auf salzhaltigen Böden leiden nicht nur unter Wassermangel, sondern oft auch unter Ernährungsstörungen. Alkalihaltige Salzböden haben eine elektrische Leitfähigkeit im Bodenextrakt (1 : 5) von mehr als 4 mS cm^{-1} und SAR-Werte (s. Kap. 6.3.2.8) von über 13. Bei erdalkalireichen Böden liegen die entsprechenden Werte bei > 4 mS cm^{-1} und SAR < 13.

Schwermetalle werden häufig durch kommunale Klärschlämme in Böden eingebracht. In der EU und in Deutschland gelten bei der Aufbringung von Klärschlamm die in Tab. 46 aufgeführten Richtwerte bzw. Grenzwerte.

Die Untersuchung des Schlamms nach der Klärschlammverordnung erfordert bei landwirtschaftlicher Aufbringung ausser der Untersuchung auf Schwermetalle den Nachweis folgender Nährstoffgehalte in der Frischsubstanz und der Trockensubstanz in %:

- organische Substanz;
- Gesamt-Stickstoff;
- Ammoniumstickstoff;
- Phosphat (als P_2O_5);
- Kalium (als K_2O);
- Calcium (als CaO);
- Magnesium (als MgO).

Im Boden werden zusätzlich untersucht: Phosphat, Kalium und Magnesium, angegeben in mg/(100 g TS). Auf die deutsche Düngeverordnung von 1996, die u. a. der Umsetzung der Richtlinie 91/676/EWG von 1991 zum Schutz der Gewässer vor Verunreinigungen durch Nitrat aus landwirtschaftlichen Quellen dient, wird hier nur hingewiesen.

Bei der Verlegung von Rohrleitungen im Erdboden sind bestimmte Bodeneigenschaften zu beachten, die die Korrosion von Eisen und Stahl beeinflussen können. Gegebenenfalls sind Schutzvorkehrungen beim Einbau zu treffen. Die wichtigsten Parameter sind wie folgt zu bewerten.

Bodenart:

Sandböden, kalkhaltige Böden und gut durchlüftete Lehmböden sind im allgemeinen nicht aggressiv. Als aggressiv gelten Torfböden, kalkfreie Humusböden und Schlickböden. Auch aufgeschüttete Böden (Schlacken, Müll) reagieren häufig aggressiv.

Bodenfeuchte:

Bei aggressiven Böden ist die Korrosion bei einem Wassergehalt von ca. 20 % am stärksten.

pH-Wert:

In Böden mit einem pH-Wert < 6 (Messung in Suspension mit destilliertem Wasser) nimmt die Aggressivität mit fallendem pH-Wert zu.

Gesamtacidität:

Böden mit pH-Werten < 7, deren Gesamtacidität grösser ist als der Verbrauch von 25 mL Natronlauge (c (NaOH) = 0,1 mol/L) pro kg Boden, werden als aggressiv eingestuft.

Tab. 46: Grenz-/Richtwerte bei der Aufbringung von Klärschlamm auf landwirtschaftlich genutzte Böden, mg/kg TS

Stoff	AbfKlärV von 1992	EG Richtlinie 86/278/EWG
a)[1]		
Cd	10 (5)*	20–40
Cr	900	–
Cu	800	1000–1750
Hg	8	16–25
Ni	200	300–400
Pb	900	750–1200
Zn	2500 (2000)*	2500–4000
PCB	0,2	
AOX	500	
Dioxine/Furane	100 ng TE/kg	
b) [2]		
Cd	1,5 (1)*	
Cr	100	
Cu	60	
Hg	1	
Ni	50	
Pb	100	
Zn	200 (150)*	

[1] Klärschlamm darf nur dann ohne Genehmigung auf landwirtschaftliche Böden aufgebracht werden, wenn die genannten Schwermetallgehalte im Schlamm nicht überschritten werden.

[2] Das Aufbringen von Klärschlamm auf landwirtschaftliche Böden ist nicht erlaubt, wenn in dem untersuchten Boden mindestens einer der genannten Werte überschritten wird.

* Verschärfte Grenzwerte bei „leichten Böden" bzw. pH-Werten von 5–6.

Kalkgehalt:

Aerobe Böden mit einem Gehalt an Calciumcarbonat von mehr als 5 % sind bei geringeren Sulfatkonzentrationen nicht aggressiv.

Kohlenstoff:

Böden, die elementaren Kohlenstoff enthalten, reagieren wegen der Gefahr der Bildung galvanischer Elemente aggressiv.

Chlorid:

Chloridkonzentrationen (gemessen im wässrigen Extrakt) von mehr als 100 mg/kg sind korrosionsfördernd.

Sulfat:

Sulfate können die Korrosion begünstigen, wenn ihr Gehalt (gemessen im wässrigen Extrakt) über 200 mg/kg liegt. In aeroben Böden mit Calciumcarbonatgehalten von mehr als 5 % sind Sulfatgehalte bis 500 mg/kg unbedenklich.

8 Literatur

Bücher

American Public Health Association (ed.) (1989): Standard Methods for the Examination of Water and Wastewater. APHA, Washington D.C.

ASTM (ed.) (1991): Annual Book of ASTM Standards, Section 11: Water and Environmental Technology. ASTM, Philadelphia.

Atlas R. M. (1996): Handbook of Media for Environmental Microbiology. CRC Press, Boca Raton (USA).

Bender (1996): Das Gefahrstoffbuch. VCH, Weinheim.

Blume H. P. (1992): Handbuch des Bodenschutzes. Ecomed, Landsberg.

Bock R. (1979): Handbook of Decomposition Methods in Analytical Chemistry. International Textbook Company, London.

Bundesministerium für Wirtschaftliche Zusammenarbeit – BMZ (Hrsg.)(1993): Umwelt-Handbuch. Bd 1: Sektorübergreifende Planung, Infrastruktur; Bd. 2: Agrarwirtschaft, Bergbau/Energie, Industrie/Gewerbe; Vol. 3: Compendium of Environmental Standards (1995, engl. verbesserte Version der dt. Ausgabe von 1993).

Cheeseman R., A. Wilson (1978): Manual on Analytical Quality-Control for the Water Industry. Water Research Centre, Stevenage (UK).

Daubner J. (1983): Mikrobiologie des Wassers. Akademie-Verlag, Berlin.

Doerffel K., K. Eckschlager (1981): Optimale Strategien in der Analytik. VEB Deutscher Verlag für Grundstoffindustrie, Leipzig.

DVWK (Hrsg.)(1996): Hydrogeochemische Stoffsysteme. DVWK-Schriften, H. 110, Wirtschafts- und Verlagsgesellschaft Gas und Wasser, Bonn.

DVWK (Hrsg.)(1994): Grundwassermessgeräte. DVWK-Schriften, H. 107, Wirtschafts- und Verlagsgesellschaft Gas und Wasser, Bonn.

DVWK (Hrsg.)(1988): Empfehlungen zur Auswertung und Darstellung von Grundwasser-beschaffenheitsdaten. Dokumentation Fachausschuss „Grundwasserchemie", Bonn.

Dyck S. (1980): Angewandte Hydrologie. VEB Verlag für Bauwesen, Berlin.

Environmental Protection Agency (ed.) (1979): Methods for Chemical Analysis of Water and Wastes. Eigenverlag EPA, Cincinnati.

Fachgruppe Wasserchemie in der GdCh (Hrsg.): Deutsche Einheitsverfahren zur Wasser-, Abwasser- und Schlammuntersuchung. Ergänzungswerk Lose-Blatt-Sammlung, Verlag Chemie, Weinheim.

Fachgruppe Wasserchemie in der GdCh (Hrsg.) (1993): Biochemische Methoden zur Schadstof-ferfassung im Wasser – Möglichkeiten und Grenzen. VCH, Weinheim.

FAO/UNESCO (ed.) (1973): Irrigation, Drainage and Salinity. Eigenverlag FAO, Paris.

Finck A. (1992): Dünger und Düngung. VCH, Weinheim.

Förstner U., G. Wittmann (1981): Metal Pollution in the Aquatic Environment. Springer, Berlin.

Fresenius W., K. E. Quentin, W. Schneider (eds.)(1988): Water Analysis. Springer, Berlin.

Frevert T. (1983): Hydrochemisches Grundpraktikum. Birkhäuser, Basel.

Frimmel F. et al. (1993): Wasserchemie für Ingenieure. Lehr- und Handbuch Wasserversorgung, Bd. 5., Oldenbourg, München.

Frimmel F., R. Christman (eds.) (1988): Humic Substances and their Role in the Environment. Wiley, Chichester (USA).

Funk W., V. Dammann, G. Donnevert (1992): Qualitätssicherung in der Analytischen Chemie. VCH, Weinheim.

Hein H., G. Schwedt (1995): Richt- und Grenzwerte – Luft, Wasser, Boden, Abfall, Chemikalien. Vogel, Würzburg.

Herrmann R. (1977): Einführung in die Hydrologie. Teubner, Stuttgart.

Hutton L. (1983): Field Testing of Water in Developing Countries. Water Research Centre, Medmenham (UK).

Institut Fresenius/FIW TH Aachen (Hrsg.) (1988): Abwassertechnologie. Springer, Berlin.

Kommission der Europäischen Gemeinschaften (1993): Gemeinschaftsrecht im Bereich des Umweltschutzes. Bd. 7 Wasser. EGKS-EWG-EAG, Brüssel.

Kretzschmar, R. (1979): Kulturtechnisch-bodenkundliches Praktikum. Univ. Kiel, Kiel.

Landon, J. R. (1984): Booker Tropical Soil Manual. Longman, Harlow (UK).

Luckner C., W. Schestakkow (1986): Migrationsprozesse im Boden und Grundwasserbereich. VEB Verlag für Grundstoffindustrie, Leipzig.

Mohr E. C. et al. (1992): Tropical Soils. A Comprehensive Study on their Genesis. Mouton, The Hague (NL).

Mutschmann J., F. Stimmelmayr (1991): Taschenbuch der Wasserversorgung. Franckh-Kosmos, Stuttgart.

Neitzel V., K. Middeke (1994): Praktische Qualitätssicherung in der Analytik. VCH, Weinheim.

Oliveira M. (1996): Praxishandbuch Laborleiter. WEKA, Augsburg.

Petermann T. (1993): Irrigation and the Environment. Parts I and II., GTZ, Eschborn.

Richards L. (ed.) (1969): Diagnosis and Improvement of Saline and Alkali Soils. U.S. Dep. of Agriculture, Washington.

Rodier J. (1978): L'analyse de l'eau. Dunod, Paris.

Römpp Chemie-Lexikon (1989-1992): Thieme, Stuttgart.

Roth L., U. Weller (1982): Gefährliche Chemische Reaktionen. Bd. 1 + 2, Ecomed, Landsberg.

Rump H. H., B. Scholz (1995): Untersuchung von Abfällen, Reststoffen und Altlasten. VCH, Weinheim.

Sanchez P. (1976): Properties and Management of Soils in the Tropics. Wiley, New York.

Scheffer F., P. Schachtschabel (1992): Lehrbuch der Bodenkunde. Enke, Stuttgart.

Schlegel H. C. (1992): Allgemeine Mikrobiologie. Thieme, Stuttgart.

Schnitzer, M., S. Khan (1978): Soil Organic Matter. Elsevier, Amsterdam.

Schlichting E., H. P. Blume., K. Stahr (1995): Bodenkundliches Praktikum. Blackwell, Berlin.

Schönborn W. (1992): Fliessgewässerbiologie. G. Fischer, Jena.

Schwoerbel J. (1993): Einführung in die Limnologie. G. Fischer, Stuttgart.

Smith, K. (1991): Soil Analysis. Dekker, New York.

Spillmann P., H.-J. Collins, G. Matthess, W. Schneider (Hrsg.) (1995): Schadstoffe im Grundwasser. DFG-Forschungsbericht Bd. 2: Langzeitverhalten von Umweltchemikalien und Mikroorganismen aus Abfalldeponien im Grundwasser. VCH, Weinheim.

Suess M. (WHO) (ed.) (1982): Examination of Water for Pollution Control. Vol. 1–3. Pergamon Press, Oxford.

Stumm W., J. Morgan (1981): Aquatic Chemistry. Wiley, New York.

Ullmann's Encyclopedia of Industrial Chemistry (1985–1997): 5. Edition, Vol. A1–A29 + B1–B8. VCH, Weinheim.

Weast R. (ed.) (1990): Handbook of Chemistry and Physics. The Chemical Rubber Co., Cleveland.

Wolff W., M. Schwahn (1980): Sicherheit im Labor. Diesterweg, Frankfurt.

Weitere Literatur

Barczewski P., V. Kaleris, P. Marschall (1992): Grundwassermeßtechnik und Bohrlochtechnik. In: Kobus H. (Hrsg.), Bd. 1: Wärme- und Schadstofftransport im Grundwasser. DFG-Forschungsbericht, 277–340. VCH, Weinheim.

Collins H.-J, K. Münnich (1991): Repräsentanz von Wasserproben aus Grundwasserleitern, GWF Wasser-Abwasser *132*, 546–550.

Eberle S., D. Donnert (1991): Die Berechnung des pH-Wertes der Calcitsättigung eines Trinkwassers unter Berücksichtigung der Komplexbildung. Z. Wasser-Abwasser-Forsch. *24*, 258–268.

Ehrig H. J. (1989): Sickerwasser aus Hausmülldeponien – Menge und Zusammensetzung. In: Kumpf/Hösel, Handbuch Müll und Abfall, Ziffer 4587.

Golwer A. (1995): Verkehrswege und ihr Grundwasserrisiko. Eclogae geol. Helv. *88/2*, 403–419.

Golwer A., K. H. Knoll, G. Matthess, W. Schneider, K. Wallhäusser (1976): Belastung und Verunreinigung des Grundwassers durch feste Abfallstoffe. Abh. Hess. Landesamt für Bodenforsch., H. 73.

Knoop G., B. Pohl, D. Schlösser (1994): Vergleichende Untersuchungen zum Feststoffaufschluß mit der Mikrowellentechnik. Korrespondenz Abwasser *41*, 1836–1839.

Landesamt für Wasser und Abfall Nordrhein-Westfalen (1990): Analytische Qualitätssicherung (AQS) für die Wasseranalytik in Nordrhein-Westfalen. LWA – Merkblatt Nr. 5, Landwirtschaftsverlag, Münster-Hiltrup.

LAWA (1993): AQS-Merkblätter für die Wasser-, Abwasser- und Schlammuntersuchung. Lose-Blatt-Sammlung der Länderarbeitsgemeinschaft Wasser, E. Schmidt, Berlin.

Remmler, F. (1990): Einflüsse von Meßstellenausbau und Pumpenmaterial auf die Beschaffenheit einer Wasserprobe. DVWK-Mitteilungen *20*, Bonn.

Rump H. H. (1989): Matrix- statt Einzelstofferfassung; Möglichkeiten der Bewertung von Problemstoffen im Abwasser. Gewässerschutz, Wasser, Abwasser *112*, 331–348.

Rump H. H., K. Herklotz, H. Wagner (1996): Probennahme, -vorbereitung und Analytik. In: Neumaier H., H. Weber (Hrsg.): Altlasten – Erkennen, Bewerten, Sanieren, 123–181. Springer, Berlin.

Gesetze, Verordnungen, Richtlinien

Anonym (1981 ff.): Das neue Wasserrecht für die betriebliche Praxis – Recht und Technik der Abwasserbeseitigung, der Wasserversorgung, der Lagerung und des Transports wassergefährdender Stoffe. Ergänzungswerk – Lose-Blatt-Sammlung; WEKA, Augsburg.

Gesetz zur Ordnung des Wasserhaushalts (Wasserhaushaltsgesetz – WHG) vom 27.07.1957, Bundesgesetzblatt Teil I, S. 1110; zuletzt geändert am 27.06.1994, Bundesgesetzblatt Teil I, S. 1440.

Gesetz zum Schutz vor schädlichen Umwelteinwirkungen durch Luftverunreinigungen, Geräusche, Erschütterungen und ähnliche Vorgänge, Bundes-Immissionschutzgesetz – BImSchG, Neufassung vom 14.05.1990, Bundesgesetzblatt Teil I, S. 880; zuletzt geändert am 26.09.1994, Bundesgesetzblatt Teil I, S. 2640.

Gesetz zum Schutz vor gefährlichen Stoffen (Chemikaliengesetz – ChemG), vom 16.09.1980, Bundesgesetzblatt Teil I, S. 1718; zuletzt geändert am 29.07.1994, Bundesgesetzblatt Teil I, S. 2705.

Gesetz zur Förderung der Kreislaufwirtschaft und Sicherung der umweltverträglichen Beseitigung von Abfällen (Kreislaufwirtschafts- und Abfallgesetz – KrW/AbfG) vom 27.09.1994, Bundesgesetzblatt Teil I, S. 2705.

Gesetz über Abgaben für das Einleiten von Abwasser in Gewässer (Abwasserabgabengesetz – AbwAG), vom 03.11.1994, Bundesgesetzblatt Teil I, S. 3370.

Klärschlammverordnung (AbfKlärV) vom 15.04.1992, Bundesgesetzblatt Teil I, S. 912.

Verordnung über Trinkwasser und über Wasser für Lebensmittelbetriebe (Trinkwasserverordnung – TrinkwV) vom 05.12.1990, Bundesgesetzblatt Teil I, S. 2612, zuletzt geändert am 26.2.1993, Bundesgesetzblatt Teil I, S. 227.

Verordnung zum Schutz vor gefährlichen Stoffen (Gefahrstoffverordnung – GefStoffV) vom 26.10.1993, Bundesgesetzblatt Teil I, S. 1782; zuletzt geändert am 19.09.1994, Bundesgesetzblatt Teil I, S. 2557.

Zweite Allgemeine Verwaltungsvorschrift zum Abfallgesetz, Teil 1: Technische Anleitung zur Lagerung, chemisch/physikalischen, biologischen Behandlung, Verbrennung und Ablagerung von besonders überwachungsbedürftigen Abfällen (TA Abfall) vom 12.03.1991, Gemeinsames Ministerialblatt, S. 139.

Erste Allgemeine Verwaltungsvorschrift zum Bundes-Immissionschutzgesetz, Technische Anleitung zur Reinhaltung der Luft – TA Luft vom 27.02.1990, Gemeinsames Ministerialblatt S. 95; zuletzt geändert am 04.04.1996, Gemeinsames Ministerialblatt, S. 202.

EG-Richtlinie 80/68/EWG: Richtlinie des Rates über den Schutz des Grundwassers gegen Verschmutzung durch bestimmte gefährliche Stoffe, Abl. L 20/43.

EG-Richtlinie 75/440/EWG: Richtlinie des Rates vom 16.06.1975 über die Qualitätsanforderungen an Oberflächengewässer für die Trinkwassergewinnung in den Mitgliedsstaaten, Abl. L 194 25.07.75, S. 34.

EG-Richtlinie 80/778/EWG: Richtlinie des Rates vom 15.07.1980 über die Qualität von Wasser für den menschlichen Gebrauch, Abl. L 229 30.08.80, S. 11.

EWPCA Task Group (1990): Wastewater Quality Standards in European Countries. Arbeitspapier (erhältlich über ATV).

WHO 1993): Guidelines for Drinking Water Quality. Vol. 1: Recommendations. WHO, Geneva.

TRGS 102 (1993): Technische Richtkonzentrationen (TRK) für gefährliche Arbeitsstoffe, Bundesarbeitsblatt Nr. 1/1994.

TRGS 402 (1986): Ermittlung und Beurteilung der Konzentrationen gefährlicher Stoffe in der Luft in Arbeitsbereichen, Bundesarbeitsblatt Nr. 11/1986 und Nr. 10/1988.

TRGS 403 (1989): Bewertung von Stoffgemischen in der Luft am Arbeitsplatz, Bundesarbeitsblatt Nr. 19/1989.

TRGS 555 (1989): Betriebsanweisung und Unterweisung nach §20 GefStoffV, Bundesarbeitsblatt Nr. 3/1989 und Nr. 10/1989.

TRGS 900 (1994): Grenzwerte in der Luft am Arbeitsplatz – MAK- und TRK-Werte, Bundes-arbeitsblatt Nr. 6/1994.

TRGS 905 (1994): Verzeichnis krebserzeugender, erbgutverändernder oder fortpflanzungs-gefährdender Stoffe, Bundesarbeitsblatt Nr. 6/1994.

VBG 100: UVV Arbeitsmedizinische Vorsorge.

DVGW-Merkblatt W 121: Bau und Betrieb von Grundwasserbeschaffenheitsmessstellen.

DVGW-Merkblatt W 112: Entnahme von Wasserproben bei der Wassererschliessung.

DVWK-Merkblatt 208: Entnahme von Proben für hydrogeologische Grundwasserunter-suchungen.

9 Sachwortverzeichnis